できる®
Excel
2016

Windows 10/8.1/7 対応

小舘由典 & できるシリーズ編集部

JN243433

インプレス

ご購入・ご利用の前に必ずお読みください

本書は、2015年10月現在の情報をもとに「Microsoft Excel 2016」の操作方法について解説しています。本書の発行後に「Microsoft Excel 2016」の機能や操作方法、画面などが変更された場合、本書の掲載内容通りに操作できなくなる可能性があります。本書発行後の情報については、弊社のWebページ（https://book.impress.co.jp/）などで可能な限りお知らせいたしますが、すべての情報の即時掲載ならびに、確実な解決をお約束することはできかねます。また本書の運用により生じる、直接的、または間接的な損害について、著者ならびに弊社では一切の責任を負いかねます。あらかじめご理解、ご了承ください。

本書で紹介している内容のご質問につきましては、できるシリーズの無償電話サポート「できるサポート」にて受け付けております。ただし、本書の発行後に発生した利用手順やサービスの変更に関しては、お答えしかねる場合があります。また、本書の奥付に記載されている初版発行日から3年が経過した場合、もしくは解説する製品やサービスの提供会社がサポートを終了した場合にも、ご質問にお答えしかねる場合があります。できるサポートのサービス内容については316ページの「できるサポートのご案内」をご覧ください。なお、都合により「できるサポート」のサービス内容の変更や「できるサポート」のサービスを終了させていただく場合があります。あらかじめご了承ください。

練習用ファイルについて

本書で使用する練習用ファイルは、弊社Webサイトからダウンロードできます。
練習用ファイルと書籍を併用することで、より理解が深まります。

▼練習用ファイルのダウンロードページ
https://book.impress.co.jp/books/1115101055

●用語の使い方

　本文中では、「Microsoft® Windows® 10」のことを「Windows 10」または「Windows」、「Microsoft® Windows® 8.1」のことを「Windows 8.1」または「Windows」、「Microsoft® Windows ® 7」のことを「Windows 7」または「Windows」と記述しています。また、「Micrsoft Office」（バージョン2016）のことを「Office」または「新しいOffice」、「Microsoft® Office 2013」のことを「Office 2013」または「Office」、「Microsoft® Office 2010」のことを「Office 2010」または「Office」と記述しています。また、本文中で使用している用語は、基本的に実際の画面に表示される名称に則っています。

●本書の前提

　本書では、「Windows 10」と「Office 2016」がインストールされているパソコンで、インターネットに常時接続されている環境を前提に画面を再現しています。画面解像度やエディションの違い（Office Premium、Office 365 Solo、Office）により、一部のメニュー名が異なる可能性があります。

「できる」「できるシリーズ」は、株式会社インプレスの登録商標です。Microsoft、Windows 10は、米国Microsoft Corporationの米国およびその他の国における登録商標または商標です。
そのほか、本書に記載されている会社名、製品名、サービス名は、一般に各開発メーカーおよびサービス提供元の登録商標または商標です。なお、本文中には™および®マークは明記していません。

Copyright © 2015 Yoshinori Kotate and Impress Corporation. All rights reserved.
本書の内容はすべて、著作権法によって保護されています。著者および発行者の許可を得ず、転載、複写、複製等の利用はできません。

まえがき

Excelは1985年にアップルのMacintosh用に誕生しました。当時はさまざまな表計算ソフトがありましたが、その使いやすさからExcelを使いたいためにMacintoshが売り上げを伸ばしたと言われるほど大ヒットしました。今では皆さんご存知のように表計算ソフトの代名詞になっているExcelですが、なぜこれほど長い間多くの人が使い続けているのでしょうか。それはExcelが使いたいと思ったところに柔軟に対応してくれるとても便利なソフトウェアだからです。

Excelが得意なのは計算だけではありません。日本では「表計算ソフト」と呼ばれていますが、英語では「Spreadsheet」(スプレッドシート)と呼ばれ、パソコンの中に「大きく広がる(spread)1枚の紙(sheet)」を表現しています。その大きな紙には文字や数値を自由に書き込むことができる「セル」というマスが格子状に並んでいます。このセルを使いこなせば、スケジュール表や住所録、家計簿のような表から、会社の決算表のように複雑な計算が必要な表まで、簡単に作れるようになります。もちろん、表のデータを利用した見栄えのするグラフも簡単に作成できます。どのグラフにすればいいか分からないときでも、最適なグラフをExcelが教えてくれます。

またExcelは、マイクロソフトが提供するクラウドサービスのOneDriveと連携が強化されています。パソコンに保存するのと同じ感覚でファイルをクラウドに保存し、ほかのユーザーと共有して作業したり、外出先でタブレットやスマートフォンを使って編集したりすることもできます。さらにデータ分析に役立つ機能や、データの規則性を判断して自動的にデータを入力する機能など、作業を素早く完了できる機能が搭載されています。

レッスンでは、初めて使う方を対象に、Excelの機能をより便利に使うための方法を分かりやすく解説しました。すでにExcelを使っている方に役立つ「テクニック」も充実しています。「練習用ファイル」を使って実際にExcelに触れながら本書を読み進めていただければ、読み終えるころには、Excelが便利で簡単なツールであることがお分かりいただけると思います。Excelには数多くの機能がありますが、すべてを一度に覚える必要はありません。本書で紹介する操作や機能を知るだけで、Excelでいろいろな作業ができるようになるでしょう。

Excelを初めて使う方からすでにExcelを使っている方まで、多くの方々に少しでも早く、もっと楽にExcelの便利さを知っていただきたいと願い本書を作りました。操作で分からないことがあったら本書を開いてください。その中にきっと答えが見つかると思います。

2015年10月　小舘由典

できるシリーズの読み方

レッスン

見開き完結を基本に、やりたいことを簡潔に解説

やりたいことが見つけやすいレッスンタイトル
各レッスンには、「○○をするには」や「○○って何？」など、"やりたいこと"や"知りたいこと"がすぐに見つけられるタイトルが付いています。

機能名で引けるサブタイトル
「あの機能を使うにはどうするんだっけ？」そんなときに便利。機能名やサービス名などで調べやすくなっています。

キーワード

そのレッスンで覚えておきたい用語の一覧です。巻末の用語集の該当ページも掲載しているので、意味もすぐに調べられます。

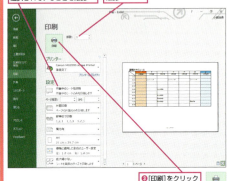

左ページのつめでは、章タイトルでページを探せます。

手 順

必要な手順を、すべての画面とすべての操作を掲載して解説

手順見出し
「○○を表示する」など、1つの手順ごとに内容の見出しを付けています。番号順に読み進めてください。

解説
操作の前提や意味、操作結果に関して解説しています。

操作説明
「○○をクリック」など、それぞれの手順での実際の操作です。番号順に操作してください。

テクニック

レッスンの内容を応用した、ワンランク上の使いこなしワザを解説しています。身に付ければパソコンがより便利になります。

練習用ファイル
手順をすぐに試せる練習用ファイルを用意しています。章の途中からレッスンを読み進めるときに便利です。

HINT!
レッスンに関連したさまざまな機能や、一歩進んだ使いこなしのテクニックなどを解説しています。

右ページのつめでは、知りたい機能でページを探せます。

ショートカットキー
知っておくと何かと便利。キーボードを組み合わせて押すだけで、簡単に操作できます。

Point
各レッスンの末尾で、レッスン内容や操作の要点を丁寧に解説。レッスンで解説している内容をより深く理解することで、確実に使いこなせるようになります。

間違った場合は？
手順の画面と違うときには、まずここを見てください。操作を間違った場合の対処法を解説してあるので安心です。

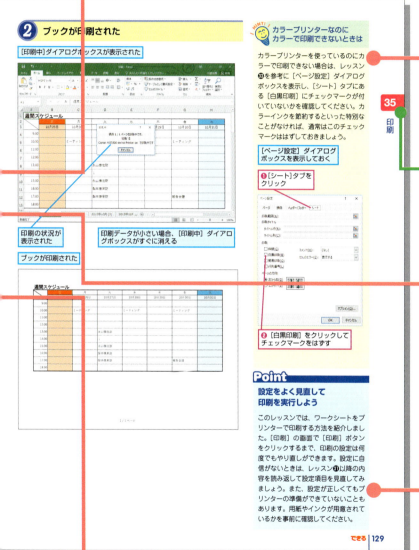

※ここに掲載している紙面はイメージです。実際のレッスンページとは異なります。

ここが新しくなった Excel 2016

Excel 2016は、従来のバージョンに比べてクラウドとの連携や操作性が向上しました。マイクロソフトのクラウドサービス「OneDrive」との連携が簡単になったことで、パソコンで作成したブックをスマートフォンで確認できるほか、知人や仕事仲間との共同作業がスムーズにできます。ここでは主な新機能を解説します。

ブックを素早く共有できる！

作成したブックをOneDriveに保存するだけで、どこにいてもインターネットを経由して保存されたブックにアクセスできます。ほかの人との共有も簡単に行えます。

Excelで作成したブックを、パソコンに保存する感覚でOneDriveへ保存できる。

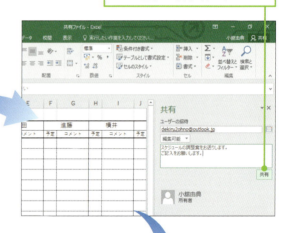

ブックをほかの人と共有したいときは、Excelでブックを表示したまま、共有の設定ができる。相手に知らせるためにメールアプリを起動する手間を省ける。

OneDriveに保存したブックは、ほかの人と共同で編集ができる。

スマートフォンやタブレットと連携できる！

OneDriveにあるブックをスマートフォンやタブレットから確認できます。スマートフォンやタブレット用のアプリはマイクロソフトから無料で提供されています。

Officeのモバイルアプリを使えば、OneDriveに保存されたブックを確認するだけでなく、その場で編集も可能。

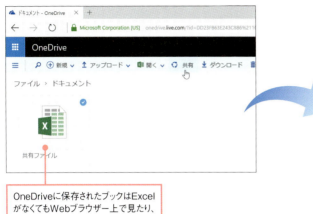

OneDriveに保存されたブックはExcelがなくてもWebブラウザー上で見たり、編集したりすることができる。

フォントが新しくなった！

Office 2016から初期状態でブックに使用されるフォントが変わりました。新たに加わったフォントは、さまざまな機器で美しく表示されるのが特徴です。

新たに加わったフォントは［游ゴシック］［游明朝］の2つ。もちろん、これまでの［MSゴシック］や［MS明朝］も利用できる。

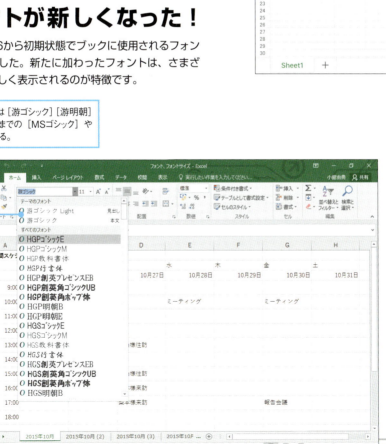

できるシリーズはますます進化中！
3大特典のご案内

©インプレス

特典1 操作を「聞ける！」できるサポート

「できるサポート」では書籍で解説している内容について、電話などで質問を受け付けています。たとえ分からないことがあっても安心です。

 詳しくは……
316ページを**チェック！**

特典2 すぐに「試せる！」練習用ファイル

レッスンで解説している操作をすぐに試せる練習用ファイルを用意しています。好きなレッスンから繰り返し学べ、学習効果がアップします。

 詳しくは……
26ページを**チェック！**

特典3 操作が「見える！」できるネット1分動画

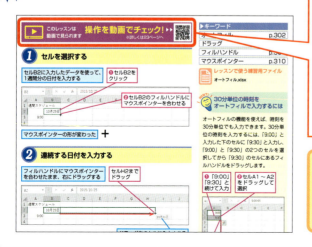

動画だから分かりやすい！

一部のレッスンには、解説手順を見られる動画を用意。画面の動きがそのまま見られるので、より理解が深まります。動画を見るにはスマートフォンでQRコードを読み取るか、以下のURLにアクセスしてください。

動画一覧ページを チェック！
https://dekiru.net/excel2016movie/

目　次

まえがき	3
できるシリーズの読み方	4
ここが新しくなったExcel 2016	6
3大特典のご案内	8
パソコンの基本操作	15
できるネットで操作の動画を見よう！	23
ExcelやOfficeの種類を知ろう	24
練習用ファイルの使い方	26

第1章　Excel 2016を使い始める　　　27

① Excelの特徴を知ろう　＜表計算ソフト＞　28
② Excelを使うには　＜起動、終了＞　30
③ Excel 2016の画面を確認しよう　＜各部の名称、役割＞　38
④ ブックとワークシート、セルの関係を覚えよう　＜ブック、ワークシート、セル＞　40

この章のまとめ…………42

第2章　データ入力の基本を覚える　　　43

⑤ データ入力の基本を知ろう　＜データ入力＞　44
⑥ 文字や数値をセルに入力するには　＜入力モード＞　46
⑦ 入力した文字を修正するには　＜編集モード＞　48
　テクニック　ステータスバーで「モード」を確認しよう　48
⑧ 入力した文字を削除するには　＜データの削除＞　50
⑨ ひらがなを変換して漢字を入力するには　＜漢字変換＞　52
⑩ 日付や時刻を入力するには　＜日付、時刻の入力＞　54
⑪ 連続したデータを入力するには　＜オートフィル＞　56
⑫ 同じデータを簡単に入力するには　＜オートコンプリート＞　58
⑬ ブックを保存するには　＜名前を付けて保存＞　62

この章のまとめ…………64
練習問題………………65　　解答………………………66

第3章　セルやワークシートの操作を覚える　67

⑭ セルやワークシートの操作を覚えよう　＜セルとワークシートの操作＞ ……………68

⑮ 保存したブックを開くには　＜ドキュメント＞ ……………………………………70

⑯ セルをコピーするには　＜コピー、貼り付け＞ ……………………………………72

テクニック 後から貼り付け内容を変更できる ……………………………………………75

⑰ 新しい行を増やすには　＜挿入＞ ……………………………………………………76

⑱ 列の幅や行の高さを変えるには　＜列の幅、行の高さ＞ …………………………78

⑲ セルを削除するには　＜セルの削除＞ ………………………………………………80

⑳ ワークシートに名前を付けるには　＜シート見出し＞ ……………………………82

テクニック 一度にたくさんのシート見出しを表示するには ……………………………82

㉑ ワークシートをコピーするには　＜ワークシートのコピー＞ ……………………84

テクニック ワークシートをほかのブックにコピーできる ………………………………84

㉒ ブックを上書き保存するには　＜上書き保存＞ ……………………………………86

この章のまとめ…………88
練習問題 ……………89　　　解答 ……………90

第4章　表のレイアウトを整える　91

㉓ 見やすい表を作ろう　＜表作成と書式変更＞ ………………………………………92

㉔ フォントの種類やサイズを変えるには　＜フォント、フォントサイズ＞ ………94

㉕ 文字をセルの中央に配置するには　＜中央揃え＞ …………………………………96

テクニック 文字を均等に割り付けてそろえる …………………………………………99

テクニック 空白を入力せずに字下げができる …………………………………………99

㉖ 特定の文字やセルに色を付けるには　＜塗りつぶしの色、フォントの色＞ ……100

㉗ 特定のセルに罫線を引くには　＜罫線＞ ……………………………………………102

テクニック 列の幅を変えずにセルの内容を表示する …………………………………105

テクニック セルに縦書きする ……………………………………………………………105

㉘ 表の内側にまとめて点線を引くには　＜セルの書式設定＞ ………………………106

㉙ 表の左上に斜線を引くには　＜斜線＞ ………………………………………………110

この章のまとめ…………112
練習問題 ……………113　　　解答 ……………114

第5章　用途に合わせて印刷する　　115

30 作成した表を印刷してみよう　　＜印刷の設定＞ ……………………………………116
31 印刷結果を画面で確認するには　　＜［印刷］の画面＞……………………………118
32 ページを用紙に収めるには　　＜印刷の向き＞ ……………………………………122
33 用紙の中央に表を印刷するには　　＜余白＞…………………………………………124
34 ページ下部にページ数を表示するには　　＜ヘッダー／フッター＞………………126
35 ブックを印刷するには　　＜印刷＞……………………………………………………128
　テクニック ページを指定して印刷する ………………………………………………128

　この章のまとめ…………130
　練習問題 ………………131　　　　解答 ………………………132

第6章　数式や関数を使って計算する　　133

36 数式や関数を使って表を作成しよう　　＜数式や関数を使った表＞………………134
37 自動的に合計を求めるには　　＜合計＞………………………………………………136
38 セルを使って計算するには　　＜セル参照を使った数式＞…………………………140
39 数式をコピーするには　　＜数式のコピー＞…………………………………………142
40 常に特定のセルを参照する数式を作るにはⅠ　　＜セル参照のエラー＞…………144
41 常に特定のセルを参照する数式を作るにはⅡ　　＜絶対参照＞……………………146
　テクニック ドラッグしてセル参照を修正する ………………………………………150
42 今日の日付を自動的に表示するには　　＜TODAY関数＞…………………………152
　テクニック キーワードから関数を検索してみよう………………………………………155
　テクニック 便利な関数を覚えておこう …………………………………………………155

　この章のまとめ…………156
　練習問題 ………………157　　　　解答 ………………………158

第7章　表をさらに見やすく整える　159

- ㊸ 書式を利用して表を整えよう　＜表示形式＞ ……………………………160
- ㊹ 複数のセルを１つにつなげるには　＜セルを結合して中央揃え＞ ………162
  - テクニック　結合の方向を指定する ……………………………162
- ㊺ 金額の形式で表示するには　＜通貨表示形式＞ ………………………164
  - テクニック　負の数の表示形式を変更する ……………………………164
- ㊻ ％で表示するには　＜パーセントスタイル＞ ……………………………166
- ㊼ ユーザー定義書式を設定するには　＜ユーザー定義書式＞ …………168
- ㊽ 設定済みの書式をほかのセルでも使うには　＜書式のコピー／貼り付け＞ ………170
- ㊾ 条件によって書式を変更するには　＜条件付き書式＞ …………………172
- ㊿ セルの値の変化をバーや矢印で表すには　＜データバー、アイコンセット＞ …………174
- 51 セルの中にグラフを表示するには　＜スパークライン＞ ………………176
- 52 条件付き書式を素早く設定するには　＜クイック分析＞ ………………178

この章のまとめ…………180
練習問題………………181　　　　解答……………………182

第8章　グラフを作成する　183

- 53 見やすいグラフを作成しよう　＜グラフ作成と書式設定＞ ………………184
- 54 グラフを作成するには　＜折れ線＞ ……………………………186
  - テクニック　データに応じて最適なグラフを選べる ……………………186
- 55 グラフの位置と大きさを変えるには　＜位置、サイズの変更＞ …………188
- 56 グラフの種類を変えるには　＜グラフの種類の変更＞ …………………190
  - テクニック　第2軸の軸ラベルを追加する ……………………………192
- 57 グラフの体裁を整えるには　＜クイックレイアウト＞ ……………………194
- 58 目盛りの間隔を変えるには　＜軸の書式設定＞ ………………………198
- 59 グラフ対象データの範囲を広げるには　＜系列の追加＞ ………………200
- 60 グラフを印刷するには　＜グラフの印刷＞ ……………………………202

この章のまとめ…………204
練習問題………………205　　　　解答……………………206

第9章　データベースを作成する　207

61 データベースでデータを活用しよう　＜データベースの利用＞ ················ 208
62 表をデータベースに変換するには　＜テーブル＞ ················ 210
63 データを並べ替えるには　＜データのソート＞ ················ 212
　テクニック　通常の表のままでも並べ替えができる ················ 212
64 特定のデータだけを表示するには　＜フィルター＞ ················ 214
65 見出しの行を常に表示するには　＜ウィンドウ枠の固定＞ ················ 216
66 すべてのページに見出しの項目を入れて印刷するには
　　　　　　＜印刷タイトル、改ページプレビュー＞ ················ 218
67 データを自動で入力するには　＜フラッシュフィル＞ ················ 224

　この章のまとめ ··········· 226
　練習問題 ················ 227　　　解答 ················ 228

第10章　もっとExcelを使いこなす　229

68 シート上の自由な位置に文字を入力するには　＜テキストボックス＞ ················ 230
69 表やグラフのデザインをまとめて変更するには　＜テーマ、配色、グラフスタイル＞ ··· 232
70 テンプレートを利用するには　＜テンプレート＞ ················ 236
71 配色とフォントを変更するには　＜テーマのフォント＞ ················ 238
72 2つのブックを並べて比較するには　＜並べて比較＞ ················ 240
　テクニック　ブックを左右に並べて表示できる ················ 241
73 よく使う機能をタブに登録するには　＜リボンのユーザー設定＞ ················ 242
74 よく使う機能のボタンを表示するには
　　　　　　＜クイックアクセスツールバーのユーザー設定＞ ················ 246
75 ブックの安全性を高めるには　＜ブックの保護＞ ················ 248
　テクニック　ワークシートやブックの編集を制限できる ················ 251
76 新しいバージョンでブックを保存するには　＜ファイルの種類＞ ················ 252
　テクニック　古いバージョンでブックを保存する ················ 253
77 ブックをPDF形式で保存するには　＜エクスポート＞ ················ 254

　この章のまとめ ··········· 256
　練習問題 ················ 257　　　解答 ················ 258

第11章　Excelをクラウドで使いこなす　259

78 作成したブックをクラウドで活用しよう　＜クラウドの仕組み＞ ················ 260
79 ブックをOneDriveに保存するには　＜OneDriveへの保存＞ ················ 262
80 OneDriveに保存したブックを開くには　＜OneDriveから開く＞ ············ 264
81 Webブラウザーを使ってブックを開くには　＜Excel Online＞ ··············· 266
82 スマートフォンを使ってブックを開くには　＜モバイルアプリ＞ ··············· 268
　テクニック 外出先でもファイルを編集できる ································ 270
83 ブックを共有するには　＜共有＞ ·· 272
　テクニック Webブラウザーを使ってブックを共有する ···················· 273
　テクニック 複数のブックはフォルダーで共有しよう ······················ 275
84 共有されたブックを開くには　＜共有されたブック＞ ······················· 276
85 共有されたブックを編集するには　＜Excel Onlineで編集＞ ··············· 278
　テクニック Excel Onlineでアンケートを利用してみよう ··················· 282
　テクニック Windows 7ではOneDriveアプリを活用しよう ··············· 283

この章のまとめ ············ 284
練習問題 ···················· 285　　　解答 ······························· 286

付録1　Officeのモバイルアプリをインストールするには ························ 287
付録2　Officeをアップグレードするには ···································· 290
付録3　プリンターを使えるようにするには ···································· 293
付録4　ファイルの拡張子を表示するには ···································· 297
付録5　ショートカットキー一覧 ·· 298

用語集 ··· 300
索引 ··· 312

できるサポートのご案内 ·· 316
本書を読み終えた方へ ·· 317
読者アンケート ·· 318

パソコンの基本操作

パソコンを使うには、操作を指示するための「マウス」や文字を入力するための「キーボード」の扱い方、それにWindowsの画面内容と基本操作について知っておく必要があります。実際にレッスンを読み進める前に、それぞれの名称と操作方法を理解しておきましょう。

マウス・タッチパッド・スティックの動かし方

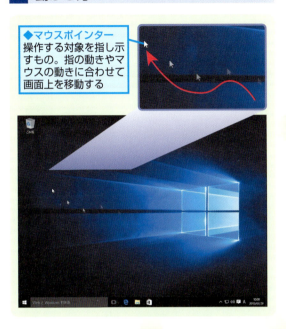

◆マウスポインター
操作する対象を指し示すもの。指の動きやマウスの動きに合わせて画面上を移動する

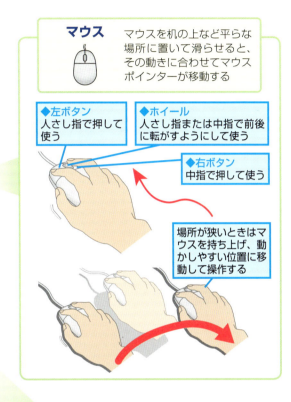

マウス マウスを机の上など平らな場所に置いて滑らせると、その動きに合わせてマウスポインターが移動する

◆左ボタン
人さし指で押して使う

◆ホイール
人さし指または中指で前後に転がすようにして使う

◆右ボタン
中指で押して使う

場所が狭いときはマウスを持ち上げ、動かしやすい位置に移動して操作する

タッチパッド タッチパッドを指でこすると、指の動きに合わせてマウスポインターが移動する

◆左ボタン
左手親指で押して使う

◆右ボタン
右手親指で押して使う

スティック スティックを前後左右斜めに傾けると、その方向にマウスポインターが移動する

◆左ボタン
左手親指で押して使う

◆右ボタン
右手親指で押して使う

マウス・タッチパッド・スティックの使い方

◆マウスポインターを合わせる
マウスやタッチパッド、スティックを動かして、マウスポインターを目的の位置に合わせること

マウス

タッチパッド

スティック

アイコンにマウスポインターを合わせる

アイコンの説明が表示された

◆ダブルクリック
マウスポインターを目的の位置に合わせて、左ボタンを2回連続で押して、指を離すこと

マウス

タッチパッド

スティック

アイコンをダブルクリック

アイコンの内容が表示された

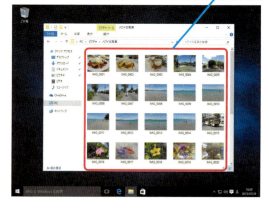

◆クリック
マウスポインターを目的の位置に合わせて、左ボタンを1回押して指を離すこと

マウス

タッチパッド

スティック

アイコンをクリック

アイコンが選択された

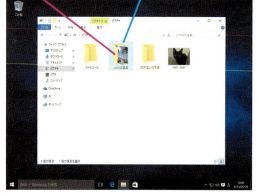

◆右クリック
マウスポインターを目的の位置に合わせて、右ボタンを1回押して指を離すこと

マウス

タッチパッド

スティック

アイコンを右クリック

ショートカットメニューが表示された

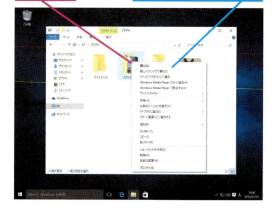

◆ドラッグ
左ボタンを押したままマウスポインターを
動かし、目的の位置で指を離すこと

マウス

タッチパッド

スティック

●ドラッグしてウィンドウの大きさを変える

❶ウィンドウの端に
マウスポインターを
合わせる

マウスポインターの形が変わった

❷ここまで
ドラッグ

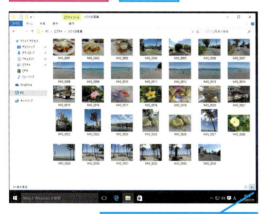

ボタンから指を離した位置まで、
ウィンドウの大きさが広がった

●ドラッグしてファイルを移動する

❶アイコンにマウスポインター
を合わせる

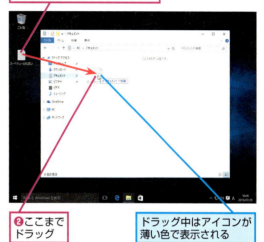

❷ここまで
ドラッグ

ドラッグ中はアイコンが
薄い色で表示される

ボタンから指を離すと、ウィン
ドウにアイコンが移動する

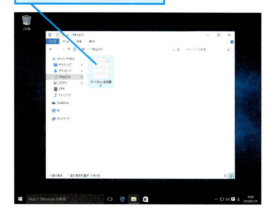

できる 17

Windows 10の主なタッチ操作

●タップ

指でトンと1回たたく

●ダブルタップ

指でトントンと2回たたく

●長押し

項目などを1秒以上タッチし続ける

●スライド

タッチしたまま指を上下左右に動かす

●ストレッチ

2本の指を合わせた状態から広げる

●ピンチ

2本の指を拡げた状態から合わせる

●スワイプ

Windows 10のデスクトップで使うタッチ操作

●アクションセンターの表示

●タスクビューの表示

デスクトップの主な画面の名前

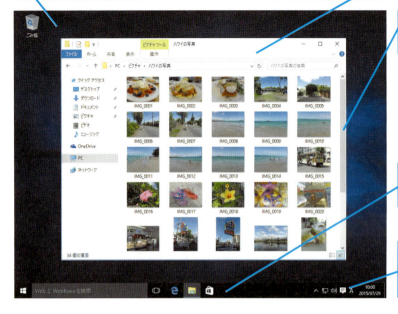

◆デスクトップ
Windowsの作業画面全体

◆ウィンドウ
デスクトップ上に表示される四角い作業領域

◆スクロールバー
上下にドラッグすれば、隠れている部分を表示できる

◆タスクバー
現在の作業の状態がボタンで表示される

◆通知領域
パソコンの状態を表すアイコンやメッセージが表示される

［スタート］メニューの主な名称

◆ユーザーアカウント
パソコンにサインインしているユーザー名が表示される。ロックやサインアウトも実行できる

◆よく使うアプリ
よく利用するアプリのアイコンが表示される

◆タイル
Windowsアプリなどが四角い画像で表示される

◆スクロールバー
［スタート］メニューでマウスを動かすと表示される

◆検索ボックス
パソコンにあるファイルや設定項目、インターネット上の情報を検索できる

ウィンドウの表示方法

ウィンドウ右上のボタンを使って
ウィンドウを操作する

◆[最小化] ◆[最大化] ◆[閉じる]

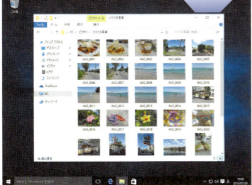

ウィンドウが開かれているときは、タスクバーのボタンに下線が表示される

複数のウィンドウを表示すると、タスクバーのボタンが重なって表示される

●ウィンドウを最大化する

[最大化]をクリック

↓

ウィンドウが最大化した

ウィンドウが最大化すると、[最大化]は[元に戻す(縮小)]に変わる

●ウィンドウを最小化する

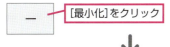
[最小化]をクリック

↓

ウィンドウが最小化した

タスクバーのボタンをクリックすれば、ウィンドウのサムネイルが表示される

●ウィンドウを閉じる

[閉じる]をクリック

↓

ウィンドウが閉じた

ウィンドウを閉じると、タスクバーのボタンの表示が元に戻る

できる | 21

キーボードの主なキーの名前

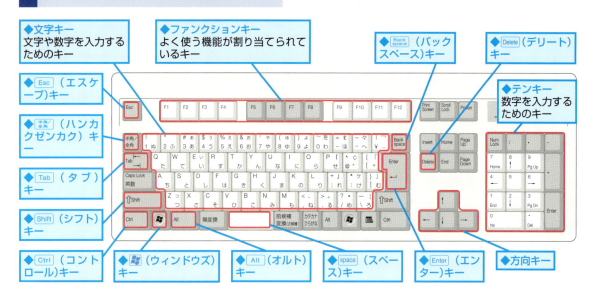

文字入力での主なキーの使い方

※Windowsに搭載されているMicrosoft IMEの場合

動きが見える！操作が分かる

  で操作をチェック！

本書に掲載している一部のレッスンは、「できるネット」で手順の動画を公開しています。ドラッグや範囲選択の操作、項目やウィンドウが次々に切り替わる場面など、紙面では分かりにくい画面上の動きが一目瞭然。スマートフォンやタブレットでも快適に視聴できます。

Step.1 動画が見られるレッスンを確認

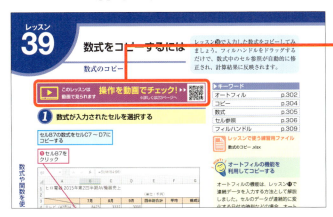

動画があるレッスンに掲載しているQRコードから、動画一覧ページにアクセスします。パソコンでは、下のURLをWebブラウザーで表示してください。

できるExcel 2016
動画一覧ページ

http://dekiru.net/excel2016movie

Step.2 できるネットで動画を再生

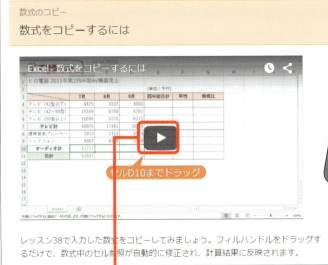

ここをクリックすると動画が再生されます。再生中の操作はYouTubeと同じです。

スマホで再生すればパソコンで操作しながら動画を見られます！

コンテンツは続々追加中！
更新情報はできるネットでご確認ください

※動画はYouTubeで公開したものを、できるネットのページに表示しています。動画の再生終了後には、YouTubeがおすすめする関連動画が表示されます。

Officeの種類を知ろう

Office 2016は、さまざまな形態で提供されています。ここではパソコンにはじめからインストールされているOfficeと、店頭やダウンロードで購入できるパッケージ版のOfficeについて紹介します。Office 365サービスとともに月や年単位で契約をするタイプと、契約が不要なタイプがあることを覚えておきましょう。このほかに、画面が10.1インチ以下のタブレットにインストールされているOfficeやWebブラウザーで利用できるOffice、Windowsストアから入手できるOfficeがあります。

パソコンにプリインストールされている
Office Premium

さまざまなメーカー製パソコンなどにあらかじめインストールされる形態で提供されます。プリインストールされているOfficeには3つの種類があり、それぞれ利用できるアプリの数が異なります。

常に最新版が使える
パソコンが故障などで使えなくならない限り、永続して利用できます。また、パソコンが利用できる間は最新版へのアップグレードを無料で行えます。

スマホなどでも使える
スマートフォンやiPad、Androidタブレット向けのモバイルアプリを利用できます。スマートフォンとタブレットで、それぞれ2台まで使えます。

1TBのOneDriveが利用可能
1年間無料で1TBのオンラインストレージ（OneDrive）が利用できます。また、毎月60分間通話できるSkype通話プランも付属しています。

●Office Premiumの製品一覧

	Office Professional	Office Home & Business	Office Personal
Word	●	●	●
Excel	●	●	●
Outlook	●	●	●
PowerPoint	●	●	−
OneNote	●	●	−
Publisher	●	−	−
Access	●	−	−

使い方に合わせて選べる
Officeパッケージ製品

1 すべてのサービスが使える
Office 365 Solo

家電量販店やオンラインストアなどで購入できます。一定の契約期間に応じて、利用料を支払って使うことができます。

1,274円から利用できる
1カ月（1,274円）または1年間（12,744円）の契約期間が用意されています。必要な期間だけ利用（契約）することも可能です。

最新アプリが利用可能
契約期間中は常に最新版のアプリを利用でき、新しいバージョンが提供されたときはすぐにアップグレードできます。

複数の機器で使える
2台までのパソコンまたはMacにインストールして利用できます。スマートフォンやタブレット向けアプリも利用可能です。

1TBのOneDriveが付属
契約期間中は1TBのオンラインストレージ（OneDrive）を利用できます。毎月60分のSkype通話プランも付属します。

2 従来と変わらぬ使い勝手
Office Home & Business/ Office Personal 2016

家電量販店やオンラインストアで購入することができます。

Office 2016が常に利用可能
サポートが終了するまでOffice 2016を永続的に利用できます。

15GBのOneDriveが付属
15GBのオンラインストレージ（OneDrive）を利用できます。

2台までのパソコンにインストールできる
同じMicrosoftアカウントでサインインしているパソコンなら、2台までインストールして利用することができます。

練習用ファイルの使い方

本書では、レッスンの操作をすぐに試せる無料の練習用ファイルを用意しています。Excel 2016の初期設定では、ダウンロードした練習用ファイルを開くと、保護ビューで表示される仕様になっています。本書の練習用ファイルは安全ですが、練習用ファイルを開くときは以下の手順で操作してください。

▼ 練習用ファイルのダウンロードページ
https://book.impress.co.jp/books/1115101055

練習用ファイルを利用するレッスンには、練習用ファイルの名前が記載してあります。

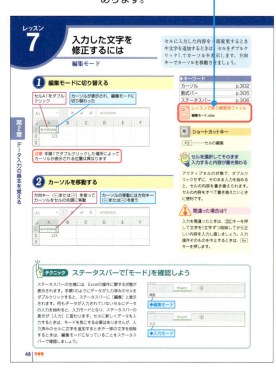

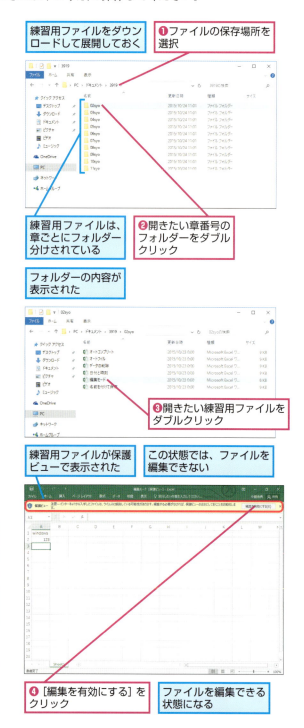

練習用ファイルをダウンロードして展開しておく
❶ファイルの保存場所を選択

練習用ファイルは、章ごとにフォルダー分けされている
❷開きたい章番号のフォルダーをダブルクリック

フォルダーの内容が表示された

❸開きたい練習用ファイルをダブルクリック

練習用ファイルが保護ビューで表示された
この状態では、ファイルを編集できない

❹[編集を有効にする]をクリック
ファイルを編集できる状態になる

HINT! 何で警告が表示されるの？

Excel 2016では、インターネットを経由してダウンロードしたファイルを開くと、保護ビューで表示されます。ウイルスやスパイウェアなど、セキュリティ上問題があるファイルをすぐに開いてしまわないようにするためです。ファイルの入手時に配布元をよく確認して、安全と判断できた場合は、[編集を有効にする]ボタンをクリックしてください。[編集を有効にする]ボタンをクリックすると、次回以降同じファイルを開いたときに保護ビューが表示されません。

第 **1** 章

Excel 2016を使い始める

この章では、Excelでできることや機能の概要を紹介します。併せて画面の構成や仕組み、起動と終了の操作方法を解説します。Excelを起動すると、すぐにブックの編集画面が開くのではなく、Excelのスタート画面が表示されることを覚えましょう。

●この章の内容
❶ Excelの特徴を知ろう ……………………28
❷ Excelを使うには …………………………30
❸ Excel 2016の画面を確認しよう ‥‥38
❹ ブックとワークシート、
　セルの関係を覚えよう ………………40

レッスン 1

Excelの特徴を知ろう

表計算ソフト

Excelは、文字や数字、計算式などを表に入力して操作するソフトウェアです。このレッスンでは、Excelを使って何ができるのか、その基本的な使い方を紹介します。

Excelでできること

Excelは、売り上げの集計計算や見積書の作成など、表の中で計算をすることが得意なソフトウェアです。加えてExcelには、名前や住所といった文字や日付を扱うための機能も豊富に用意されています。そのためExcelを使えば、予定表や住所録など、見栄えがする表を簡単に作成できます。

●予定表の作成

予定を入力しやすく、一覧で内容を確認できる予定表を作成できる

●住所録の管理

データの並べ替えや抽出を実行し、効率よくデータを管理できる住所録を作成できる

▶キーワード

OneDrive	p.300
OS	p.300
印刷	p.301
インストール	p.301
関数	p.302
共有	p.303
クラウド	p.303
グラフ	p.303
ソフトウェア	p.307

HINT! Excelをパソコンにインストールしておこう

パソコンによっては、最初からExcel 2016がインストールされていることがあります。パソコンのOSがWindows 10の場合は、レッスン❷を参考に［スタート］メニューを表示して、Excelがインストールされているかどうかを確認しましょう。OSがWindows 8.1の場合は、アプリビューにExcelのアイコンがあれば、パソコンにExcelがインストールされています。Excelがインストールされていないときは、自分でインストールする必要があります。

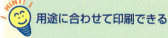

HINT! 用途に合わせて印刷できる

Excelは、このレッスンで紹介しているようにさまざまな目的に利用できますが、用途に合わせた印刷も簡単です。作成した表を用紙の真ん中にきれいにレイアウトして印刷したり、表とグラフを一緒に印刷したりすることもできます。印刷については、第5章で詳しく解説しています。

数式や関数を利用した集計表の作成

Excelを使えば、四則演算だけでなく、合計や平均なども簡単な操作ですぐに求められます。さらに、あらかじめExcelに用意されている関数を利用すれば、複雑な計算も簡単な操作で素早く行えます。表の中のデータの値を変えれば即座に自動で再計算されるので、数式や関数をいちいち再入力する必要もありません。

数式や関数を使って、データの合計や構成比を瞬時に求められる

	A	B	C	D	E	F	G
1	ヒロ電器 2015年第2四半期AV機器売上						
2					(単位：千円)		
3		7月	8月	9月	四半期合計	平均	構成比
4	テレビ（42型以下）	8475	3337	3000	14812	4937.33	0.149855325
5	テレビ（42～50型）	15549	8768	6781	31098	10366	0.314623338
6	テレビ（50型以上）	16896	5376	6272	28544	9514.67	0.28878412
7	テレビ計	40920	17481	16053	74454	24818	0.753262783
8	携帯音楽プレーヤー	1910	1313	1074	4297	1432.33	0.043473422
9	ヘッドフォン	9807	6338	3946	20091	6697	0.203263795
10	オーディオ計	11717	7651	5020	24388	8129.33	0.246737217
11	合計	52637	25132	21073	98842	32947.3	1

グラフの作成

下の表は、電気使用量と電気料金、ガス料金を1つにまとめたものです。それぞれを注意深く見比べれば数値の大小は分かりますが、表だけでは、電気使用量に応じた金額の変化や電気料金とガス料金の対比、推移などが把握できません。一方、同じ表から作成したグラフを見てください。Excelを利用すれば、表から美しく見栄えのするグラフを簡単に作成できます。グラフにすることで、データの変化や推移、関連性がひと目で分かるようになるのです。

入力したデータを基に、美しく、見栄えのするグラフを作成できる

文書をオンラインで共有できる

Microsoftのクラウドサービスである「OneDrive」を利用すれば、簡単にファイルを共有できます。OneDriveにファイルを保存すると、ノートパソコンやタブレット、スマートフォンを利用して外出先からでもファイルの内容確認や修正ができます。複数の人とファイルを共有すれば、予定表を基に、メンバーのスケジュールを簡単に調整できます。OneDriveの利用方法については、第11章で詳しく紹介します。

グラフの作成をサポートする機能が多数用意されている

Excel 2016では、表にしたデータをグラフにする機能が多数搭載されています。データに合ったグラフの種類が分からないときでも、グラフのサンプルから目的のグラフを選んで作成ができます。詳しくは、186ページのテクニックを参照してください。

レッスン 2

Excelを使うには

起動、終了

ここでは、Excelの起動と終了の方法を解説します。Excel 2016では、起動直後にスタート画面が表示されます。ブックの作成方法と併せて覚えておきましょう。

Windows 10でのExcelの起動

1 すべてのアプリを表示する

❶ [スタート] を
クリック

❷ [すべてのアプリ] を
クリック

注意 Windows 10のアップデートによって、[スタート]メニューの画面構成が変更される可能性があります

2 Excelを起動する

インストールされているアプリの一覧が表示された

[Excel 2016] を
クリック

▶ キーワード

Microsoftアカウント	p.300
スタート画面	p.306

ショートカットキー

⊞ / Ctrl + Esc
……………………スタート画面の表示
Alt + F4 ……ソフトウェアの終了

HINT! Windows 8でExcelを起動するには

使っているパソコンがWindows 8の場合、スタート画面にある [Excel 2016] のタイルをクリックしてExcelを起動します。スタート画面に [Excel 2016] のタイルが表示されていないときは、スタート画面のスクロールバーをスライドして [Excel 2016] のタイルを表示します。また、タスクバーにExcelのボタンがピン留めされているときは、Excelのボタンをクリックしても起動ができます。

❶ここを右にドラッグしてスクロール

❷[Excel 2016]をクリック

③ Excelの起動画面が表示された

Excel 2016の起動画面が表示された

④ Excelが起動した

Excelが起動し、Excelのスタート画面が表示された

スタート画面に表示される背景画像は、環境によって異なる

タスクバーにExcelのボタンが表示された

 Microsoftアカウントでサインインしておく利点とは

MicrosoftアカウントでOfficeにサインインしていると、[スタート]メニューやスタート画面の右上にユーザーIDやアカウント画像が表示されます。Microsoftアカウントでサインインしておくと、第11章で解説しているマイクロソフトのオンラインストレージやHotmailなどのサービスをインターネット経由で使えるようになります。Windows 10でユーザー設定がMicrosoftアカウントになっていると、Excelの起動時にOfficeへのサインインが自動で行われます。

 スタート画面からテンプレートを開ける

Excelを起動するとExcelのスタート画面が表示され、[空白のブック]以外に、さまざまな表やグラフのひな形が一緒に表示されます。このひな形のことを「テンプレート」と言います。テンプレートには、仮の文字やデータが入力されていて、データを入力し直すだけで新しい表やグラフを作れます。テンプレートの使い方は、レッスン⑩で紹介します。

検索ボックスにキーワードを入力して、好みのテンプレートを検索できる

次のページに続く

Windows 8.1でのExcelの起動

1 スタート画面を表示する

[スタート]をクリック

2 アプリビューを表示する

スタート画面からアプリビューに切り替える

ここをクリック

スタート画面からExcelを起動するには

スタート画面を表示し、半角英数字の「e」を入力すると検索チャームに該当するアプリ名が表示されます。[Excel 2016] をクリックすれば、すぐにExcelが起動します。

| スタート画面を表示しておく | 「e」と入力 |

検索チャームの [Excel 2016] をクリックすると、Excelが起動する

Excelのタイルをスタート画面に登録するには

アプリビューを表示しておき、[Excel 2016] を右クリックしてから [スタート画面にピン留めする] をクリックすれば、スタート画面にExcel 2016のタイルを登録できます。

アプリビューを表示しておく

❶ [Excel 2016] を右クリック

❷ [スタート画面にピン留めする]をクリック

Windows 8.1のスタート画面にExcel 2016のタイルが表示される

③ Excelを起動する

| アプリビューが表示された | [Excel 2016]をクリック |

④ Excelが起動した

| Excelが起動し、Excelのスタート画面が表示された | スタート画面に表示される背景画像は、環境によって異なる |

タスクバーにExcelのボタンが表示された

HINT! Excelのボタンをタスクバーに登録するには

前ページで紹介したスタート画面への登録と同様の操作で、Excelのボタンをタスクバーに登録できます。タスクバーにボタンを登録しておけば、デスクトップからすぐにExcelを起動できます。

アプリビューを表示しておく

❶[Excel 2016]を右クリック

❷[タスクバーにピン留めする]をクリック

❸ ⊞+Dキーを押す

タスクバーにExcelのボタンが登録された

HINT! タスクバーに登録したボタンを削除するには

以下の手順を実行すれば、タスクバーに登録したボタンを削除できます。ボタンが削除されるだけで、Excelは削除されません。

❶タスクバーのボタンを右クリック

❷[タスクバーからピン留めを外す]をクリック

次のページに続く

起動、終了

できる | 33

Windows 7でのExcelの起動

1 [すべてのプログラム]の一覧を表示する

❶ [スタート]を
クリック

❷ [すべてのプログラム]を
クリック

2 Excelを起動する

インストールされているアプリの
一覧が表示された

[Excel 2016]を
クリック

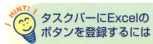

タスクバーにExcelの
ボタンを登録するには

[スタート]メニューでタスクバーに登録するアプリ名を右クリックし、以下の手順で操作すれば、タスクバーにアプリのボタンを登録できます。「アプリを起動するのに、いちいち[スタート]メニューを使うのが面倒」というときに便利です。

[すべてのプログラム]の一覧を
表示しておく

❶ [Excel 2016]を
右クリック

❷ [タスクバーに表示する]を
クリック

タスクバーにExcelの
ボタンが登録された

 タスクバーのボタンを
削除するには

タスクバーに登録したボタンを右クリックし、[タスクバーにこのプログラムを表示しない]をクリックすると、タスクバーのボタンが削除されます。

③ Excelの起動画面が表示された

Excel 2016の起動画面が
表示された

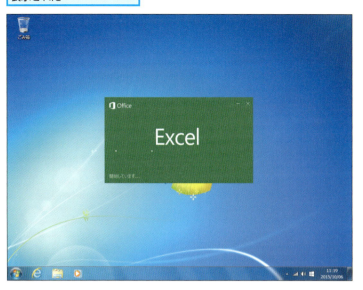

④ Excelが起動した

Excelが起動し、Excelの
スタート画面が表示された

Officeにサインインしていないときは、
背景画像などが表示されない

タスクバーにExcelのボタンが
表示された

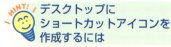

デスクトップにショートカットアイコンを作成するには

［スタート］メニューのアプリ名を右クリックし、以下の手順で操作すればデスクトップにショートカットアイコンを作成できます。ただし、たくさんショートカットアイコンがあると、目的のアイコンを選びにくくなる上、デスクトップがごちゃごちゃしてしまうので、気を付けましょう。

［Microsoft Office 2016］の
一覧を表示しておく

❶ ［Excel 2016］を右クリック

❷ ［送る］にマウスポインターを合わせる

❸ ［デスクトップ（ショートカットを作成）］をクリック

---

2 起動、終了

次のページに続く

新しいブックの作成

❺ [空白のブック] を選択する

Excelを起動しておく

[空白のブック] をクリック

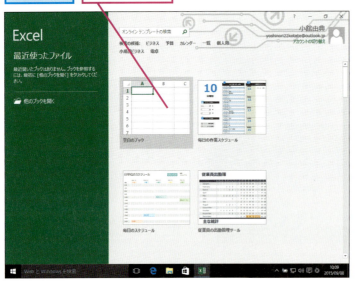

❻ 新しいブックが表示された

新しいブックが作成され、画面に表示された

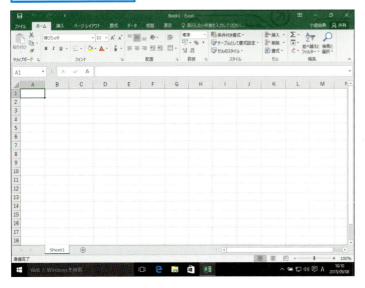

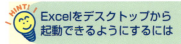
Excelをデスクトップから起動できるようにするには

Windows 10でExcelのボタンをタスクバーに登録しておくと、ボタンをクリックするだけで、すぐにExcelを起動できるようになります。なお、タスクバーからExcelのボタンを削除するには、タスクバーのボタンを右クリックして、[タスクバーからピン留めを外す] をクリックします。

[スタート] メニューを表示しておく

❶ [Excel 2016] を右クリック
❷ [タスクバーにピン留めする] をクリック

タスクバーにボタンが表示された

ボタンをクリックすればExcelを起動できる

⚠️ **間違った場合は？**

手順7で [元に戻す（縮小）] ボタンをクリックしてしまったときは、Excelのウィンドウが小さくなります。[最大化] ボタンをクリックしてウィンドウを全画面で表示してから、[閉じる] ボタンをクリックしましょう。

Excelの終了

❼ Excelを終了する

[閉じる] を
クリック

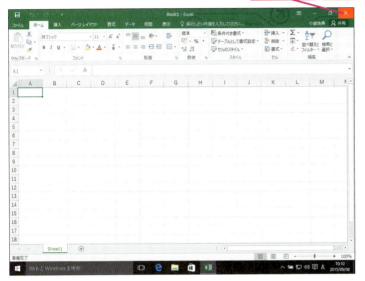

❽ Excelが終了した

Excelが終了し、デスクトップが
表示された

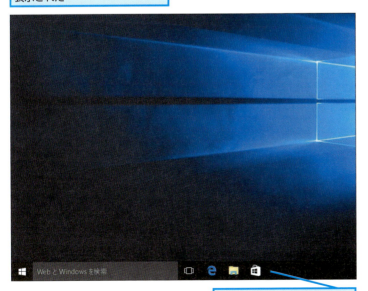

タスクバーに表示されていた
Excelのボタンが消えた

Windows 10で言語バーを表示するには

Windows 10やWindows 8.1では、入力モードの切り替えや単語登録を実行できる「言語バー」が、はじめから非表示になっています。言語バーで利用できる機能は、言語バーのボタン（あ／A）を右クリックすると利用できます。Windows 10やWindows 8.1で言語バーを表示するには、［スタート］ボタンを右クリックして［コントロールパネル］を選択し、以下の手順を実行してください。

❶ [時計、言語、および地域] の
［言語の追加］をクリック

❷ ［詳細設定］を
クリック

❸ ［使用可能な場合にデスクトップ言語バーを使用する］をクリックしてチェックマークを付ける

Point

起動と終了の方法を覚えよう

Excelを起動すると、Excelのウィンドウが開いて、タスクバーにExcelのボタンが表示されます。これはExcelが起動中であることを示すものです。デスクトップでExcelのウィンドウが見えなくなったときは、タスクバーにあるExcelのボタンをクリックしましょう。Excelを終了すると、Excelのウィンドウが閉じて、タスクバーからExcelのボタンが消えます。このレッスンを参考にして、Excelの起動方法と終了方法をマスターしておきましょう。

レッスン 3

Excel 2016の画面を確認しよう

各部の名称、役割

新しいブックを作成するか、保存済みのブックを開くと、リボンやワークシートが表示されます。Excelでは下の画面でデータを入力して表やグラフを作成します。

Excel 2016の画面構成

Excelの画面は、大きく分けて3つの部分から構成されています。1つ目は「機能や操作方法を指定する場所」で、画面上部にあるリボンやその下の数式バーが含まれます。2つ目は「データの入力や表示を行う場所」で、中央部にあるたくさんのセルがこれに当たります。3つ目は「現在の作業状態などを表示する場所」で、画面の一番下にあるステータスバーがこれに当たり、列番号や行番号、セルの表示を拡大縮小するズームスライダーなどが右に配置されています。

▶キーワード

行番号	p.302
クイックアクセスツールバー	p.303
シート見出し	p.304
数式バー	p.305
スクロールバー	p.305
ステータスバー	p.306
セル	p.306
タイトルバー	p.307
操作アシスト	p.307
リボン	p.311
列番号	p.311

❶リボン ❷タイトルバー ❸ユーザー名 ❹操作アシスト ❺数式バー ❻列番号 ❼行番号 ❽セル ❾スクロールバー ❿ステータスバー ⓫ズームスライダー

●シート見出し
ワークシートの名前を表す見出しのこと。セルの集まりを「ワークシート」と呼び、標準の設定では、[Sheet1]シートが表示される。

注意 本書では、画面の解像度が1024×768ピクセルの状態でExcelを表示しています。画面の解像度が違うときは、リボンの表示やウィンドウの大きさが異なります

❶リボン

作業の種類によって、「タブ」でボタンが分類されている。［ファイル］や［ホーム］タブなど、タブを切り替えて必要な機能のボタンをクリックすることで、目的の作業を行う。

タブを切り替えて、目的の作業を行う

❷タイトルバー

Excelで開いているブックの名前が表示される領域。保存前のブックには、「Book1」や「Book2」などの名前が表示される。

Book1 - Excel ── 作業中のファイル名が表示される

❸ユーザー名

Officeにサインインしているユーザー名が表示される。Officeにサインインしていないときは、［サインイン］という文字が表示される。

❹操作アシスト

Excelの操作コマンドを入力すると、該当するコマンドへのショートカットの一覧が表示される。例えば「印刷」と入力すると、印刷に関連するコマンドのリストが表示される。

❺数式バー

選択したセルの内容が表示される。セルをダブルクリックするか、数式バーをクリックすることで、セルの内容を編集できる。

❻列番号

列の位置を表す英文字が表示されている。「A」から始まり、「Z」の右側は「AA」となる。選択したセルの列番号は灰色で表示される。

❼行番号

行の位置を表す数字が表示されている。選択したセルの行番号は灰色で表示される。

❽セル

Excelで扱うデータを入力する場所。文字や数字、数式などを入力できる。列番号と行番号を組み合わせて、セルの位置を表す。例えば、列番号が「B」、行番号が「2」のセルは、「セルB2」と表現される。

❾スクロールバー

画面を上下にスクロールするために使う。スクロールバーを上下にドラッグすれば、表示位置を移動できる。

❿ステータスバー

作業状態が表示される領域。数値が入力された複数のセルを選択すると、データの個数や平均などの情報が表示される。

ワークシートの作業状態が表示される

ここをクリックして［ズーム］ダイアログボックスを表示しても画面の表示サイズを任意に切り替えられる

⓫ズームスライダー

画面の表示サイズを変更できるスライダー。左にドラッグすると縮小、右にドラッグすると拡大できる。［拡大］ボタン（＋）や［縮小］ボタン（－）をクリックすると、10％ごとに表示の拡大と縮小ができる。

💡HINT! 画面の大きさによってリボンの表示が変わる

本書では「1024×768ピクセル」の解像度を設定し、Excelのウィンドウを最大化した状態で、画面を再現しています。画面の大きさによっては、リボンに表示されているボタンの並び方や絵柄、大きさが変わることがあります。その場合は、リボン名などを参考にして読み進めてください。

💡HINT! リボンを非表示にするには

リボンを一時的に非表示にするには、いずれかのタブをダブルクリックするか、リボンの右下にある［リボンを折りたたむ］ボタン（ ）をクリックします。リボンの表示を元に戻すには、［リボンの表示オプション］ボタン（ ）をクリックして［タブとコマンドの表示］を選択します。なお、リボンが表示されているときに Ctrl + F1 キーを押すと、リボンの最小化と展開を切り替えられて便利です。

❶［リボンを折りたたむ］をクリック

リボンが最小化された

❷［リボンの表示オプション］をクリック

❸［タブとコマンドの表示］をクリック

リボンが表示される

レッスン 4

ブックとワークシート、セルの関係を覚えよう

ブック、ワークシート、セル

> Excelのファイルのことを「ブック」とも呼びます。ブックの中には複数のワークシートを束ねられます。そしてワークシートを構成するのが「セル」です。

ブックとワークシート

ブックとワークシートの関係を覚える前に、下の画面を見てください。Excelで新しいブックを作成すると、タイトルバーに [Book1] というファイル名が表示され、シート見出しに [Sheet1] というシート名が表示されます。このように、ブック（[Book1]）の中にあるのがワークシート（[Sheet1]）です。新しく作成したブックの場合、ワークシートは1つしかありません。しかし、目的に応じてワークシートの数を増やせます。例えば、予定表を作成したワークシートをコピーすれば、データを再度入力する手間が省け、1つのブックで複数の予定データを管理できます。

▶キーワード

アクティブセル	p.301
行番号	p.302
シート見出し	p.304
セル	p.306
タイトルバー	p.307
ドラッグ	p.309
フィルハンドル	p.309
ブック	p.310
マウスポインター	p.310
列番号	p.311
ワークシート	p.311

◆ブック
表のシートを入れておく封筒の役割がブック。1つのブックで複数のワークシートを管理することもできる

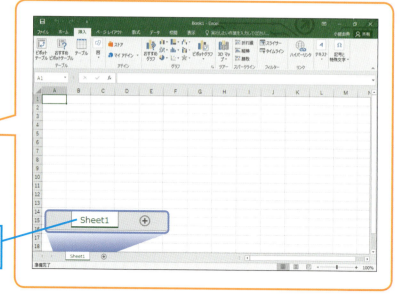

Excelの初期設定では、ブックの作成時に1つのワークシートが表示される

●ワークシートの管理

内容に合わせてワークシートの名前を変更できる

[新しいシート] をクリックすれば、ブックにワークシートを追加できる

ワークシートをコピーして、ワークシートにあるデータを再利用できる

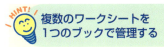

複数のワークシートを 1つのブックで管理する

Excelでは複数のワークシートを1つのブックにまとめられます。例えば、1年間の売り上げを1月から12月までそれぞれまとめるとき、表の項目が変わらないのであれば、ブックを12個用意するのではなく、［2015］というブックに［1月］［2月］［3月］〜［12月］というワークシートをまとめた方が便利です。

ワークシートとセル

ワークシートの中には数えきれないほどのセルがあり、パソコンの画面にはその一部が表示されます。たくさんあるセルを区別するために、Excelではセルの位置を列番号と行番号を組み合わせて表現します。例えば、列番号が「C」、行番号が「4」のセルは、「セルC4」となります。なお、緑色の太い棒線で表示されているセルを「アクティブセル」と呼びます。アクティブセルはワークシートの中に1つしかありません。

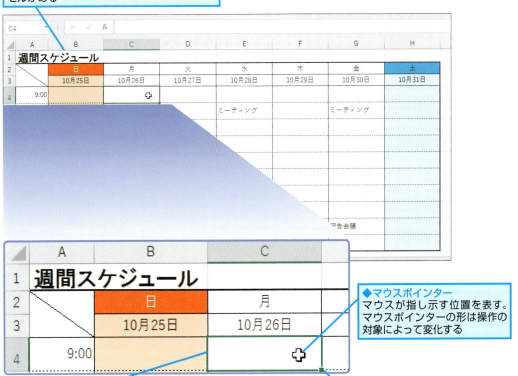

◆ワークシート
Excelでデータを入力する領域。1つのワークシートには、横16384×縦1048576個のセルがある

◆マウスポインター
マウスが指し示す位置を表す。マウスポインターの形は操作の対象によって変化する

◆アクティブセル
選択しているセルのこと。操作の対象であることが分かるように緑色の太い枠線が表示される。アクティブセルの列番号と行番号は灰色で表示される

◆フィルハンドル
アクティブセルの右下にある緑色の四角いつまみ。ドラッグしてデータをコピーするときなどに使われる

この章のまとめ

●少しずつExcelを使ってみよう

この章では、表計算ソフトの「Excel」がどのようなソフトウェアであるかを紹介しました。ブックを開くと、パソコンの画面に「セル」という小さなマスで区切られたワークシートが表示されます。このセル1つ1つを操作することがExcelの基本であり、すべてでもあります。Excelを使いこなすということは、このセルを適切に操作して、思い通りの表を作るということです。セルに文字や数値などのデータを入力したり、数式を入力して計算したりすることもできます。

Excelには、表やグラフに関する機能が多数用意されているので、簡単にきれいな表を作れるほか、表のデータを利用したグラフもすぐに作れます。また、クラウドと連携してデータや情報の共有も簡単にできるようになっています。

本書では、Excelを理解し、便利に使うための知識をレッスンで1つずつ解説しますが、すべてを一度に覚える必要はありません。まず、この章でExcelの基本を覚えてから、第2章のレッスンに進んでみましょう。本書全体にひと通り目を通して、後から疑問に思ったところを、Excelを使いながらゆっくり読み返すのもいいでしょう。少しずつでもExcelを使う時間を増やすことが、Excel上達の早道です。

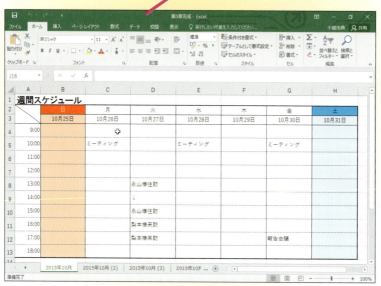

Excelを使って覚える
さまざまな機能が「Excel」に搭載されているが、一度に覚える必要はない。1つずつ操作して慣れることが大事

第2章

データ入力の基本を覚える

この章では、Excelで行う基本的なデータの入力と修正、そして作成したブックを保存する方法を解説します。Excelが扱うデータの種類や、その入力方法について覚えておきましょう。

●この章の内容
- ❺ データ入力の基本を知ろう …………44
- ❻ 文字や数値をセルに入力するには …46
- ❼ 入力した文字を修正するには ………48
- ❽ 入力した文字を削除するには ………50
- ❾ ひらがなを変換して
   漢字を入力するには ………………52
- ❿ 日付や時刻を入力するには …………54
- ⓫ 連続したデータを入力するには ……56
- ⓬ 同じデータを簡単に入力するには …58
- ⓭ ブックを保存するには ………………62

レッスン 5

データ入力の基本を知ろう

データ入力

ここでは、この章で解説するExcelの入力操作とはどのようなものなのか、その概要を解説します。Excelを使うための基本的な内容です。しっかり覚えましょう。

セルへの入力

Excelで表を作成するための基本操作が、セルへのデータ入力です。データの入力といっても、特に難しいことはありません。Excelはセルに入力された文字が何のデータに該当するかを自動で認識し、文字の表示や配置を調整します。下の例では「123」という数値が計算に利用できるデータと判断され、セルの右側に表示されます。

▶ キーワード

オートフィル	p.302
セル	p.306
タイトルバー	p.307
名前を付けて保存	p.309
ブック	p.310

セルに文字を入力する
→レッスン❻、❾

セルの中にカーソルを表示して、セルに入力した文字を修正する
→レッスン❼

セルに入力した文字の一部とセルにあるデータをすべて削除する
→レッスン❽

	A	B	C	D	E
1	microsoft windows				
2	123				
3					

便利な入力方法

Excelでは、セルに「3/3」と入力するだけで、日付のデータということを自動で認識し、セルには「3月3日」と表示します。また、「オートフィル」という機能を使えば、日付や時刻など、規則に従って変化するデータから連続したデータを複数のセルに入力できます。

セルに日付や時刻を入力する
→レッスン❿

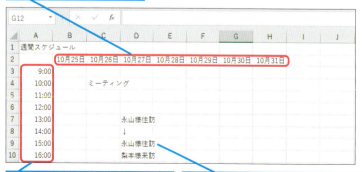

入力済みのデータを利用して、1週間分の日付や連続する時刻を簡単に入力する →レッスン⓫

同じ列にあるデータを入力候補として利用し、同じ内容をすぐに入力できる →レッスン⓬

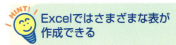

Excelではさまざまな表が作成できる

この章では、週間スケジュールの作成を通してセルにデータを入力する方法を詳しく解説します。この章のレッスンでセルへの入力方法をマスターすれば、住所録や家計簿、さらに見積書や売り上げの集計表など、さまざまな表をすぐに作成できます。

ブックの保存

データの入力が終わったら名前を付けてブックを保存します。ブックの名前はタイトルバーに表示されます。Excelの起動直後は、ブックには「Book1」「Book2」などの名前が付いていますが、後から見たときに内容が分かるような名前を付けて保存しましょう。

保存時にブックに付けた名前がタイトルバーに表示される

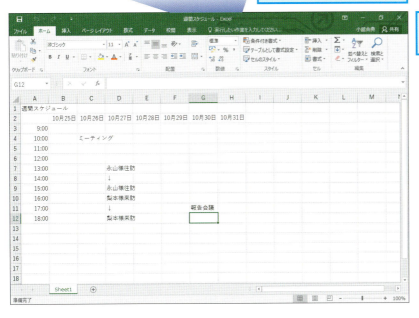

入力したデータに合わせた名前を付けて、ブックを保存する →レッスン⓭

Excelを起動した直後は、ブックに「Book1」という名前が付いている

データの入力が終わったら、分かりやすい名前を付けてブックを保存する

レッスン 6

文字や数値をセルに入力するには

入力モード

Excelを起動し、キーボードを使ってセルに簡単な文字や数値のデータを入力してみましょう。このレッスンでは、Excelでのデータ入力の基本を解説します。

▶キーワード

数式バー	p.305
セル	p.306
入力モード	p.309
編集モード	p.310

ショートカットキー

[半角/全角] ……… 入力モードの切り替え

1 セルを選択する

レッスン❷を参考にExcelを起動しておく

名前ボックスにアクティブセルの番号が表示される

◆名前ボックス

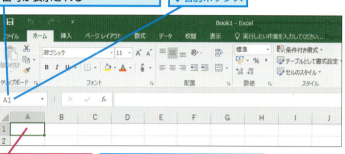

セルA1をクリック　セルA1がアクティブセルになった

HINT! [Esc]キーを押すと入力がキャンセルされる

セルへデータを入力している途中で[Esc]キーを押すと、それまでの入力がキャンセルされます。データの入力中に[Esc]キーを押せば、それまで入力されていたデータが消えて、入力を始める前の状態に戻ります。

2 入力モードを確認する

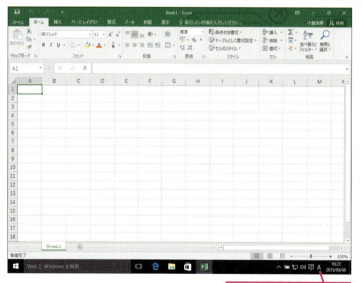

入力モードが[A]と表示されていることを確認

[A]と表示されているときは、入力モードが[半角英数]になっている

[あ]と表示されているときは、[半角/全角]キーを押して、[A]の表示に切り替える

HINT! 多くの文字を入力するとセルからはみ出して表示される

セルに文字を入力したとき、列の幅よりも長い文字を入力すると、文字がセルからはみ出すように表示されます。ただし、右のセルにデータが入力されていると、列の幅までしか表示されません。

●右のセル（セルB1）が空白の場合

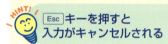

●右のセル（セルB1）にデータが入力されている場合

❸ セルに文字を入力する

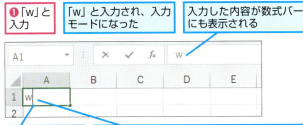

❹ 入力した内容を確定する

❺ セルに数字を入力する

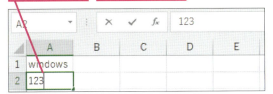

 日付や数値が「###」と表示されたときは

列の幅より文字数が多い場合でも、文字は正しく表示されます。しかし、日付や数値の場合は、右のセルが空白でも「###」と表示されます。正しく表示するには、入力されている文字数やけた数に合わせて列の幅を広げましょう。列の幅の調整は、レッスン⓮で詳しく解説します。

 間違った場合は？

間違ったセルにデータを入力したときは、そのセルをクリックしてアクティブセルにし、Deleteキーを押してデータを削除してから、もう一度入力します。

Point

Enterキーを押さないとデータは確定されない

セルにデータを入力するときはEnterキーが重要な意味を持ちます。入力を開始するとアクティブセルの中にデータの入力位置を示すカーソルが表示され、入力中のデータがセルと数式バーの両方に表示されます。この状態を「入力モード」と言います。画面下のステータスバーにも［入力］と表示され、データの入力中であることが確認できます。しかし、この状態では入力しているデータはまだ確定しません。Enterキーを押すことで、初めてセルに入力したデータが確定します。データが確定すると、セル内のカーソルが消え、太枠で表示されるアクティブセルが次のセルへ移動します。また、Excelは入力されたデータを判別して、文字の場合はセルの左端、数値の場合にはセルの右端に表示します。

レッスン 7

入力した文字を修正するには

編集モード

セルに入力した内容を一部変更するときや文字を追加するときは、セルをダブルクリックしてカーソルを表示します。方向キーでカーソルを移動させましょう。

1 編集モードに切り替える

- セルA1をダブルクリック
- カーソルが表示され、編集モードに切り替わった

注意 手順1でダブルクリックした場所によってカーソルが表示される位置は異なります

2 カーソルを移動する

- 方向キー（←または→）を使ってカーソルをセルの先頭に移動
- カーソルの移動には方向キー（←または→）を使う

▶キーワード

カーソル	p.302
数式バー	p.305
ステータスバー	p.306

 レッスンで使う練習用ファイル
編集モード.xlsx

 ショートカットキー
F2 ……… セルの編集

 セルを選択してそのまま入力すると内容が書き換わる

アクティブセルの状態で、ダブルクリックせずに、そのまま入力を始めると、セルの内容を書き換えられます。セルの内容をすべて書き換えたいときに便利です。

⚠ **間違った場合は？**

入力を間違ったときは、Back spaceキーを押して文字を1文字ずつ削除してから正しい内容を入力し直しましょう。入力操作そのものを中止するときは、Escキーを押します。

👆テクニック ステータスバーで「モード」を確認しよう

ステータスバーの左端には、Excelの操作に関する状態が表示されます。手順1のようにデータが入力済みのセルをダブルクリックすると、ステータスバーに［編集］と表示されます。何もデータが入力されていないセルにデータの入力を始めると、入力モードとなり、ステータスバーの表示が［入力］に変わります。セルに新しくデータを入力するときは、モードを気にする必要はありませんが、入力済みのセルに文字を追加するときや一部の文字を削除するときは、編集モードになっていることをステータスバーで確認しましょう。

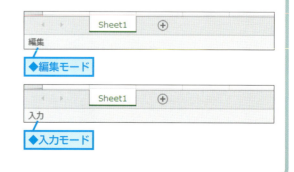

◆編集モード

◆入力モード

3 セルに文字を挿入する

カーソルがセルの先頭に移動した

❶「microsoft」と入力

入力した内容が数式バーにも表示される

「microsoft」の後ろに半角の空白を挿入する

❷ space キーを押す

4 入力した内容を確定する

「microsoft」の後ろに半角の空白が挿入された

Enter キーを押す

「microsoft windows」と入力できた

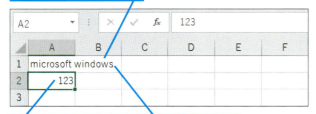

セルA1の内容が確定し、アクティブセルがセルA2になった

セルB1が空白の場合、入力した文字がはみ出たように表示される

HINT! F2 キーを押せばすぐに編集モードに切り替わる

編集モードに素早く切り替えて、セルに入力されているデータの一部を修正するには、F2 キーを押します。目的のセルがアクティブセルになっている状態で F2 キーを押すと、そのセルをダブルクリックしたときと同じ状態になり、カーソルがデータの後ろに表示されます。なお F2 キーを押すたびにステータスバー左の［編集］と［入力］の表示が切り替わります。

❶ データを修正するセルをクリック

❷ F2 キーを押す

カーソルが表示され、編集モードに切り替わった

F2 キーを押すと、常にデータの後ろにカーソルが表示される

Point
セルをダブルクリックしてデータの一部を修正する

セル内のデータを修正するときにセルをダブルクリックすると、Excelが編集モードに切り替わり、ステータスバーに［編集］と表示されます。セルをダブルクリックした場所にカーソルが表示されるので、方向キーで目的の位置にカーソルを移動してデータを修正しましょう。なお、選択したセルをダブルクリックせずにそのまま入力を開始すると、セルのデータがすべて消えて新しい内容に書き替わってしまうので注意しましょう。

レッスン 8 入力した文字を削除するには

データの削除

セル内の文字修正はレッスン❼で解説しました。ここでは、不要になったセルの内容を削除する方法を解説します。複数のセルの内容もまとめて削除できます。

セル内の文字の削除

1 編集モードに切り替える

- セルA1をダブルクリック
- カーソルが表示され、編集モードに切り替わった

注意 手順1でダブルクリックした場所によってカーソルが表示される位置は異なります

2 カーソルを移動する

- カーソルをセルの最後に移動する
- 方向キー（←または→）を使ってカーソルをセルの最後に移動

3 セル内の文字を削除する

- 「windows」の文字を削除する
- ❶ Back space キーを8回押す
- ❷ Enter キーを押す

▶キーワード

アクティブセル	p.301
入力モード	p.309

レッスンで使う練習用ファイル
データの削除.xlsx

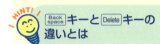
ショートカットキー

F2 ……… セルの編集

HINT! Back space キーと Delete キーの違いとは

手順5では Delete キーでセルの内容を削除する方法を解説していますが、 Back space キーを使ってもセルの内容を削除できます。 Delete キーを押すとセルの内容が消えるだけですが、 Back space キーを押すと、Excelが入力モードになり、アクティブセルにカーソルが表示されます。セルの内容をすべて削除して、続けてそのセルに新しいデータを入力するときには Back space キーを押すといいでしょう。

❶データを書き換えるセルをクリック
❷ Back space キーを押す

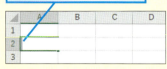

文字が削除され、カーソルが表示された

間違った場合は？

セルの中の文字を間違って削除してしまった場合は、クイックアクセスツールバーの［元に戻す］ボタン（↶）をクリックします。

セルの内容の削除

4 セル内の文字が削除された

- セルA1の「windows」の文字を削除できた
- セルA1の内容が確定し、アクティブセルがセルA2になった
- セルA2が選択されていることを確認

5 セルの内容を削除する

- セルA2の内容をすべて削除する
- Deleteキーを押す

6 セルの内容が削除された

- セルA2の内容を削除できた
- 手順4～5を参考にセルA1の内容を削除しておく

HINT! 複数のセルのデータをまとめて削除するには

セルのデータを削除するとき、複数のセルを一度にまとめて削除したい場合は、削除するセルを選択してから Delete キーを押します。連続したセル範囲をまとめて選択するには、範囲の先頭セルを選択してから、最後のセルまでマウスをドラッグします。

❶セルA1をクリック
❷セルA3までドラッグ

❸ Delete キーを押す

複数のセルの内容が削除された

Point

カーソルの有無でセルの削除内容が異なる

このレッスンでは、セルに入力されているデータを削除する方法を解説しました。セルにあるデータの一部を削除するには、レッスン❼で紹介したように、セルをダブルクリックして編集モードにしてから不要なデータを削除します。セルにある不要なデータをすべて削除するには、対象になるセルをマウスで選択して、キーボードの Delete キーを押します。セルの中にカーソルがあるときはデータの一部が削除され、カーソルがないときはセルのデータがすべて削除されることを覚えておきましょう。

レッスン 9

ひらがなを変換して漢字を入力するには

漢字変換

ここからは、実際に表を作成していきます。はじめに、表のタイトルを日本語で入力します。日本語は頻繁に入力するので、このレッスンで入力方法を覚えてください。

▶キーワード

カーソル	p.302
数式バー	p.305
セル	p.306
入力モード	p.309

1 セルを選択する

セルA1にこれから作成する表のタイトルを入力する

セルA1をクリック

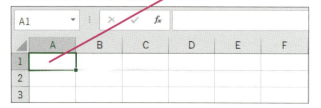

2 入力モードを切り替える

キーを押して、入力モードを切り替える

[A]と表示されているときは、入力モードが[半角英数]になっている

❶入力モードが[A]と表示されていることを確認

❷キーを押す

入力モードが[ひらがな]に切り替わった

[あ]と表示されているときは、入力モードが[ひらがな]になっている

3 セルに文字を入力する

「しゅうかんすけじゅーる」と入力

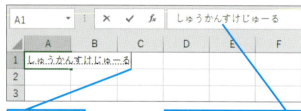

入力中の文字が表示された

入力した内容が数式バーにも表示される

ショートカットキー

……入力モードの切り替え

💡 確定した漢字を再変換するには

以下の操作を実行すれば、すでに入力が確定したセルの中の文字を再変換できます。セル内の文字の一部を再変換したいときに便利です。

❶ここをダブルクリック　❷再変換する文字をドラッグ

❸キーを押す

変換候補が表示された

変換候補から目的の単語を選んで Enter キーを押す

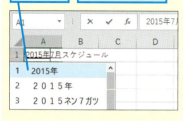

💡 入力した数字を一発で半角に変換するには

入力モードを切り替えずに年月や月などを半角に変換するには、「2015」と入力した後に F8 キーを押します。

④ 文字を変換する

❶ space キーを押す
文字が変換された
変換内容は確定していない

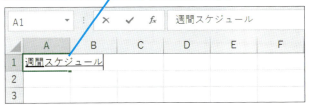

❷ Enter キーを押す
「週間」が「週刊」などに変換された場合、space キーを数回押し、「週間」を選択する

⑤ 入力した内容を確定する

変換内容は確定したが、セルの内容は、まだ確定していない

Enter キーを押す

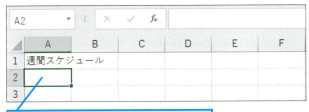

セルA1の内容が確定し、アクティブセルがセルA2になった

HINT! マウスで入力モードを切り替えるには

Windows 10/8.1では、タスクバーの右側にある言語バーのボタン（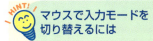）を右クリックして表示される一覧から、日本語の入力モードを切り替えられます。また、言語バーのボタンをクリックすると［ひらがな］と［半角英数］の切り替えができます。

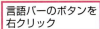
言語バーのボタンを右クリック

クリックして入力モードを変更できる

Windows 7では［入力モード］をクリックする

間違った場合は？

手順5でカーソルが表示されているときに文字の入力を取り消すときは、Esc キーを1回押しましょう。

Point

文字の変換があるときは Enter キーを2回押す

セルに入力した文字を確定するために Enter キーを押すことは、これまでのレッスンで紹介しました。漢字を入力するときは、さらにもう一度、合計で2回 Enter キーを押す必要があります。最初の Enter キーは「入力している文字の変換結果を確定する」ために押します。これで、日本語の変換は確定しますが、セルへの入力はまだ確定していません。ここで「セルへの入力を確定する」ために、もう一度 Enter キーを押す必要があります。

レッスン 10

日付や時刻を入力するには

日付、時刻の入力

セルに「10/25」や「9:00」と入力すると、それが日付や時刻を表すデータであることをExcelは自動的に認識します。実際にセルに入力して確認してみましょう。

▶キーワード

数式バー	p.305
入力モード	p.309

📄 **レッスンで使う練習用ファイル**
日付と時刻.xlsx

ショートカットキー

……… 入力モードの切り替え

1 セルを選択する

セルB2に予定表のはじめの日付を入力する

セルB2をクリック

セルB2がアクティブセルになる

2 入力モードを切り替える

キーを押して、入力モードを[半角英数]に切り替える

キーを押す

入力モードの表示が[A]に変わった

3 日付を入力する

❶「10/25」と入力　　❷ Enter キーを押す

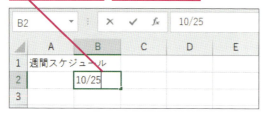

「10月25日」と表示され、右側に配置された

セルB2の内容が確定し、アクティブセルがB3になった

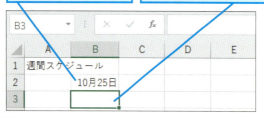

💡HINT! [ひらがな]の入力モードで数字を入力してもいい

Excelでは、入力モードが[ひらがな]の状態で数値や日付などのデータを入力できます。セルへの入力が確定し、アクティブセルのデータが数値や日付と認識されると、自動的に半角に変換されます。

入力モードが[あ]と表示された状態で時刻を入力する

❶「9：00」と入力

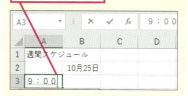

❷ Enter キーを2回押す

半角数字で確定された

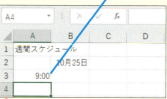

⚠ 間違った場合は?

途中で入力を取り消すときは、キーを押します。入力中のデータが消えて元の状態に戻ります。

4 入力した内容を確認する

- セルに表示されたデータを確認する
- ❶ セルB2をクリック
- ❷ 「2015/10/25」と数式バーに表示されたことを確認

- Excelが入力内容を日付と判断したことが分かる
- セルに入力した日によって西暦は異なる

5 時刻を入力する

- セルA3に時間を入力する
- ❶ セルA3をクリック
- 入力モードが [A] と表示されていることを確認しておく

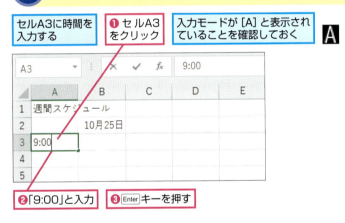

- ❷ 「9:00」と入力
- ❸ Enter キーを押す

6 日付と時刻を入力できた

- セルB2に日付、セルA3に時刻を入力できた

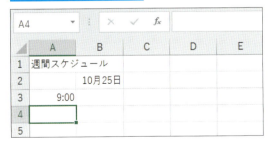

💡HINT! 日付が右側に配置されるのはなぜ？

Excelでは、1900年1月1日午前0時を「1」として数えた連番の数値で日付を管理しています。そのため、Excelではセルに「10/25」と入力したデータを「10月25日」と表示し、「2015/10/25」を「42302」という数値と判断します。従って、「10/25」と入力したときは、数値と同じように右側に配置されます。なお、日付を管理している数値を覚える必要はありません。

💡HINT! 「10/25」と入力した内容をそのまま表示させるには

「10/25」を日付形式ではなく、そのまま表示するときは、Shift + や キーを押してデータの最初に「'」（アポストロフィー）を付けて入力します。

❶「10/25」と入力

❷ Enter キーを押す

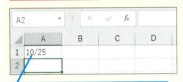

「'」（アポストロフィー）の後ろの「10/25」がそのまま表示された

Point 日付や時刻は区切り記号を付けて入力する

日付や時刻のデータは、年月日は「/」（スラッシュ）、時間は時分秒を「:」（コロン）でそれぞれ区切って入力します。Excelは「/」や「:」があるデータを自動的に日付や時刻であることを認識します。また、このレッスンの手順3のように、日付データの「年」を省略して「月日」だけを入力すると、Excelが今年の日付と判断して自動的に「年」が補われます。

レッスン 11 連続したデータを入力するには
オートフィル

予定表の日付と時刻を、「オートフィル」の機能で入力してみましょう。まず連続データの「基点」となるセルを選び、それからフィルハンドルをドラッグします。

▶ このレッスンは動画で見られます　操作を動画でチェック！▶▶　※詳しくは23ページへ

▶キーワード

オートフィル	p.302
ドラッグ	p.309
フィルハンドル	p.309
マウスポインター	p.310

レッスンで使う練習用ファイル
オートフィル.xlsx

1 セルを選択する

セルB2に入力したデータを使って、1週間分の日付を入力する

❶セルB2をクリック

❷セルB2のフィルハンドルにマウスポインターを合わせる

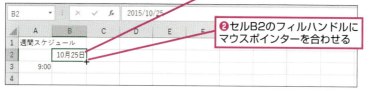

マウスポインターの形が変わった　＋

HINT! 30分単位の時刻をオートフィルで入力するには

オートフィルの機能を使えば、時刻を30分単位でも入力できます。30分単位の時刻を入力するには、「9:00」と入力した下のセルに「9:30」と入力し、「9:00」と「9:30」の2つのセルを選択してから「9:30」のセルにあるフィルハンドルをドラッグします。

❶「9:00」「9:30」と続けて入力

❷セルA1〜A2をドラッグして選択

2 連続する日付を入力する

フィルハンドルにマウスポインターを合わせたまま、右にドラッグする

セルH2までドラッグ

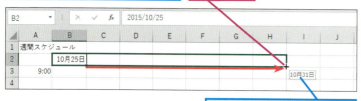

ドラッグ先のセルに入力される内容が表示される

❸セルA2のフィルハンドルにマウスポインターを合わせる

❹セルA7までドラッグ

時刻が30分単位で表示された

3 連続した日付が入力された

セルC2〜H2に10月31日までの日付が1日単位で入力された

[オートフィルオプション]が表示された

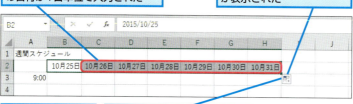

ここでは、[オートフィルオプション]の機能は使わない

◆オートフィルオプション
連続データの入力後に表示されるボタン。クリックして後からコピー内容を変更できる

4 連続する時刻を入力する

同様にして、セルA3に入力したデータを使って、セルA12までのセルに時刻を入力する

❶ セルA3をクリック
❷ セルA3のフィルハンドルにマウスポインターを合わせる

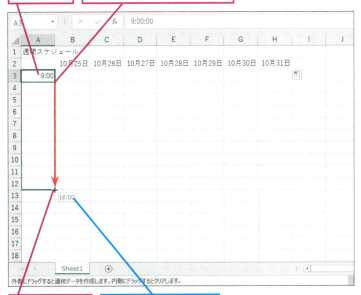

❸ セルA12までドラッグ
ドラッグ先のセルに入力される内容が表示される

5 連続した時刻が入力された

セルA4〜A12に18:00までの時刻が1時間単位で入力された

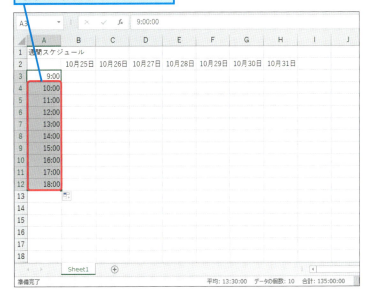

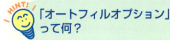

「オートフィルオプション」って何？

オートフィルや貼り付け、挿入の操作直後に、後から操作内容を変更できるボタンが表示されます。ボタンをクリックすると、連続データの入力後に選択できる操作項目が表示されます。例えば手順5で［オートフィルオプション］ボタンをクリックし、［セルのコピー］を選ぶと、セルA4〜A12に「9:00」というデータが入力されます。なお、何か別の操作をすると［オートフィルオプション］ボタンは非表示になります。

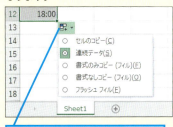

連続データの入力後に選択できる操作が一覧で表示される

 間違った場合は？

手順2や手順4で、目的のセルを越えてドラッグしてしまった場合は、マウスポインターをフィルハンドルに合わせたまま反対側にドラッグします。

Point
オートフィルは曜日や数値にも使える

Excelのオートフィル機能を使えば、基準になるデータをドラッグするだけで連続したデータを簡単に入力できます。さらに、日付や時間以外にも、曜日の「月、火、水……」や数値の「1、2、3……」など規則的に変化するデータならばオートフィルで簡単に入力できます。ただし、Excelが連続データと認識しないデータの場合、基点となるセルのフィルハンドルをドラッグしても連続データが入力されません。

レッスン 12

同じデータを簡単に入力するには

オートコンプリート

表を作成しているとき、すでに入力した文字と同じ文字を入力する場合があります。オートコンプリートの機能を使えば、同じ文字を入力する手間を省けます。

オートコンプリートを利用した入力

1 「永山様往訪」と入力する

入力モードを[ひらがな]に切り替える

❶ 半角/全角キーを押す
❷ セルD7をクリック
❸ 「ながやまさまおうほう」と入力
❹ spaceキーを押す

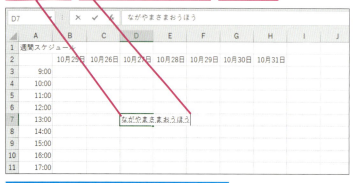

「永山様」や「往訪」が違う変換候補で表示された場合、→キーで選択した後、spaceキーを数回押し、正しい変換候補を表示する

❺ Enterキーを2回押す

2 記号を入力する

「やじるし」と入力し、「↓」と変換する

❶ 「やじるし」と入力
❷ spaceキーを押す
「矢印」と変換された

▶キーワード

アクティブセル	p.301
オートコンプリート	p.302
オートフィル	p.302
行	p.302
セル	p.306
列	p.311

 レッスンで使う練習用ファイル
オートコンプリート.xlsx

 オートコンプリートで同じ文字を入力する手間が省ける

手順4のように、入力中の文字と先頭から一致する内容が同じ列に入力されていると、自動的に同じ列にある文字が表示されます。同じ内容のデータを何回も入力する必要があるときはオートコンプリートを使うと便利です。

 オートコンプリートは同じ列の値が表示される

オートコンプリートで表示される値は、「入力しているセルと同じ列の上にある行の値」です。すでに入力されているセルの値でも、同じ列の下にある行や別の列にある値は、オートコンプリートが行われません。また、同じ列の上の行にあるセルの値でも、間に何も入力されていない空のセルがある場合、オートコンプリートが実行されません。

❸ 選択した変換候補を確定する

[space]キーを押し、変換候補を表示する　　❶[space]キーを押す　　変換候補が表示された

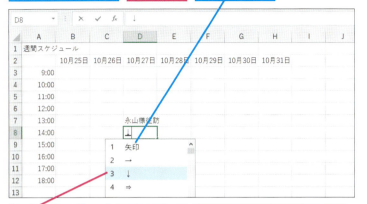

❷「↓」が選択されるまで[space]キーを押す　　❸[Enter]キーを2回押す　　セルD8の内容が確定し、アクティブセルがセルD9になる

❹ 「な」と入力し、オートコンプリートを確定する

❶「な」と入力　　オートコンプリート機能によって、同じ列にある「永山様往訪」が表示された　　❷[Enter]キーを押す

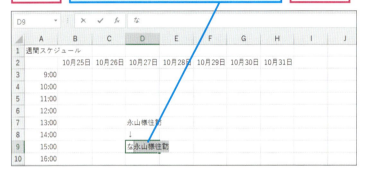

❺ 入力した内容を確定する

「永山様往訪」のオートコンプリートが確定された　　[Enter]キーを押す

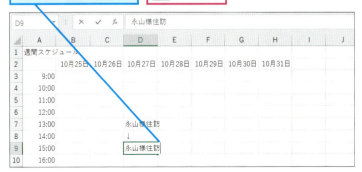

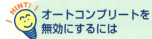 オートコンプリートを無効にするには

オートコンプリートは、同じデータを繰り返し入力するときには便利ですが、逆に煩わしいと感じる場合もあります。以下の手順でオートコンプリートが実行されないように設定できます。

❶[ファイル]タブをクリック

❷[オプション]をクリック

[Excelのオプション]ダイアログボックスが表示された

❸[詳細設定]をクリック

❹[オートコンプリートを使用する]をクリックしてチェックマークをはずす

❺[OK]をクリック

 間違った場合は？

手順4で入力を間違えて、オートコンプリートが実行されなかったときは、[Back space]キーを使って間違って入力した文字を削除します。入力した内容を修正すればオートコンプリートが実行されます。

次のページに続く

できる | 59

12 オートコンプリート

オートコンプリートを利用しない入力

❻ 「な」と入力する

❼ 「しもとさまらいほう」と入力する

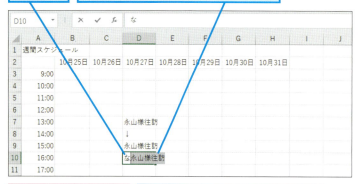

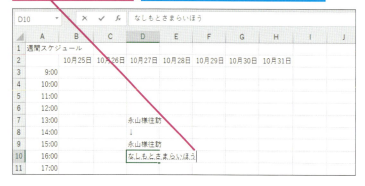

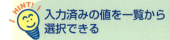

入力済みの値を一覧から選択できる

オートコンプリートは、セルに文字を入力したときに一致する値が1つだけ表示されます。同じ列の上にあるセルの値の中から選択したい場合は、以下の手順のように Alt + ↓ キーを押すか、セルを右クリックして［ドロップダウンリストから選択］をクリックしましょう。下の例ではセルC4とセルC5にデータが入力されているので、セルC6のリストに「ミーティング」と「食事会」が表示されます。セルC4とセルC6にデータが入力されているときにセルC7でリストを表示すると、項目が1つしか表示されません。

8 漢字に変換する

「しもとさまらいほう」と入力された

❶ [space]キーを押す

「梨本様来訪」と変換された

❷ [Enter]キーを2回押す

9 続けて予定を入力する

セルD10の内容が確定し、アクティブセルがセルD11になった

同様にセルD11に「↓」、セルD12に「梨本様来訪」と入力しておく

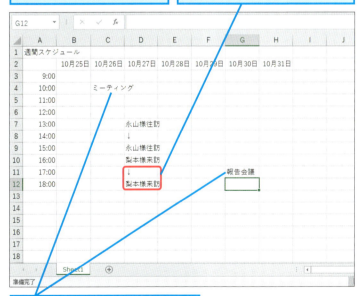

続けてセルC4に「ミーティング」、セルG11に「報告会議」と入力しておく

IMEにも似た機能がある

Windows 10やWindows 8.1に搭載されているMicrosoft IMEには、「予測入力」という機能があります。これは、ひらがなを3文字入力したときに、入力内容を予測して変換候補を表示する機能です。Excelのオートコンプリートに似た機能ですが、同じ文字を繰り返し入力するときに利用すると便利です。ただし、単語と認識されない文字の場合は予測候補が表示されません。

Windows 10やWindows 8.1では、予測候補の一覧から変換候補を選べる

[Tab]キーを押すかクリックで変換候補を選択できる

Point

オートコンプリートを使うと簡単に入力できる

このレッスンで紹介しているように、オートコンプリートは同じ列に同じ内容のデータを繰り返し入力するときに便利な機能です。同じ顧客名や商品名は、何回も入力することがあります。このように、同じ内容を繰り返し入力するときは、オートコンプリートを利用して入力の手間を省きましょう。逆にオートコンプリートを使わないときは、手順7のように表示を無視して入力を続けます。オートコンプリートを上手に活用して、入力作業が楽になるように工夫しましょう。

レッスン 13

ブックを保存するには
名前を付けて保存

ブックを保存して閉じてみましょう。ブックを保存すれば、再び開いてデータの入力や編集ができます。ここでは［ドキュメント］フォルダーにブックを保存します。

1 ［名前を付けて保存］の画面を表示する

データの入力が完了したので、ブックを保存する

［ファイル］タブをクリック

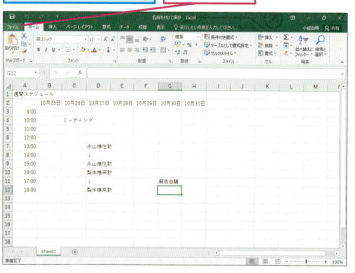

2 ［名前を付けて保存］ダイアログボックスを表示する

❶［名前を付けて保存］をクリック

❷［このPC］をクリック

パソコンで利用中のフォルダーや今までに利用したフォルダーが表示される

❸［参照］をクリック

▶キーワード

上書き保存	p.302
ダイアログボックス	p.307
名前を付けて保存	p.309

 レッスンで使う練習用ファイル
名前を付けて保存.xlsx

ショートカットキー

[Ctrl]+[S] ……… 上書き保存
[Alt]+[F2] …… 名前を付けて保存
[Alt]+[F4] …… ソフトウェアの終了

 ［このPC］って何？

手順2の［名前を付けて保存］の画面にある［このPC］は保存先がパソコンになります。［OneDrive］の場合は、保存先がクラウドになります。どちらもブックを保存することに違いはありませんが、保存される場所が異なる点に注意してください。

 ［OneDrive］を選択すると簡単にクラウドに保存できる

手順2で［OneDrive］を選択すると、保存先がクラウドになります。クラウドの詳しい利用方法については第11章で解説します。このレッスンでは、パソコンの［ドキュメント］フォルダーにブックを保存するので、手順2で［このPC］をクリックします。なお、ブックの保存を実行すると、手順2の［名前を付けて保存］の画面に保存先の履歴が表示されるようになります。

 間違った場合は？

手順3で［キャンセル］ボタンをクリックしてしまったときは、あらためて手順1から操作をやり直しましょう。

③ ブックを保存する

[名前を付けて保存] ダイアログボックスが表示された

❶ [ドキュメント] をクリック

Windows 7では、スクロールバーをドラッグして [ライブラリ] の [ドキュメント] をクリックする

❷ [ファイル名] に「週間スケジュール」と入力

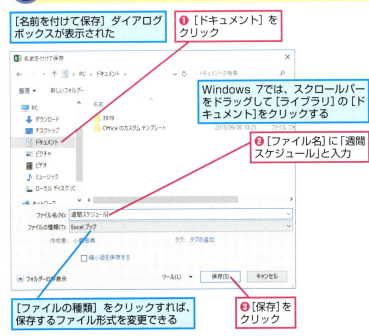

[ファイルの種類] をクリックすれば、保存するファイル形式を変更できる

❸ [保存] をクリック

④ ブックが保存された

ブックが保存された

手順3で入力したファイル名が表示される

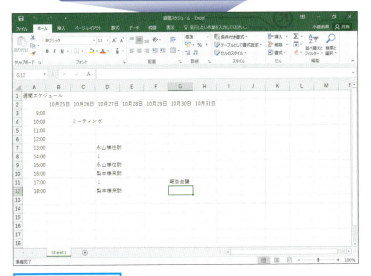

レッスン❷を参考にExcelを終了しておく

HINT! ファイル名に使用できない文字がある

以下の半角文字は、ブックのファイル名として使うことができないので注意しましょう。

記号	読み
/	スラッシュ
><	不等記号
?	クエスチョン
:	コロン
"	ダブルクォーテーション
¥	円マーク
*	アスタリスク

HINT! [ドキュメント] フォルダー以外にも保存できる

このレッスンでは、[名前を付けて保存] ダイアログボックスでブックを保存するため、手順2で [参照] ボタンをクリックしました。保存先のフォルダーを変更するには、[名前を付けて保存] ダイアログボックスの左側にあるフォルダーの一覧から保存先を選択してください。

Point 分かりやすく簡潔な名前を付けて保存する

大切なデータは、Excelを終了する前に必ず保存しましょう。初めて保存するブックはファイル名を付けて保存を実行します。ファイル名を付けるときには、見ただけで内容が分かるような名前にしておくと、後から探すときに便利です。ただし、あまり長過ぎても管理しにくいので、せいぜい全角で10文字程度までの長さにするといいでしょう。一度保存したブックは、クイックアクセスツールバーの [上書き保存] ボタン ( ) をクリックすれば、すぐに保存を実行できます。ただし、上書き保存の場合は、更新した内容で古いファイルが置き換えられることに注意してください。

この章のまとめ

●効率よくデータを入力しよう

この章では、セルへのデータ入力について、さまざまな方法を紹介しました。データ入力は、Excelを使う上で、最も基本となる操作です。セルに入力するデータには、文字や数字、日付など、さまざまな種類がありますが、その種類を意識しながら入力する必要はありません。Excelがセルのデータを識別し、自動的に適切な形式で表示してくれます。また、日付や時刻といった連続データの入力や、入力済みデータの修正や削除も簡単です。
実際にExcelを使って作業を行うときは、最初にこれから作る表がどのようなものなのか、大体のイメージを考えておきましょう。表のタイトルや作成日、コメントなど表の周りに入力する情報もあるので、どのセルから入力を始めるかを最初に検討しておくと、後の作業が楽になります。
特に予定表などを作るときは、日付や時刻を効率よく入力して、なるべく手間をかけないようにしましょう。この章で紹介した機能を利用すれば、予定表や家計簿などを自在に作成できます。

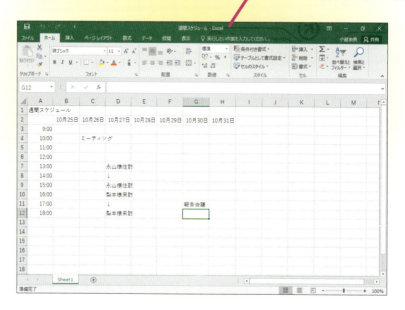

セルへの入力方法を覚える
セルに文字を入力したり、削除したりするときは、入力モードや編集モードの違いに注意する。オートフィルやオートコンプリートの機能を利用すれば、効率よくデータを入力できる

練習問題

1

新しいブックを作成し、右のようにタイトルと日付を入力してみましょう。

●ヒント 「11月1日」から「11月7日」までの日付は、ドラッグの操作で入力します。

> セルA1にタイトルを、セルB3から行方向に日付を入力する

2

練習問題1で入力したワークシートに続けて右のような項目を入力して、表の大まかな枠組みを作ってみましょう。

●ヒント A列に項目を入力するときにオートコンプリート機能が働きますが、ここではすべて別の項目を入力するので、オートコンプリートの機能を無視して入力を行います。

> 表に項目名や数値を入力する

3

データの入力が終わったら、「家計簿」という名前を付けてブックを保存してください。

●ヒント ブックに名前を付けて保存するには、画面左上の[ファイル]タブをクリックします。

> ここでは[ドキュメント]フォルダーにブックを保存する

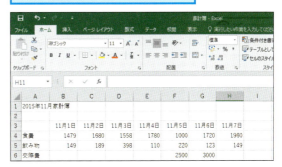

答えは次のページ

解答

1

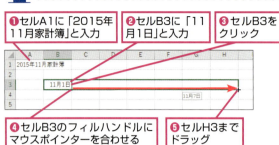

フィルハンドルをドラッグして、日付を連続データとして入力します。

2

「新聞・雑誌」「趣味」「交通費」の入力時に、同じ列にあるデータが表示されますが、ここではオートコンプリートを利用せず、そのまま入力します。

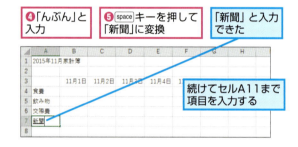

3

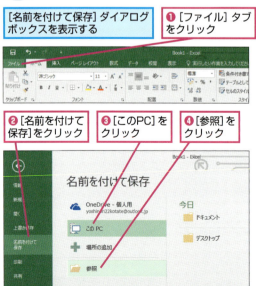

新規に作成したファイルを保存するときは、[ファイル]タブをクリックして[名前を付けて保存]をクリックします。[名前を付けて保存]ダイアログボックスで忘れずに[ドキュメント]をクリックしましょう。

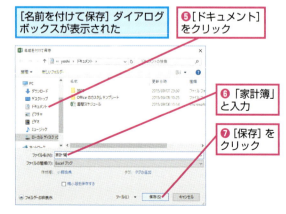

第3章

セルやワークシートの操作を覚える

この章では、セルのコピー、行や列の挿入、ワークシート名の変更など、セルやワークシート全般に関する操作を紹介します。ワークシートをコピーする方法を覚えれば、1つのブックで複数のワークシートが管理できるほか、データをすぐに活用できるようになります。

●この章の内容

⑭ セルやワークシートの操作を覚えよう ····68
⑮ 保存したブックを開くには ······················70
⑯ セルをコピーするには ···························72
⑰ 新しい行を増やすには ···························76
⑱ 列の幅や行の高さを変えるには ···········78
⑲ セルを削除するには ·····························80
⑳ ワークシートに名前を付けるには ·········82
㉑ ワークシートをコピーするには ···········84
㉒ ブックを上書き保存するには ···············86

レッスン 14

セルやワークシートの操作を覚えよう

セルとワークシートの操作

> 行や列、セル、ワークシートの操作の種類を覚えておきましょう。データの入力や修正と同様に、Excelの重要な操作なので、しっかりと理解してください。

表の編集とセルの操作

この章では、週間スケジュールの表の編集を通じて、セルをコピーする方法や新しい行を挿入する方法を解説します。どんな表を作るか最初にイメージすることが大切ですが、データを入力して表を見やすく整理すると、項目の追加や削除が必要なことが分かる場合があります。セルに入力されている項目に合わせて列の幅や行の高さを変える方法を覚えて、表や表の項目を見やすくしてみましょう。

▶キーワード

行	p.302
コピー	p.304
シート見出し	p.304
セル	p.306
ブック	p.310
列	p.311
ワークシート	p.311

第3章 セルやワークシートの操作を覚える

セルの内容を別のセルにコピーする →レッスン⓰

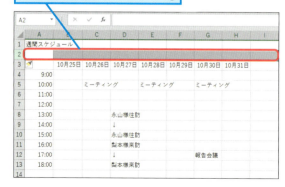

曜日を入力するために日付の上に新しい行を追加する →レッスン⓱

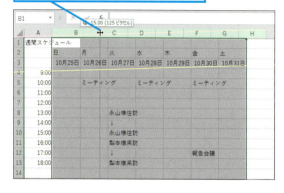

セルに入力されている内容に応じて列の幅や行の高さを変更する →レッスン⓲

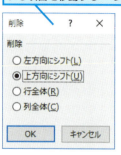

セルを削除して、表に入力されている項目を移動する →レッスン⓳

68 できる

ワークシートごとに表を管理すると便利

Excelのブックには、複数のワークシートをまとめて管理できます。関連する複数の表を作成するときは、ワークシートを分けて作成し、適切な名前を付けておきましょう。こうしておけば、下の画面のように、ブックを開いてシート見出しの名前を確認するだけで、どのような表があるのかが分かり、データの管理にも便利です。

シート名の変更とワークシートのコピー

Excelの初期設定では、ブックを作成するとワークシートが1つ表示されます。ワークシートには［Sheet1］というような名前が付けられていますが、ワークシートや表の内容に合わせてワークシートの名前を変更するといいでしょう。ワークシートの名前を変更するのに、ブックを作成したり保存したりする必要はありません。また、この章ではワークシートをコピーする方法も紹介します。ワークシートをコピーすれば、列の幅や行の高さを変更して体裁を整えた表もそのままコピーされるので、後から同じ表を作り替える手間を大幅に省けます。

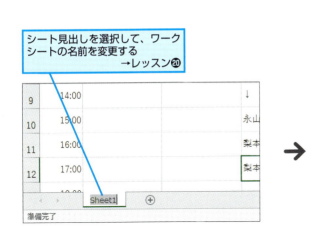

シート見出しを選択して、ワークシートの名前を変更する
→レッスン⑳

表の内容やデータの入力日などをシート名に設定すると、シート見出しを見ただけで内容を把握しやすくなる

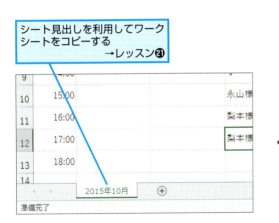

シート見出しを利用してワークシートをコピーする
→レッスン㉑

ワークシートをコピーすると、列の幅や行の高さを維持したままコピー元のワークシートにあったデータがコピーされる

レッスン 15

保存したブックを開くには

ドキュメント

保存済みのブックを開くには、いくつか方法があります。ここでは[エクスプローラー]を使って、第2章で作成した[週間スケジュール]を開いてみましょう。

1 フォルダーウィンドウを表示する

フォルダーウィンドウを表示してブックを開く

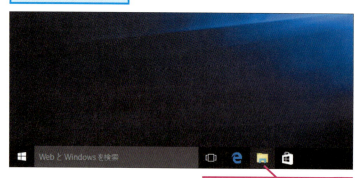

[エクスプローラー]をクリック

▶キーワード

フォルダー	p.309
ブック	p.310

レッスンで使う練習用ファイル
ドキュメント.xlsx

 ショートカットキー

[⊞]+[E] ……エクスプローラーの起動
[Ctrl]+[O] ………………ファイルを開く

 ファイルを素早く検索するには

目的のファイルが見つからないときは、フォルダーウィンドウの検索ボックスを使って検索を実行しましょう。手順2で検索対象のフォルダーをクリックし、検索ボックスにファイル名などのキーワードを入力します。入力するキーワードはファイル名の一部やファイル内のデータ内容でも構いません。なお、下の例のように検索キーワードに合致する個所は黄色く反転表示されます。

2 フォルダーウィンドウが表示された

❶[PC]をクリック
❷[ドキュメント]をダブルクリック

Windows 7では、[ライブラリ]の[ドキュメント]をダブルクリックする

クイックアクセスの一覧に[ドキュメント]が表示されていれば、ダブルクリックして開いてもいい

フォルダーウィンドウを表示しておく

❶検索する場所を選択
❷検索するキーワードを入力

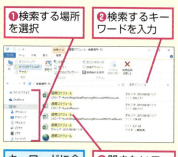

キーワードに合致するファイルが表示された
❸開きたいファイルをダブルクリック

❸ ブックを開く

[ドキュメント]フォルダーの内容が表示された

ここでは第2章で作成したブックを開く

[週間スケジュール]をダブルクリック

❹ 目的のブックが開いた

Excelが起動し、ブックが開いた

[閉じる]をクリックしてフォルダーウィンドウを閉じておく

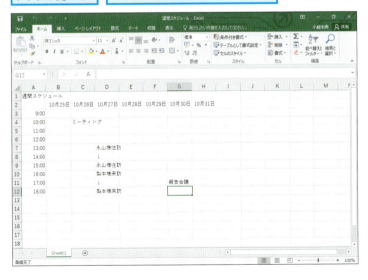

HINT! Excelの履歴からブックを開くには

[ファイル]タブをクリックしてから[開く]をクリックすると、[最近使ったアイテム]に、Excelで開いたブックの履歴が一覧で表示されます。表示されているブックをクリックすると、新しいウィンドウでそのブックが開きます。なお、Excelを起動したときに表示されるスタート画面では、これまで開いたブックの履歴が[最近使ったファイル]に一覧で表示されます。

❶[ファイル]タブをクリック　❷[開く]をクリック

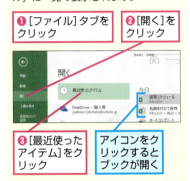

❸[最近使ったアイテム]をクリック

アイコンをクリックするとブックが開く

HINT! Excelの画面からブックを開くには

すでにExcelが起動しているときは、上のHINT!を参考に[開く]の画面で[このPC]-[参照]の順にクリックし、[ファイルを開く]ダイアログボックスでブックを選びます。

Point ブックを開くには、いろいろな方法がある

ブックを保存した場所が分かっているときは、このレッスンで紹介したように、ブックのアイコンを直接ダブルクリックします。そうすると、Excelが自動的に起動してブックが開きます。すでにExcelが起動しているときは、HINT!を参考に[ファイル]タブの[開く]や[最近使ったブック]の一覧からブックを選択しましょう。

レッスン 16

セルをコピーするには

コピー、貼り付け

Excelでは、セルの内容をそのまま別のセルへ簡単にコピーできます。このレッスンでは、同じ内容の予定が別の日にもある場合を例に予定をコピーしてみましょう。

1 セルをコピーする

セルC4に入力されている「ミーティング」の文字をセルE4にも追加する

❶セルC4をクリック

❷［ホーム］タブをクリック　❸［コピー］をクリック

2 セルの内容がコピーされた

セルC4がコピーされた

コピーを実行すると、コピー元のセルが点線で囲まれる

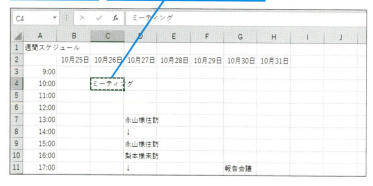

▶キーワード

切り取り	p.303
クイックアクセスツールバー	p.303
コピー	p.304
書式	p.305
数式	p.305
セル	p.306
セル範囲	p.306
入力モード	p.309
貼り付け	p.309

レッスンで使う練習用ファイル
セルのコピー.xlsx

ショートカットキー

Ctrl + C …………コピー
Ctrl + V …………貼り付け
Ctrl + X …………切り取り

HINT!

Esc キーでコピー元の指定を解除できる

［コピー］ボタン（）をクリックすると、手順2のようにコピー元のセルが点滅する点線で表示されます。一度貼り付けをしても、コピー元のセルに点線が表示されていれば続けて貼り付けができます。Escキーを押すと、コピー元のセルに表示されていた点線が消えてコピー元の選択が解除されます。なお、入力モードや編集モードになったときもコピー元の選択は解除されます。

⚠ 間違った場合は？

手順3でセルを間違えて貼り付けたときは、クイックアクセスツールバーの［元に戻す］ボタン（）をクリックして貼り付けを取り消し、手順1から操作をやり直しましょう。

❸ コピーしたセルを貼り付ける

貼り付けるセルを選択する

❶セルE4をクリック

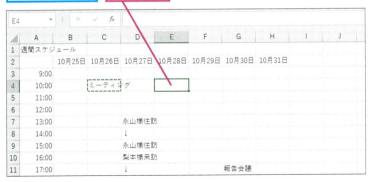

❷[貼り付け]をクリック

❹ セルが貼り付けられた

セルE4に「ミーティング」の文字が貼り付けられた

[貼り付けのオプション]が表示された

◆貼り付けのオプション
貼り付けたセルや行、列の書式を後から選択できる

ここでは[貼り付けのオプション]を利用しない

HINT! セル範囲を選択してまとめてコピーできる

このレッスンでは1つのセルをコピーしましたが、コピーするときにセル範囲を選択すれば、複数のセルをまとめてコピーできます。貼り付け時はコピー範囲の左上隅が基準になるので、貼り付ける範囲の左上隅のセルを選択します。貼り付け先は1つのセルでも構いません。下の例では、セルB2がコピー範囲の基準になり、セルC2が貼り付け先の基準となります。なお、複数のセルの内容を1つのセルにまとめて貼り付けることはできません。

複数のセルをまとめてコピーする

❶複数のセルをドラッグして選択

❷[ホーム]タブをクリック　❸[コピー]をクリック

❹貼り付け先のセルをクリック

❺[貼り付け]をクリック

セルをまとめて貼り付けられた

次のページに続く

❺ 貼り付けを繰り返す

セルG4にも「ミーティング」の文字を貼り付ける

❶コピー元のセルが点線で囲まれていることを確認

❷セルG4をクリック

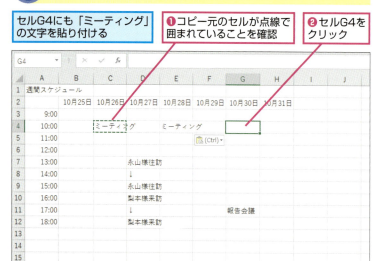

❸[貼り付け]をクリック

❻ セルが繰り返し貼り付けられた

セルG4に「ミーティング」の文字が貼り付けられた

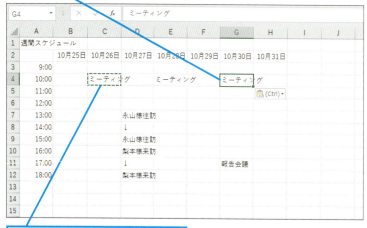

コピー元のセルが点線で囲まれているときは、続けて貼り付けができる

HINT! 切り取りを実行するとコピーと削除が一度に行われる

予定を移動したいときなど、セルのデータを別のセルに移動したいことがあります。そのようなときは、[切り取り]の操作を実行しましょう。コピーの場合は[貼り付け]ボタンをクリックした後でも、コピー元が残ります。しかし、切り取りの場合は、[貼り付け]ボタンをクリックした後にコピー元のデータが削除されます。

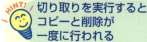

❶移動元のセルをクリック

❷[ホーム]タブをクリック

❸[切り取り]をクリック

切り取りを実行すると、移動元のセルが点線で囲まれる

❹移動先のセルをクリック

❺[貼り付け]をクリック

移動元のセルにあったデータが削除された

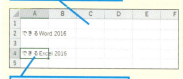

データが貼り付けられた

テクニック　後から貼り付け内容を変更できる

手順4や手順6のようにコピーしたセルを貼り付けると、貼り付けたセルの右下に［貼り付けのオプション］ボタンが表示されます。貼り付けを実行した後に貼り付けたセルの値や罫線、書式などを変更するには、［貼り付けのオプション］ボタンをクリックして、表示された一覧から貼り付け方法の項目を選択しましょう。選択した項目によって、貼り付けたデータや書式が変わります。

● ［貼り付けのオプション］で選択できる機能

ボタン	機能
貼り付け	コピー元のセルに入力されているデータと書式をすべて貼り付ける
数式	コピー元のセルに入力されている書式と数値に設定されている書式は貼り付けず、数式と結果の値を貼り付ける
数式と数値の書式	コピー元のセルに設定されている書式は貼り付けず、数式と数値に設定されている書式を貼り付ける
元の書式を保持	コピー元のセルに入力されているデータと書式をすべて貼り付ける
罫線なし	コピー元のセルに設定されていた罫線のみを削除して貼り付ける
元の列幅を保持	コピー元のセルに設定されていた列の幅を貼り付け先のセルに適用する
行列を入れ替える	コピーしたセル範囲の行方向と列方向を入れ替えて貼り付ける

ボタン	機能
値	コピー元のセルに入力されている数式やセルと数値の書式はコピーせず、結果の値のみを貼り付ける
値と数値の書式	コピー元のセルに入力されている数式はコピーせず、結果の値と数値に設定されている書式を貼り付ける
値と元の書式	コピー元のセルに入力されている数式はコピーせず、結果の値とセルに設定されている書式を貼り付ける
書式設定	コピー元のセルに設定されている書式のみを貼り付ける
リンク貼り付け	コピー元データの変更に連動して貼り付けたデータが更新される
図	データを画像として貼り付ける。後からデータの再編集はできない
リンクされた図	データを画像として貼り付ける。コピー元データの変更に連動して画像の内容が自動的に更新される

7 コピー元の選択を解除する

セルC4が点線で囲まれているので、コピー元の選択を解除する　　［Esc］キーを押す

セルC4のコピー元の選択が解除された

Point
コピーと貼り付けで入力の手間が省ける

予定表には、「会議」や「ミーティング」など同じ内容がいくつもあると思います。同じ列であれば、前のレッスンで紹介したオートコンプリートで簡単に入力できますが、異なる列では利用できません。このようなときは、入力したセルをコピーすれば、入力の手間が省けるほか、入力ミスも防げます。また、コピー元のセルに点線が表示されている間は、何回でも同じ内容を貼り付けできます。このレッスンではボタンを利用してコピーと貼り付けを実行しましたが、［Ctrl］＋［C］キー（コピー）と［Ctrl］＋［V］キー（貼り付け）のショートカットキーを使えば、さらに素早く操作ができます。

レッスン 17 新しい行を増やすには

挿入

Excelでは、データの入力後でも列や行を挿入できます。このレッスンでは、「日付の上」に曜日を追加するために1行目と2行目の間に新しい行を挿入します。

1 行の挿入位置を選択する

ここでは、1行目と2行目の間に行を挿入する

❶行番号2にマウスポインターを合わせる

マウスポインターの形が変わった

❷そのままクリック

2 行を挿入する

2行目全体が選択された

❶[ホーム]タブをクリック

❷[挿入]をクリック

▶ キーワード

オートフィル	p.302
行	p.302
列	p.311

レッスンで使う練習用ファイル
挿入.xlsx

ショートカットキー

[Shift]+[space] ……… 行の選択
[Ctrl]+[space] ……… 列の選択

HINT! 列を挿入するには

列を挿入するには、列番号をクリックして列全体を選択し、以下の手順で操作します。選択した列の位置に新しい列が挿入され、選択した列以降の列が右に移動します。

❶列番号Bをクリック
❷[ホーム]タブをクリック
❸[挿入]をクリック

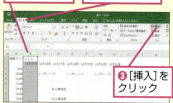

A列とB列の間に空白の列が挿入された

⚠ 間違った場合は?

間違った場所に行を挿入してしまったときは、クイックアクセスツールバーの[元に戻す]ボタン()をクリックします。挿入操作を取り消して、行を操作前の状態に戻せます。

③ 行が挿入された

1行目と2行目の間に空白の行が挿入され、日付以降の行が下に移動した

[挿入オプション]が表示された

◆挿入オプション
挿入した行や列、セルの書式を後から選択できる

ここでは[挿入オプション]を利用しない

④ 曜日を入力する

❶セルB2に「日」と入力
❷セルB2のフィルハンドルにマウスポインターを合わせる

❸セルH2までドラッグ

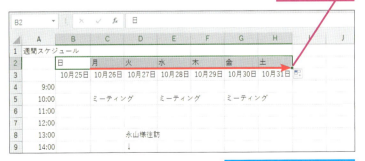

1週間分の曜日が自動的に入力される

HINT! 一度に複数の行を挿入するには

複数の行や列を一度に挿入するには、挿入したい数だけ行や列を選択してから挿入を行います。行の場合は選択範囲の上に、列の場合は選択範囲の左に、選択した数だけ挿入されます。なお、連続していない範囲を一度に選択した場合は、それぞれの範囲の上や左に挿入されます。

行番号2〜3を選択して行の挿入を実行すると、2行分の空白行が挿入される

HINT! [挿入オプション]で書式を変更できる

塗りつぶしを設定した見出し行の下に行を挿入すると、挿入した行に塗りつぶしの色が設定されます。塗りつぶしの設定を変更するには、[挿入オプション]ボタンをクリックして、[下と同じ書式を適用]を選択しましょう。

[挿入オプション]をクリック
書式を素早く設定できる

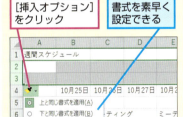

Point 行を挿入すると下の行がすべて移動する

このレッスンのように、Excelではデータを入力した後でも必要になったときに、いつでも新しい行や列を挿入できます。行を挿入すると、選択していた行の下にある、すべての行が下に移動します。同じように、列を挿入すると、選択していた列の右にある、すべての列が右に移動します。

レッスン 18

列の幅や行の高さを変えるには

列の幅、行の高さ

入力した予定があふれて隣の列にはみ出しているセルがあると、表が見えにくく、内容が分かりにくくなります。このレッスンでは、列の幅と行の高さを変更します。

このレッスンは動画で見られます　操作を動画でチェック！
※詳しくは23ページへ

▶キーワード

行	p.302
列	p.311

レッスンで使う練習用ファイル
幅と高さ.xlsx

ショートカットキー
Ctrl + Z ………… 元に戻す

列の幅の変更

1 複数の列を選択する

❶列番号Bにマウスポインターを合わせる
マウスポインターの形が変わった
❷列番号Hまでドラッグ

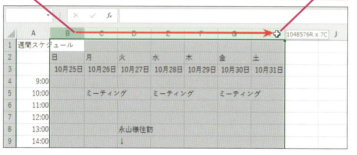

2 複数の列の幅を変更する

B～H列が選択された

❶B列とC列の境界にマウスポインターを合わせる
マウスポインターの形が変わった

❷幅が［15.00］と表示されるところまで右にドラッグ

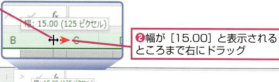

列の幅の大きさが表示される

HINT! 変更後の列に入力できる文字数が分かる

手順2のように列の境界をドラッグすると、マウスポインターの上に列の幅が表示されます。表示される［15.00］などの数値は、標準フォントで表示したとき、1つの列に半角数字がいくつ入るかを表しています。［(125ピクセル)］などと表示される数値は、パソコンの画面を構成している点の数で表した大きさですが、あまり気にしなくて構いません。

HINT! 幅や高さは数値を指定して設定することもできる

列の幅や行の高さをマウスでドラッグして変更すると、思った値に変更できない場合があります。これはマウスを使って設定すると、設定単位が画面の表示単位であるピクセルになるからです。任意の値で設定したいときは、列番号や行番号を右クリックして表示されるメニューから［列の幅］や［行の高さ］をクリックして表示されるダイアログボックスで値を入力します。

⚠ 間違った場合は?

列の幅をうまく調整できないときは、次ページの2つ目のHINT!の方法で操作しても構いません。

❸ 複数の列の幅が変更された

選択したB〜H列の列の幅が[15]になった

列の選択を解除する　セルA1をクリック

行の高さの変更

❹ 複数の行を選択する

ここでは、4行目から13行目を選択する

❶行番号4にマウスポインターを合わせる

マウスポインターの形が変わった ➡

❷行番号13までドラッグ

❺ 複数の行の高さを変更する

4行目から13行目が選択された

❶4行目と5行目の境界にマウスポインターを合わせる

マウスポインターの形が変わった

❷高さが[27.00]と表示されるところまで下にドラッグ

行の高さの大きさが表示される

選択した4行目から13行目の行の高さが[27]になった

HINT! 日付や数値を入力すると列の幅が自動的に広がる

セルに文字を入力しても自動で列の幅は変わりません。しかし、セルに数値や日付を入力したときは自動的に列の幅が広がります。なお、自動的に列の幅が広がるのは、セルの表示形式が[標準]のときです。また、数値の場合は11けたを超えると「1.23457E+11」のように表示されます。

セルに11けた以上の数値を入力すると以下のように表示される

HINT! 文字数に合わせて列の幅を変更するには

以下の手順で列の枠線をダブルクリックすると、セルに入力されている文字数に合わせて、列の幅が自動的に調整されます。

❶A列とB列の境界にマウスポインターを合わせる

❷そのままダブルクリック

文字数に合わせて列の幅が自動的に調整される

Point 列の幅と行の高さは自由に調整できる

何もしない限り、ワークシートの中は、すべて標準の幅と高さになっています。標準の幅を超える長さの文字を入力すると、右のセルが空白でなければ表示は途中で切れてしまい、数値や日付などは「###」と表示されてしまいます。ただし、列の幅と行の高さは自由に調整できるので、適切な幅や高さに変えておきましょう。複数の行や列を選択して幅を調整すると、列の幅や行の高さはすべて均等になります。

レッスン 19 セルを削除するには

セルの削除

Excelでは、セルやセル範囲を削除できます。このレッスンでは、予定の変更に合わせてセルD12を削除します。セルを削除すると表がどうなるのか見てみましょう。

1 削除するセルを選択する

「梨本様往訪」の予定が1時間短くなったため、それ以降の予定を繰り上げる

セルD12をクリック

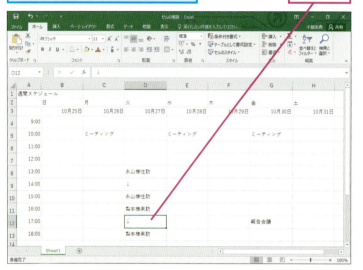

2 [削除]ダイアログボックスを表示する

❶ [ホーム]タブをクリック
❷ [削除]のここをクリック
❸ [セルの削除]をクリック

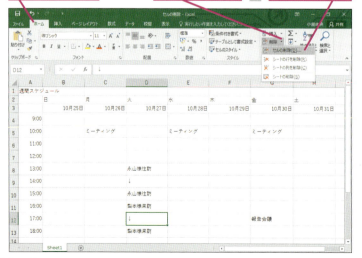

▶キーワード

ショートカットメニュー	p.305
セル	p.306
ダイアログボックス	p.307
貼り付け	p.309

レッスンで使う練習用ファイル
セルの削除.xlsx

ショートカットキー

[Ctrl] + [-]
……[削除]ダイアログボックスの表示

HINT! セルを挿入するには

このレッスンではセルを削除しましたが、新しい空白のセルも挿入できます。挿入する位置のセルを選択し、以下の手順で操作しましょう。[右方向にシフト]を選ぶと右側のすべてのセルが右へ、[下方向にシフト]を選ぶと下側のすべてのセルが下へ移動します。また、[行全体]や[列全体]を選択すると、行や列が挿入されます。

❶ [ホーム]タブをクリック
❷ [挿入]のここをクリック
❸ [セルの挿入]をクリック

[セルの挿入]ダイアログボックスが表示された

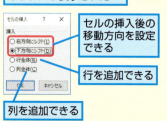

セルの挿入後の移動方向を設定できる
行を追加できる
列を追加できる

第3章 セルやワークシートの操作を覚える

80 できる

❸ 削除後のセルの移動方向を設定する

［削除］ダイアログボックスが表示された

セルを上方向に移動し、それ以降の予定を上に繰り上げる

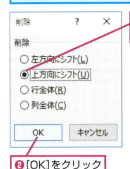

❶ ［上方向にシフト］をクリック

❷ ［OK］をクリック

❹ セルが削除された

削除されたセルD12の下にあるセルすべてが1つずつ上に移動する

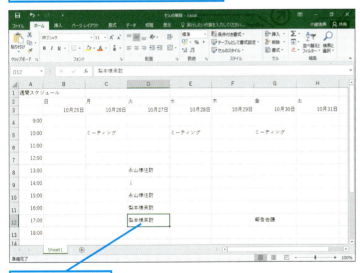

「梨本様来訪」予定が1時間短縮された

 右クリックでも削除できる

このレッスンでは、リボンの操作でセルを削除しましたが、ショートカットメニューでもセルを削除できます。マウスの右クリックで素早く処理できるので、右クリックに慣れたら覚えておくと便利です。

❶ 削除するセルを右クリック　❷ ［削除］をクリック

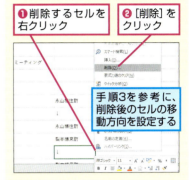

手順3を参考に、削除後のセルの移動方向を設定する

⚠ 間違った場合は？

間違ったセルを削除してしまったときは、クイックアクセスツールバーの［元に戻す］ボタン（ ↺ ）をクリックしてください。削除前の状態に戻せます。

Point

セル範囲を削除すると下や右の範囲が詰められる

セルやセル範囲を削除すると、周りのセルが移動します。移動方向は、［削除］ダイアログボックスから選択しますが、［行全体］や［列全体］を選択すると、選択したセル範囲を含む行や列が削除されてしまうので注意してください。また、ここでは予定が自動的に繰り上がったので、予定を入れ直す必要がありませんでしたが、不用意にセルを削除すると、せっかく完成した表の体裁が崩れてしまうことがあります。選択範囲のセルを空白にしたいときは、Deleteキーを押すことで選択範囲の内容がすべて削除されます。目的に応じて、［セルの削除］の機能とDeleteキーを使い分けてください。

レッスン 20

ワークシートに名前を付けるには

シート見出し

データ入力や表の幅と高さの変更が終わればワークシートが完成に近づきます。ここでは、ワークシートの名前をスケジュールの年月に変更してみましょう。

1 シート見出しを選択する

シート名を変更するので、シート見出しを選択する

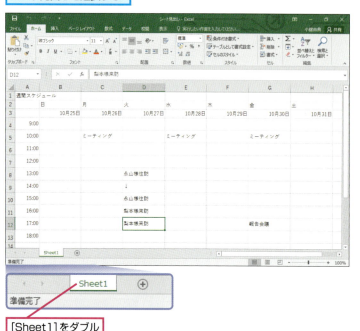

[Sheet1]をダブルクリック

▶ キーワード

シート見出し	p.304
ブック	p.310
ワークシート	p.311

レッスンで使う練習用ファイル
シート見出し.xlsx

 ワークシートの名前に使えない文字がある

ワークシートの名前には、「:」「¥」「/」「?」「*」「[」「]」の文字は使えません。さらに、同じブック内にあるほかのワークシートと同じ名前は付けられません。ブック内のワークシートは、すべて異なる名前にする必要がありますが、ワークシート名ではアルファベットの大文字小文字、半角と全角の区別がないので注意してください。また、ワークシートの名前は、空欄にはできませんが、空白(スペース)は指定できます。なお、別のブックならワークシート名が同じでも問題ありません。

 間違った場合は?

間違ったシート名を入力してしまったときは、もう一度手順1から操作をやり直してください。

テクニック 一度にたくさんのシート見出しを表示するには

ワークシートの数がたくさんあるとき、右の手順で操作するとシート見出しを表示する領域の幅を変更できます。幅を広くすれば、一度に表示できるシート見出しの数を増やせますが、あまり広くするとスクロールバーの幅が狭くなるので注意してください。なお、見出し分割バー(...)をダブルクリックすると、見出し分割バーが元の位置に戻ります。また、シート見出しを多く表示するには、ワークシートの名前をなるべく短くすることも大切です。

❶[見出し分割バー]にマウスポインターを合わせる

❷ここまでドラッグ

シート見出しが表示される

❷ シート名が選択された

- シート名が選択され、カーソルが表示された
- シート名の編集ができるときは、文字が灰色で表示される

❸ シート名を入力する

- ❶「2015年10月」と入力
- [2015年10月]と入力された
- ❷ Enter キーを押す

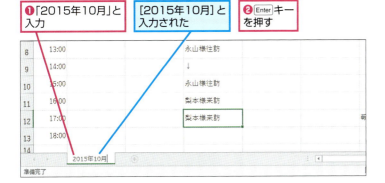

❹ シート名が変更された

- 入力したシート名が確定された

HINT! シート名の長さには制限がある

シート名には31文字まで文字を入力できますが、あまり長い名前だと同時に表示できるシート見出しの数が少なくなってしまいます。シート名を付けるときには、短くて分かりやすい名前を付けるようにしましょう。

HINT! 隠れているシート見出しを表示するには

ワークシートの数が増えると、シート見出しが画面右下のスクロールバーの下に隠れてしまい、すべてを表示できなくなります。そのようなときには、[見出しスクロール]ボタン(◀ ▶)をクリックして、シート見出しを左右にスクロールしましょう。

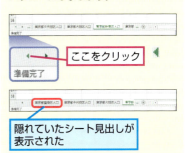

- ここをクリック
- 隠れていたシート見出しが表示された

Point ワークシートには分かりやすい名前を付ける

Excelでは、1つのブックに複数のワークシートをまとめられます。予定表であれば1つのブックに月ごとのワークシートをまとめて作成してもいいでしょう。なお、複数のワークシートがあってもシート見出しをクリックしないと、目的のワークシートが表示されません。それぞれのワークシートの内容が分かるように、ワークシートを作成したら、必ずシート見出しに簡潔で分かりやすい名前を付けましょう。

レッスン 21

ワークシートをコピーするには
ワークシートのコピー

Excelのワークシートは、コピーして再利用できます。ワークシートをコピーすると、ワークシートに含まれる作成済みの表も一緒にコピーされるので便利です。

1 シート見出しを選択する

ここでは［2015年10月］のワークシートをコピーして、［2015年10月（2）］のワークシートを作成する

［2015年10月］にマウスポインターを合わせる

▶キーワード

シート見出し	p.304
ワークシート	p.311

レッスンで使う練習用ファイル
ワークシートのコピー.xlsx

ショートカットキー

Ctrl + C	………コピー
Ctrl + X	………切り取り
Ctrl + V	………貼り付け
Shift + F11	……ワークシートの挿入

HINT! 新しいワークシートを挿入するには

新しい空のワークシートを挿入するには、シート見出しの右端にある［新しいシート］ボタン（）をクリックします。操作を実行すると、既存のワークシートの右に新しいワークシートが挿入されます。

テクニック ワークシートをほかのブックにコピーできる

このレッスンでは、同じブックの中でワークシートをコピーしました。ほかのブックにワークシートをコピーするには、まずコピー先のブックを開いておきます。次にコピーするワークシートのシート見出しを右クリックして、［移動またはコピー］を選択します。このときのポイントは、［シートの移動またはコピー］ダイアログボックスで［コピーを作成する］のチェックボックスを忘れずにクリックすることです。この操作を忘れてしまうと、ほかのブックにワークシートが移動してしまいます。

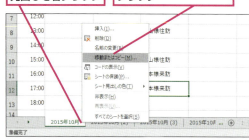

❶コピーするシート見出しを右クリック
❷［移動またはコピー］をクリック

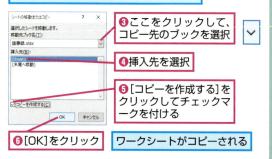

［シートの移動またはコピー］ダイアログボックスが表示された

❸ここをクリックして、コピー先のブックを選択
❹挿入先を選択
❺［コピーを作成する］をクリックしてチェックマークを付ける
❻［OK］をクリック
ワークシートがコピーされる

❷ ワークシートをコピーする

シート見出しが選択された

[Excelスクリーンショット：2015年10月シートが表示されている]

[2015年10月] を Ctrl キーを押しながら右へドラッグ

❸ ワークシートがコピーされた

[2015年10月] のワークシートがコピーされた

[Excelスクリーンショット：2015年10月と2015年10月(2)のタブが表示されている]

コピーされたワークシートに「2015年10月（2）」と名前が付けられた

同様に[2015年10月]のワークシートをコピーして、[2015年10月（3）]と[2015年10月（4）]のワークシートを作成しておく

 シート見出しに色を付けるには

シート見出しを区別するには、以下の手順で色を付けるといいでしょう。なお、シート見出しに色を付けても、シート見出しをクリックしたときは色が薄く表示されます。

❶色を付けるシート見出しを右クリック

❷[シート見出しの色]にマウスポインターを合わせる

見出しの色をクリックして選択する

 間違った場合は？

手順2で Ctrl キーを押し忘れてしまったときは、ワークシートがコピーされません。再度手順2を参考に、操作をやり直してください。

Point
ワークシートをコピーして表を複製する

ワークシートをコピーすると、データに合わせて変更した列の幅などを含めて、ワークシートにあるすべての情報がコピーされます。コピーされたワークシートには、元の名前の最後に自動的に連番が付きます。スケジュール表など、形式が同じでデータの内容が異なる表をブック内で複数管理するときは、1つのワークシートを完成させてからワークシートをコピーし、セルの内容を書き替えると効率的です。

レッスン 22

ブックを上書き保存するには

上書き保存

保存済みのブックを現在編集しているブックで置き換える保存方法を「上書き保存」と言います。このレッスンでは、上書き保存を実行する方法を解説します。

1 シート見出しを選択する

変更内容を上書き保存する

変更したブックを上書きしたくない場合は、レッスン⓭を参考に別名で保存しておく

Excelでは、シート見出しの表示位置が保存されるので、保存前にシート見出しを選択しておく

[2015年10月]をクリック

2 セルを選択する

Excelではアクティブセルの位置が保存されるので、保存前にセルA1をクリックしておく

セルA1をクリック

▶ キーワード

アクティブセル	p.301
上書き保存	p.302
クイックアクセスツールバー	p.303
ブック	p.310

レッスンで使う練習用ファイル
上書き保存.xlsx

ショートカットキー

Ctrl + S ……… 上書き保存
Alt + F4 …… ソフトウェアの終了

 ブックの表示状態も保存される

ブックを保存するときは、選択しているワークシートや表示している画面、アクティブセルの位置などが、そのままの状態で保存されます。例えば、手順2のように、1行目が見えるよう先頭のセルを選択して保存しておくと、次にブックを開いたときも、手順2と同じ状態で表示されます。

HINT! クイックアクセスツールバーでも上書き保存できる

クイックアクセスツールバーの［上書き保存］ボタン（ 🔳 ）を使うと素早く保存を実行できます。

クイックアクセスツールバーにある［上書き保存］をクリックしても上書き保存ができる

③ ［情報］の画面を表示する

セルA1が選択された　［ファイル］タブをクリック

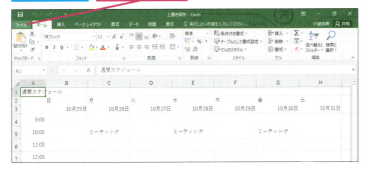

④ ブックを上書き保存する

［情報］の画面が表示された　［上書き保存］をクリック

⑤ Excelを終了する

上書き保存された　［閉じる］をクリック

Excelが終了する　レッスン⑮を参考にブックを開いて、上書き保存されているか確認しておく

必要なくなったブックは削除しておく

修正を加えたブックに、その都度別の名前を付けて保存しておけば安心ですが、重要なブックだからといって、いつまでも古いものを保存しておくと、どれが必要なものなのか分からなくなります。ある程度作業が進んで不要になったブックは削除しておきましょう。目安としては、作業の途中であれば1つ前に保存した状態、書式などを大幅に変更したときは変更する前の状態のブックを残しておけばいいでしょう。

⚠ 間違った場合は？

手順4で間違って［名前を付けて保存］をクリックしたときは、［上書き保存］をクリックし直します。

複数のブックを開いているときは

Excelは、ブックを1つ開くごとに単独のウィンドウを表示します。つまり、複数のブックを開いているときに手順5の操作を実行してもExcelは終了しません。例えば、ブックを3つ開いているときに、2つブックを閉じても、1つブックが残っていれば、Excelは起動したままです。

Point
作成途中のブックは上書き保存する

作業中のブックはパソコンのメモリーの中にあるので、パソコンの電源が切れてしまうと消えてなくなってしまいます。また、Excelが何らかの原因で強制終了してしまった場合も、作業中のブックが消えてしまうことがあります。このようなときでも、それまで行った作業が無駄にならないように、作業の途中のブックはこまめに上書き保存しておきましょう。逆にブックを大幅に変更したときには、［名前を付けて保存］の操作を実行して、ブックに別の名前を付けて保存をするとバックアップ代わりとなり、より安全です。

22 上書き保存

この章のまとめ

●表を効率よく作るための流れを押さえよう

この章では、ワークシートとブックに関する基本的な操作を紹介しました。表を作る上で、セルのコピーや削除、行や列の挿入、行の高さや列の幅の変更といった操作は欠かせません。はじめから完璧な表を作るのは大変です。しかし、この章で紹介した機能を利用すれば、後から表のレイアウトを簡単に変更できます。ただし、行や列を移動することでせっかく整っていた表のレイアウトが崩れてしまうこともあります。後からレイアウトを大きく変更しなくてもいいように、「表にどんな内容のデータを入力するのか」をまず考えておくといいでしょう。

また、完成したワークシートを効率よく管理するには、シート名の変更やワークシートのコピー・挿入が決め手となります。ワークシートの数が増えてくると、どのワークシートにどんなデータがあるのかよく分からなくなってしまいます。ワークシートに分かりやすい名前を付けて、色分けをしておけば、自分だけでなくほかの人が内容を確認するときにも混乱することがありません。完成した予定表のワークシートをコピーすれば、曜日の列の幅を変更したり、必要な列を再度追加するといった手間が省けます。ワークシートとブックで行う操作の流れを理解すれば、効率よく表を作れるようになるでしょう。

ワークシートの基本を覚える

表に後から列を追加するほか、列の幅の変更やセルのコピー・挿入で表の内容を変更できる。完成したワークシートは名前を変更したり、コピーしたりすることで後から利用しやすくなる

練習問題

1

練習用ファイルの［第3章_練習問題.xlsx］を開き、日付の下に行を挿入して、曜日を入力してください。

●ヒント　行の挿入は、［ホーム］タブの［挿入］ボタンから実行できます。

日付の下に行を挿入して曜日を入力する

2

ワークシートに「11月第1週」と名前を付けてください。

●ヒント　ワークシートの名前を変更するときは、シート見出しをダブルクリックします。

シート名を「11月第1週」に変更する

3

［11月第1週］のワークシートをコピーして、シート名を「11月第2週」に変更してください。

●ヒント　Ctrlキーを押しながらシート見出しをドラッグすると、ワークシートをコピーできます。

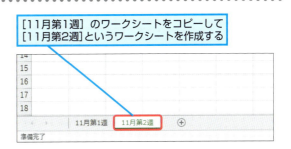

［11月第1週］のワークシートをコピーして［11月第2週］というワークシートを作成する

答えは次のページ

解　答

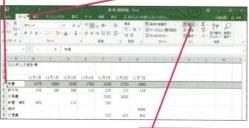

❶行番号4をクリック
❷［ホーム］タブをクリック
❸［挿入］をクリック

ここでは日付が入力された行の下に新しい行を挿入するので、4行目を選択してから［挿入］ボタンをクリックします。「日曜日」と入力されたセルからでも連続データは正しく入力されます。

❹セルB4に「日曜日」と入力
❺セルB4のフィルハンドルをセルH4までドラッグ

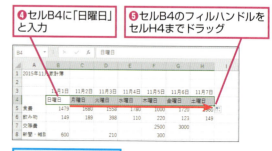

行が挿入され、曜日が入力できた

シート名を「11月第1週」に変更する
❶［Sheet1］をダブルクリック

シート名が選択できた

名前を付けるワークシートのシート見出しをダブルクリックして、シート名を入力します。

❷「11月第1週」と入力
❸ Enter キーを押す

シート名が変更できる

❶［11月第1週］にマウスポインターを合わせる
❷［11月第1週］を Ctrl キーを押しながら右にドラッグ
❸［11月第1週(2)］をダブルクリック

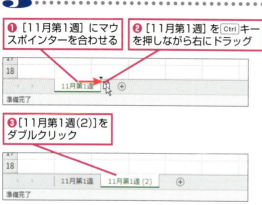

シート名を［11月第2週］に変更しておく

ワークシートをコピーするには、ワークシートのシート見出しを選択して、Ctrl キーを押しながらドラッグします。ワークシートの追加は、操作を取り消せません。ワークシートを削除するときは、84ページのテクニックを参考にして、［削除］をクリックします。このときワークシートにデータが入力されていると、「このシートは完全に削除されます。」というメッセージが表示されます。ワークシートの削除は操作の取り消しができないので、削除していいかをよく確認してから、確認画面の［削除］ボタンをクリックしましょう。

第4章

表のレイアウトを整える

この章では、表の体裁を整えて見やすくきれいにする方法を解説します。文字やセルに色を付けたり、適切に罫線を引いたりすることで、より見やすい表が完成します。同じデータでも、文字の配置や線種の変更によって、見ためやバランスが変わることを理解しましょう。

●この章の内容
㉓ 見やすい表を作ろう ……………………………… 92
㉔ フォントの種類やサイズを変えるには …… 94
㉕ 文字をセルの中央に配置するには………… 96
㉖ 特定の文字やセルに色を付けるには…… 100
㉗ 特定のセルに罫線を引くには …………… 102
㉘ 表の内側にまとめて点線を引くには…… 106
㉙ 表の左上に斜線を引くには ……………… 110

レッスン 23

見やすい表を作ろう

表作成と書式変更

データを入力しただけでは、表は完成しません。見やすい表にするためには、体裁を整えることも大切なことです。この章ではExcelの書式設定について解説します。

文字の書式と配置の変更

この章では、表のタイトルを太めのフォントに変更します。さらにフォントサイズを変更して、タイトルを目立たせます。タイトルの文字を太くし、サイズを大きくするだけで、表の印象が変わります。また、日付と認識されているデータがセルの右側に、曜日がセルの左側に配置されているため、日付に該当する項目が確認しにくくなっています。右下の例のように、それぞれの文字をセルの中央に配置すれば、項目の内容や関連がはっきりして、表が見やすくなります。

▶キーワード

行	p.302
罫線	p.303
書式	p.305
セル	p.306
セルの結合	p.306
セルの書式設定	p.306
フォント	p.309
フォントサイズ	p.310
列	p.311

第4章 表のレイアウトを整える

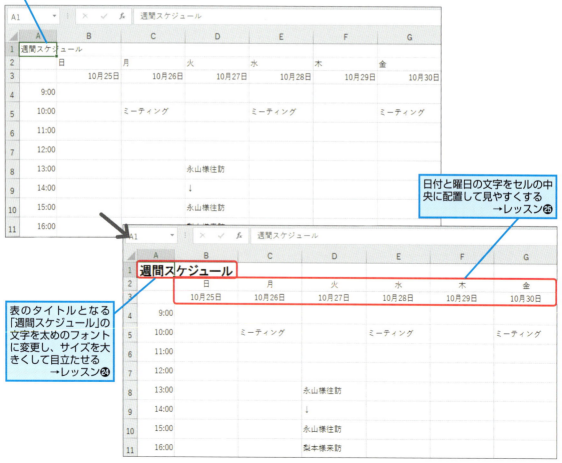

文字の大きさが同じで、メリハリがなく、曜日と日付の項目が区別しにくい

表のタイトルとなる「週間スケジュール」の文字を太めのフォントに変更し、サイズを大きくして目立たせる
→レッスン㉔

日付と曜日の文字をセルの中央に配置して見やすくする
→レッスン㉕

HINT! 表の構造を確認しておこう

いくらExcelに体裁を整える便利な機能が用意されていても、基になるデータの構成が適切でないと、体裁を整えても内容の分かりやすい表はできません。行や列に何を入力するか、表の中のどこを目立たせるかなど、あらかじめ検討しておきましょう。

塗りつぶしや罫線の利用

見やすく見栄えのする表を作るには、塗りつぶしや罫線の機能を利用します。下の予定表は、日曜日のセルに赤い色を設定して、土曜日のセルに青い色を設定しました。こうすることで、平日と休日がひと目で区別できます。「日」と「土」の文字が入力されているセルには濃い色を設定しましたが、予定を入力するセルは文字が見えるように薄い色を設定しているのがポイントです。さらに表に罫線を引くことで、項目の区切りが分かりやすくなります。下の表は、曜日を区切る線を細くして、時間を区切る線を点線に設定し、表の外枠を太い線に設定しました。このように、表の項目や入力内容に合わせて罫線を設定すれば、表の見やすさがグンとアップします。

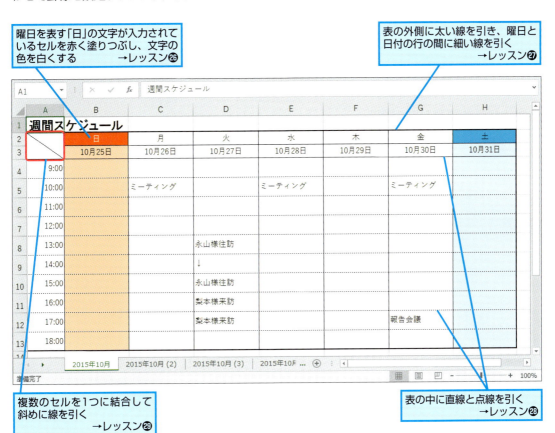

曜日を表す「日」の文字が入力されているセルを赤く塗りつぶし、文字の色を白くする →レッスン㉖

表の外側に太い線を引き、曜日と日付の行の間に細い線を引く →レッスン㉗

複数のセルを1つに結合して斜めに線を引く →レッスン㉙

表の中に直線と点線を引く →レッスン㉘

レッスン 24 フォントの種類やサイズを変えるには

フォント、フォントサイズ

このレッスンでは、表のタイトルとなる文字のフォントを変更します。フォントの種類や大きさを変えるだけで、タイトルが強調され、表の見ためがよくなります。

1 フォントの種類とサイズを確認する

ここでは、セルA1のフォントの種類とサイズを変更する

設定されているフォントの種類とサイズを確認しておく

❶ セルA1をクリック
❷ [ホーム]タブをクリック
ここでフォントの種類とサイズを確認できる

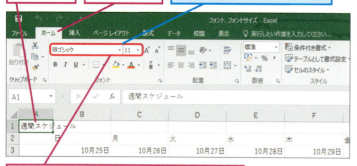

❸ フォントが[游ゴシック]、フォントサイズが[11]に設定されていることを確認

2 フォントの種類を変更する

セルA1のフォントを[HGPゴシックE]に変更する

❶ [フォント]のここをクリック
❷ [HGPゴシックE]をクリック

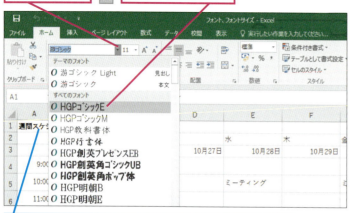

フォントの種類にマウスポインターを合わせると、一時的にフォントの種類が変わり、設定後の状態を確認できる

▶キーワード

書式	p.305
フォント	p.309

レッスンで使う練習用ファイル
フォント、フォントサイズ.xlsx

ショートカットキー

Ctrl + B ………… 太字
Ctrl + I ………… 斜体
Ctrl + U ………… 下線

フォントの種類はいろいろある

フォントには、さまざまな種類があります。このレッスンで紹介したフォント以外にも、[ホーム]タブの[フォント]の▼をクリックして、フォントの種類を変更できます。なお、フォントの種類やフォントサイズの項目にマウスポインターを合わせると、「リアルタイムプレビュー」の機能によって、設定後の状態を一時的に確認できます。

書式はセルに保存される

フォントの変更や文字のサイズ、太字などの書式設定はセルに保存されます。セルの中にあるデータを削除しても設定した書式は残っているので、新たに文字を入力しても同じ書式が適用されます。セルの書式をクリアするには、[ホーム]タブの[クリア]ボタン（ ）をクリックして、一覧から[書式のクリア]を選択します。

⚠️ **間違った場合は？**

手順2で変更するフォントを間違えたときは、もう一度[フォント]の一覧から選び直します。

③ フォントサイズを変更する

フォントの種類が変更された

❶[フォントサイズ]のここをクリック

❷[18]をクリック

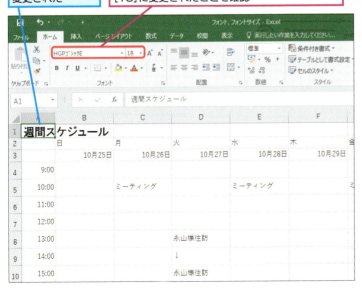

フォントサイズにマウスポインターを合わせると、一時的に文字の大きさが変わり、設定後の状態を確認できる

④ 変更後のフォントの種類とサイズを確認する

フォントサイズが変更された

フォントが[HGPゴシックE]、フォントサイズが[18]に変更されたことを確認

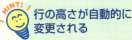

行の高さが自動的に変更される

手順3でフォントのサイズを変更すると、自動的に行の高さが変わります。Excel 2016では、標準の行の高さが[18]に設定されています。フォントサイズが行の高さより大きくなると、自動的に行の高さが高くなります。反対に、フォントのサイズを小さくすると、自動的に行の高さは低くなります。なお、フォントサイズが行の高さより小さいときは、自動で行の高さは低くなりません。

行の高さをドラッグで変更するには

行の高さを変更するときは、行番号の境界にマウスポインターを合わせて、マウスポインターの形がになっている状態で上下にドラッグします。

長い文字をセル内で折り返して表示できる

セルに文字を収めるには、このレッスンのようにフォントサイズを小さくする方法のほか、レッスン⓲で紹介した列幅の変更があります。そのほかに、セルの中で文字を折り返す方法もあります。詳しくは、105ページの上のテクニックを参照してください。

Point

セル内のフォントは個別に設定できる

セル内にある文字のフォントの種類やサイズは、個別に変更ができます。表のタイトルなどは、見出しとして表の中のデータと区別しやすいように、フォントの種類やサイズを変えておきましょう。タイトルを目立たせるだけでも、見ためが整って、表が見やすくなります。フォントの種類やフォントサイズの項目にマウスポインターを合わせれば、設定後の状態を確認しながら作業できます。文字数や内容に応じて適切なフォントやフォントサイズを設定しましょう。

レッスン 25

文字をセルの中央に配置するには

中央揃え

Excelでは、セルの文字や数値の表示位置を変えることができます。日付や曜日が右に配置されているので、各セルの中央に配置してさらに見やすくしてみましょう。

選択したセルの文字の中央揃え

1 セル範囲を選択する

ここでは、セルB3～H3の文字を中央に配置する

❶セルB3にマウスポインターを合わせる

❷セルH3までドラッグ

2 セル範囲の文字をまとめて中央に配置する

セルB3～H3が選択された

選択したセルB3～H3の中の文字を中央に配置する

❶［ホーム］タブをクリック

❷［中央揃え］をクリック

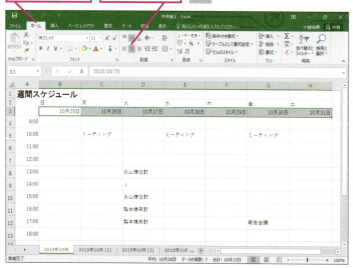

▶キーワード

インストール	p.301
インデント	p.301
行番号	p.302
クイックアクセスツールバー	p.303
セル	p.306
セルの書式設定	p.306
元に戻す	p.311

レッスンで使う練習用ファイル
中央揃え.xlsx

ショートカットキー

Ctrl + 1 ……［セルの書式設定］ダイアログボックスの表示

HINT! ボタンをクリックして簡単に配置を変更する

セルの文字は、［ホーム］タブの［配置］にあるボタンで配置を変更できます。配置が設定されているボタンは濃い灰色で表示されます。以下の表を参考にして、セル内の文字の配置を変更してみましょう。

ボタン	配置
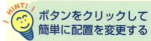	文字をセルの左にそろえる
	文字をセルの中央にそろえる
	文字をセルの右にそろえる
	文字をセルの上にそろえる
	文字をセルの上下中央にそろえる
	文字をセルの下にそろえる

第4章 表のレイアウトを整える

3 セルの選択を解除する

選択したセルの中の文字が中央に配置された

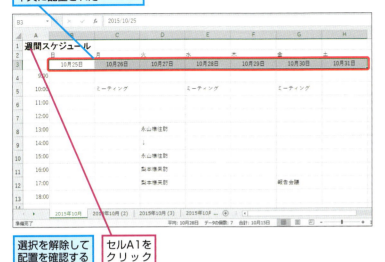

| 選択を解除して配置を確認する | セルA1をクリック |

選択した行の文字の中央揃え

4 行を選択する

曜日が入力されている行番号2の文字を中央に配置する

行番号2をクリック

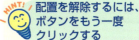

配置を解除するには、ボタンをもう一度クリックする

手順2で［中央揃え］ボタンをクリックすると、ボタンの色が濃い灰色になり、設定中の「オン」の状態となります。もう一度ボタンをクリックすると、設定が「オフ」になってボタンの色が元に戻ります。

設定中のボタンは濃い灰色で表示される

設定が解除されるとボタンの色が元に戻る

間違った場合は？

文字の配置を間違ったときは、クイックアクセスツールバーの［元に戻す］ボタン（）をクリックすると、元の配置に戻せます。

セル範囲と行単位での設定を覚えよう

手順1ではセルB3〜H3を選択して配置を［中央揃え］に設定しました。手順4では行番号をクリックして2行目を選択します。行単位で文字の配置を変更すると、文字が入力されていないセルI3やセルJ3も配置が変更されます。左や右のセルの配置を変更したくないときは、手順1のようにセル範囲やセルを選択して文字の配置を変更しましょう。すべての行で文字の配置を変更しても問題がないときは、手順4のように行番号をクリックしてから文字の配置を変更します。

次のページに続く

25 中央揃え

⑤ 行の文字をまとめて中央に配置する

行番号2が選択された
❶[ホーム]タブをクリック
❷[中央揃え]をクリック

HINT! 文字を縦や斜めに表示するには

セルの配置は、斜めや縦に変更できます。[ホーム]タブにある[方向]ボタン（ ）をクリックすると、一覧に項目が表示されるので、傾けたい方向の項目をクリックしましょう。

❶文字の配置を変更するセルをクリック
❷[ホーム]タブをクリック

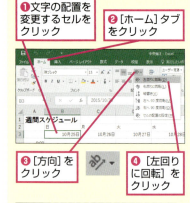

❸[方向]をクリック
❹[左回りに回転]をクリック

文字列が左回りに回転した

⑥ 行の文字が中央に配置された

2行目に入力されていた文字がすべて中央に配置された

セルA1をクリックして、セルの選択を解除しておく

Point 文字や数値の表示位置は後から変更できる

セルにデータを入力すると、文字は左、数値や日付は右に配置されます。これは、標準の状態では横位置が[標準]（文字は左、数値は右）、縦位置が[上下中央揃え]に設定されているからです。[ホーム]タブの[配置]にあるそれぞれのボタンをクリックすれば、文字や数値の表示位置を自由に変えられます。クリックしたボタンは色が濃い灰色になり、「オン」の状態になります。もう一度クリックすると配置の設定が「オフ」になり、標準の設定に戻ることを覚えておきましょう。また、文字を列の幅で折り返して表示したり、配置を縦や斜めに変更したりすることもできます。

第4章 表のレイアウトを整える

テクニック　文字を均等に割り付けてそろえる

セル内の文字を列の幅に合わせて均等に割り付けることができます。以下のように操作して、[セルの書式設定]ダイアログボックスで、[横位置]を[均等割り付け（インデント）]に設定しましょう。なお、均等割り付けが有効になるのは全角の文字だけです。

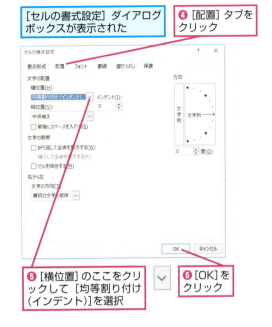

[セルの書式設定]ダイアログボックスが表示された

❹[配置]タブをクリック

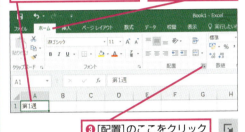

文字の間隔が均等になり、列の幅いっぱいに配置できる

❶文字を均等に割り付けるセルをクリック

❷[ホーム]タブをクリック

❸[配置]のここをクリック

❺[横位置]のここをクリックして[均等割り付け（インデント）]を選択

❻[OK]をクリック

テクニック　空白を入力せずに字下げができる

[ホーム]タブの[配置]には、[中央揃え]ボタンや[右揃え]ボタンのほかにも「インデント」を設定できるボタンがあります。[ホーム]タブの[インデントを増やす]ボタンをクリックするごとに、セルに入力されている文字が字下げされます。文字の先頭に空白を入力すると、「空白」+「文字」のデータとなってしまいますが、インデントはデータを変更せずに文字の位置だけを変更します。

ここでは、セルに入力されている文字を字下げする

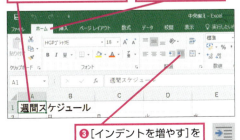

❶インデントを設定するセルをクリック

❷[ホーム]タブをクリック

❸[インデントを増やす]をクリック

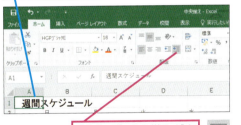

セルに入力されている文字が1文字分字下げされた

もう一度、インデントを設定する

❹[インデントを増やす]をクリック

セルに入力されている文字が2文字分字下げされた

レッスン 26

特定の文字やセルに色を付けるには
塗りつぶしの色、フォントの色

Excelではパレットを使って簡単に色を付けることができます。ここでは、色に関するパレットを使ってセルと文字に色を付けて、より効果的な表を作りましょう。

1 セルを選択する

背景色を付けるセルを選択する

セルB2をクリック

2 セルの背景色を変更する

セルB2が選択された

セルB2の背景色を赤に設定する

❶ [ホーム] タブをクリック

❷ [塗りつぶしの色] のここをクリック

❸ [赤] をクリック

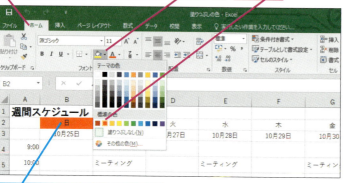

色にマウスポインターを合わせると、一時的にセルの背景色が変わり、設定後の状態を確認できる

▶キーワード

| 元に戻す | p.311 |

レッスンで使う練習用ファイル
塗りつぶしの色.xlsx

ショートカットキー

 [Ctrl]+[1] ……… [セルの書式設定] ダイアログボックスの表示
[Ctrl]+[Z] ……… 元に戻す

HINT!
[塗りつぶしの色] の一覧にない色を使うには

[塗りつぶしの色] の一覧にない色を設定するには、以下の手順を実行します。[色の設定] ダイアログボックスの [ユーザー設定] タブからは、約1677万色の中から色を選択できます。

❶ [塗りつぶしの色] のここをクリック

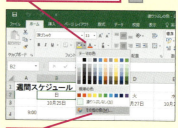

❷ [その他の色] をクリック

[色の設定] ダイアログボックスが表示され、色の変更ができる

間違った場合は?

間違ったセルに色を付けたときは、クイックアクセスツールバーの [元に戻す] ボタン（ ）をクリックして、手順1から操作をやり直しましょう。

第4章 表のレイアウトを整える

100 できる

❸ セルの背景色が変更された

- セルB2の背景色が赤に変更された
- 続けてセルB2の文字色を変更するので、選択したままにしておく

❹ 文字の色を変更する

セルB2の文字の色を白に変更する

❶ ［ホーム］タブをクリック
❷ ［フォントの色］のここをクリック

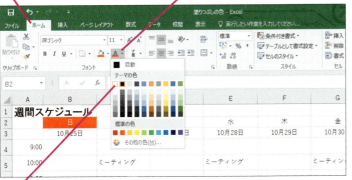

❸ ［白、背景1］をクリック

色にマウスポインターを合わせると、一時的に文字の色が変わり、設定後の状態を確認できる

❺ 文字の色が変更された

セルB2の文字の色が白に変更された

同様にセルB3～B13の背景色を［オレンジ、アクセント2、白+基本色80%］、セルH2の背景色を［薄い青］、セルH3～H13の背景色を［青、アクセント1、白+基本色80%］に変更しておく

セルA1をクリックしてセルの選択を解除しておく

HINT! セルの背景に網かけも設定できる

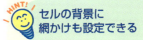

セルを塗りつぶすのではなく、網かけを設定することもできます。［セルの書式設定］ダイアログボックスにある［塗りつぶし］タブの［パターンの種類］から網かけの種類、［パターンの色］で網の色を選択できます。

❶ ［ホーム］タブをクリック
❷ ［配置］のここをクリック

網かけを設定するセルを選択しておく

❸ ［塗りつぶし］タブをクリック

❹ ［パターンの種類］のここをクリック
❺ 網かけの種類を選択

Point 効果的に色を使おう

予定表には、さまざまな予定を書き込みますが、見出しやイベントに色を付けると重要な予定がひと目で分かります。このレッスンを参考にして、締め切りや大事な行事があるセルは、色を付けて目立たせるといいでしょう。ただし、あまり色を多く使いすぎると、どれが大切な情報か分からなくなってしまい、予定表を見る人が混乱してしまいます。重要な情報のみに色を付けて、いろいろな色をたくさん使い過ぎないようにしましょう。また、セルに色を付けて文字が読みにくくなってしまっては本末転倒です。文字の色も効果的に設定し、見やすい表を作るように心がけましょう。

レッスン 27 特定のセルに罫線を引くには

罫線

表をさらに見やすくするために、罫線を引いてみましょう。[ホーム]タブにある[罫線]ボタンを使うと、いろいろな種類の罫線を簡単に引くことができます。

1 表のセル範囲を選択する

表を見やすくするために外側に太線を引く

❶セルA2にマウスポインターを合わせる

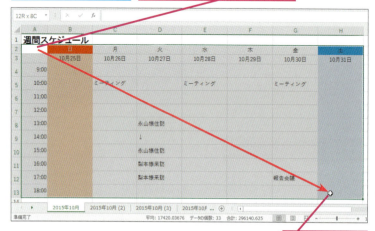

❷セルH13までドラッグ

2 罫線を引く

❶[ホーム]タブをクリック　❷[罫線]のここをクリック

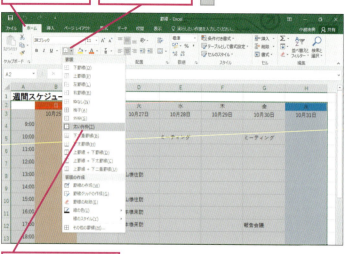

❸[太い外枠]をクリック

▶ キーワード

罫線	p.303
セル	p.306
セルの書式設定	p.306
列	p.311

レッスンで使う練習用ファイル
罫線.xlsx

ショートカットキー

Ctrl + 1 …………セルの書式設定
Ctrl + Shift + & 外枠罫線の設定
Ctrl + Shift + _ ………罫線の削除

HINT! 項目に合わせて罫線を使い分けよう

罫線を使って、表の項目名やデータなど、さまざまな要素を分かりやすく区分けしましょう。表の外枠は[太線]、項目名とデータを区切る線は[中太線]、データの各明細行は[細線]にすると表が見やすくなります。また、表の途中に小計や総合計などがあるときは、それらを[破線]や[二重線]など、明細行とは異なる種類の罫線で囲めば、さらに見やすくなります。罫線の太さや種類は、表全体の見栄えを整える上で大切な要素です。表を構成している要素を考えて、適切な種類を選びましょう。

⚠ 間違った場合は?

罫線の設定を間違えてしまったときは、クイックアクセスツールバーにある[元に戻す]ボタン（）をクリックして手順1から操作をやり直しましょう。なお、手順2の一覧で[枠なし]をクリックすると、セルに設定した罫線がすべて削除されます。

③ 罫線が引かれた

表全体に外枠太罫線が引かれた

セルA1をクリック

④ 曜日のセル範囲を選択する

曜日が入力されているセルを選択し、下罫線を引く

❶ セルA2にマウスポインターを合わせる

❷ セルH2までドラッグ

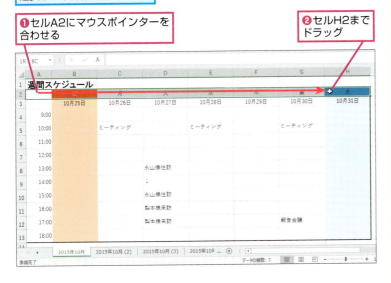

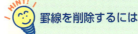 罫線を削除するには

セルに引いた罫線をすべて削除するには、[ホーム]タブの[罫線]ボタンの一覧から[枠なし]をクリックします。罫線の一部だけ削除するときは、[罫線の削除]をクリックしましょう。マウスポインターが消しゴムの形（ ）に変わったら、削除する罫線をクリックします。なお、罫線の削除を終了して、マウスポインターの形を元に戻すには、[Esc]キーを押します。

❶ [罫線]のここをクリック

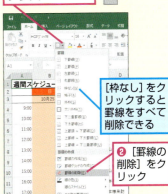

[枠なし]をクリックすると罫線をすべて削除できる

❷ [罫線の削除]をクリック

マウスポインターの形が変わった

❸ 削除する罫線をクリック

罫線が削除された

27 罫線

次のページに続く

できる | 103

⑤ 下罫線を引く

セルA2～H2が選択された

❶[ホーム]タブをクリック
❷[罫線]のここをクリック

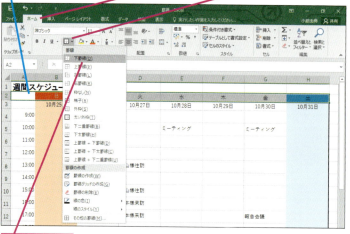

❸[下罫線]をクリック

[罫線]ボタンは最後に使用した罫線の状態になる

このレッスンで解説している[ホーム]タブの[罫線]ボタンには、最後に選択した罫線の種類が表示されます。続けて同じ罫線を引くときには、そのまま[罫線]ボタンをクリックするだけで前回と同じ罫線が引けます。▼でなく[罫線]ボタンをクリックするときは、[罫線]ボタンに表示されている罫線の種類をよく確認しましょう。

直前に設定した罫線がボタンに表示される

⑥ 選択を解除する

セルA1をクリック
曜日が入力されている行に下罫線が引かれた

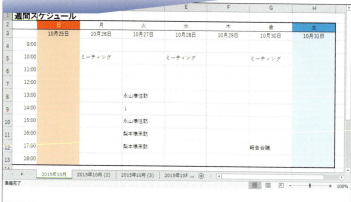

同様にセルA3～H3に下罫線を引いておく

Point

罫線を引く範囲を選択してから罫線の種類を選ぶ

Excelには罫線の種類が数多く用意されています。このレッスンでは、[ホーム]ボタンの[フォント]にある[罫線]ボタンを利用してセル範囲に罫線を引く方法を紹介しました。罫線を引くときは、まずセルやセル範囲を選択します。それから[罫線]ボタンの一覧にある罫線の種類を選びましょう。[罫線]ボタンに表示される罫線の項目にはアイコンが表示されます。項目名から結果がイメージしにくいときは、アイコンの形を確認して目的の項目を選択してください。また、罫線を引いた直後はセルやセル範囲が選択されたままとなります。セルをクリックして選択を解除し、目的の罫線が引けたかどうかをよく確認しましょう。

テクニック 列の幅を変えずにセルの内容を表示する

レッスン⑱では、列の幅を広げてセルに入力した文字をすべて表示しました。以下の手順で操作すれば、列の幅を広げなくてもセルに文字を収められます。ただし、文字を折り返して全体を表示しても、印刷時に文字の一部が欠けてしまうことがあります。その場合はレッスン⑱を参考に行の高さを広げてください。

[セルの書式設定]ダイアログボックスが表示された

❹ [配置]タブをクリック

❺ [折り返して全体を表示する]をクリックしてチェックマークを付ける

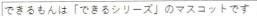
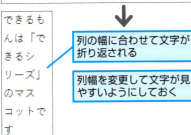

列の幅に合わせて文字が折り返される

列幅を変更して文字が見やすいようにしておく

❶ 文字を折り返すセルをクリック

❷ [ホーム]タブをクリック

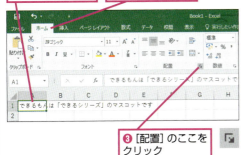

❸ [配置]のここをクリック

❻ [OK]をクリック

テクニック セルに縦書きする

セルの文字は縦方向にも変更できます。[ホーム]タブの[方向]ボタンをクリックすれば、セルの文字が縦書きになります。なお、[左回りに回転]や[右回りに回転]を選ぶと、文字を斜めに表示できます。このとき、文字数に応じて行の高さが自動で変わります。95ページのHINT!も併せて確認してください。

❶ [ホーム]タブをクリック

❷ [方向]をクリック

セルの文字が縦書きになる

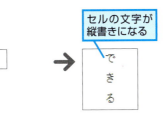

❸ [縦書き]をクリック

同じ項目を再度クリックすると設定を解除できる

レッスン 28

表の内側にまとめて点線を引くには
セルの書式設定

[セルの書式設定] ダイアログボックスの [罫線] タブでは、選択したセル範囲に一度でさまざまな罫線を引けます。ここでは点線を選んで時間を区切ってみましょう。

1 罫線を引く

表を見やすくするために表の内側に罫線を引く

❶ セルA4にマウスポインターを合わせる

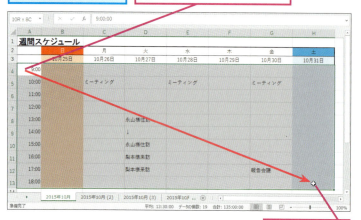

❷ セルH13までドラッグ

2 [セルの書式設定] ダイアログボックスを表示する

セルA4～H13までを選択できた

[セルの書式設定] ダイアログボックスを使って、セルの罫線をまとめて設定する

❶ [ホーム]タブをクリック
❷ [罫線]のここをクリック
❸ [その他の罫線]をクリック

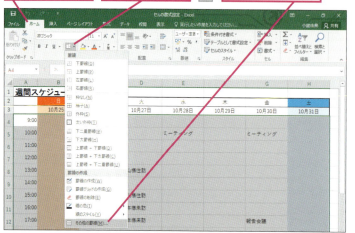

▶キーワード

罫線	p.303
書式	p.305

レッスンで使う練習用ファイル
セルの書式設定.xlsx

ショートカットキー

[Ctrl] + [1] ……… [セルの書式設定] ダイアログボックスの表示

HINT! マウスのドラッグ操作で罫線を引くには

[罫線] ボタンをクリックして表示される一覧から [罫線の作成] をクリックすると、マウスポインターの形が に変わります。この状態でセルの枠をクリックすると、罫線が引かれます。また、ドラッグの操作でセルに外枠を引けます。画面を見ながら思い通りに、自由に罫線を引けるので便利です。なお、罫線の作成を終了してマウスポインターの形を元に戻すには、[Esc]キーを押してください。

手順2を参考に [罫線の作成] をクリックしておく

セルをクリックすると罫線が引かれる

セルをドラッグすると外枠が引かれる

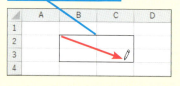

第4章 表のレイアウトを整える

③ 罫線の種類を選択する

[セルの書式設定]ダイアログボックスが表示された

ここでは、点線のスタイルを選択する

❶[罫線]タブをクリック

◆プレビュー枠
選択したセル範囲に設定される罫線の状態が表示される

ここでは、選択したセル範囲の左、右、下に太罫線、上に通常の罫線が引かれていることが確認できる

❷[スタイル]のここをクリック

④ 横方向の罫線を引く

罫線を選択できた

選択したセル範囲内の横方向に罫線を引く

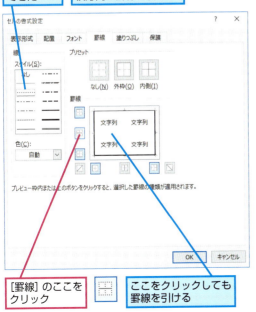

[罫線]のここをクリック

ここをクリックしても罫線を引ける

HINT! 罫線の色を変更するには

標準では、罫線の色は「黒」になっていますが、ほかの色で罫線を引くこともできます。[セルの書式設定]ダイアログボックスの[罫線]タブにある[色]の一覧から罫線の色を選択できます。すでに引いてある罫線の色を変更したいときは、罫線をいったん削除してから罫線の色の設定を変更し、罫線を引き直してください。なお、別の色を設定し直すまで罫線の色は変わりません。

[色]のここをクリック

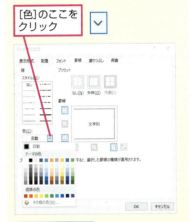

設定したい色を選択する

⚠ 間違った場合は?

思った通りに罫線を引けないときは、選択しているセル範囲を確認して、正しいセル範囲を選択してから罫線を引き直します。

28 セルの書式設定

次のページに続く

できる 107

⑤ 罫線の種類を変更する

罫線を引けた

続いて、縦方向に細い直線の罫線を引く

[スタイル]のここをクリック

⑥ 縦方向に罫線を引く

罫線を選択できた

選択したセル範囲内の縦方向に直線を引く

[罫線]のここをクリック

 プレビュー枠には選択したセル範囲の概略が表示される

［セルの書式設定］ダイアログボックスの［罫線］タブにあるプレビュー枠に表示されるセルのイメージは、セルを選択している状態によって変わります。セルを1つだけ選択している場合は、そのセルの周りと中の斜め罫線の状態が表示されます。複数のセルの場合では、選択範囲の外枠と選択範囲内のすべての行間と列間の罫線、選択したセル全部の斜め罫線の状態が表示されます。

●単一のセルを
　選択しているとき

●行方向に2つ以上のセルを
　選択しているとき

●列方向に2つ以上のセルを
　選択しているとき

●行列ともに2つ以上のセルを
　選択しているとき

 間違った場合は？

設定中に罫線の状態が分からなくなってしまったときは、［キャンセル］ボタンをクリックして［セルの書式設定］ダイアログボックスを閉じ、もう一度、手順1から操作をやり直しましょう。

7 罫線の変更を実行する

選択した種類の罫線が引けた

❶設定した罫線の状態を確認

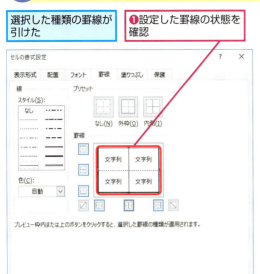

❷[OK]をクリック

8 セルの選択を解除する

選択したセル範囲の横方向に点線の罫線が設定された

選択したセル範囲の縦方向に細い直線の罫線が設定された

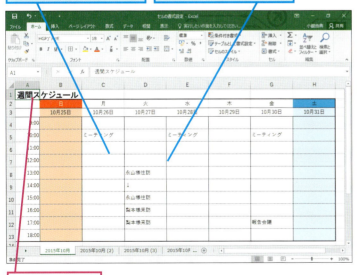

セルA1をクリック

同様にセルA2～H3の縦方向に、手順6で選択した罫線を引いておく

プリセットが用意されている

このレッスンでは[罫線]にあるボタンで、選択範囲の内側の罫線を設定していますが、外枠や内側の罫線を一度に設定する場合は、同じ[罫線]タブにある[プリセット]のボタンを使いましょう。また、[なし]をクリックするとセル範囲の罫線をまとめて消すことができます。

[セルの書式設定]ダイアログボックスを表示しておく

[プリセット]で一度に罫線の設定ができる

Point

[セルの書式設定]でセル範囲の罫線を一度に設定できる

このレッスンでは、選択したセル範囲の中で罫線の一部だけを変更するために、[セルの書式設定]ダイアログボックスの[罫線]タブにあるボタンを使いました。レッスン㉗で使った[罫線]ボタンでは、選択範囲ですべて同じ種類の罫線しか設定できませんが、[罫線]タブにあるボタンを使えば、横罫だけでなく縦罫や上下左右の端の罫線も1つ1つ設定でき、それぞれ違う種類の罫線も一度に設定できます。選択しているセル範囲と、[セルの書式設定]ダイアログボックスのプレビュー枠に表示されるセルの状態の関係がどうなっているかをよく理解しておきましょう。

レッスン 29

表の左上に斜線を引くには

斜線

表全体の罫線が引けたので、続けて表の左上の列見出しと行見出しが交わるセルに斜線を引きましょう。ここではセルを結合して斜線を引きます。

セルの結合

1 結合するセルを選択する

空欄のセルA2～A3を結合して斜線を引く

❶セルA2にマウスポインターを合わせる

❷セルA3までドラッグ

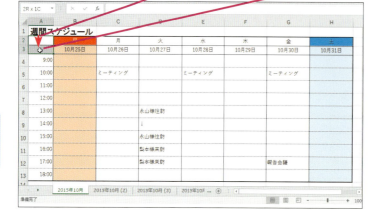

2 結合の種類を選択する

セルA2～A3が選択された

❶[ホーム]タブをクリック

❷[セルを結合して中央揃え]をクリック

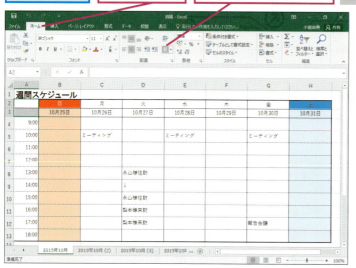

▶キーワード

罫線	p.303
書式	p.305
セル	p.306
セルの結合	p.306
セルの書式設定	p.306
セル範囲	p.306
ダイアログボックス	p.307

レッスンで使う練習用ファイル
斜線.xlsx

ショートカットキー

Ctrl + 1 ……… [セルの書式設定]ダイアログボックスの表示

セルの結合を解除するには

セルの結合を解除するには、解除するセルを選択して[ホーム]タブの[セルを結合して中央揃え]ボタン（）をクリックします。セルの結合が解除され、[セルを結合して中央揃え]ボタンが選択されていない状態（）に戻ります。なお、セルの結合についてはレッスン㊹で詳しく解説します。

間違った場合は？

間違ったセルを結合してしまったときは、結合したセルを選んだ状態のまま[セルを結合して中央揃え]（）をもう一度クリックして、セルの結合を解除しましょう。

斜線の挿入

3 [セルの書式設定] ダイアログボックスを表示する

セルA2～A3が結合された

❶斜線を引くセルをクリック
❷[ホーム]タブをクリック
❸[罫線]のここをクリック
❹[その他の罫線]をクリック

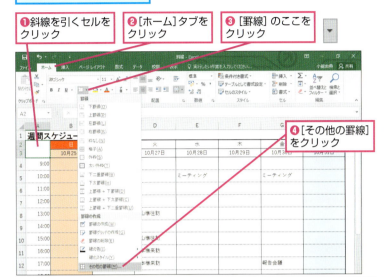

4 斜線のスタイルと向きを選択する

[セルの書式設定]ダイアログボックスが表示された

ここでは左上から右下に向けて斜線を引く

❶[罫線]タブをクリック
❷[スタイル]のここをクリック
❸ここをクリック
❹[OK]をクリック

5 セルの選択を解除する

選択したセルに斜線が引かれた
セルA1をクリック

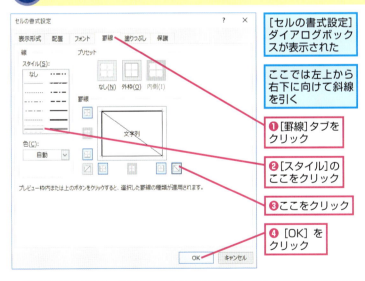

 結合していないセル範囲に斜線を引いたときは

このレッスンでは、2つのセルを1つに結合してから斜線を引きました。結合していない複数のセル範囲を選択した状態で斜線を引くと、選択範囲にあるセル1つ1つに斜線が引かれます。複数のセル範囲を選択して全体に斜線を引くには、セルを1つのセルに結合する必要があります。

同じセルに2種類の斜線を引ける

このレッスンでは、右下向きの斜線を引いていますが、[セルの書式設定]ダイアログボックスで[罫線]の左下にあるボタン（☑）をクリックして左下向きの斜線も引くことができます。また、2種類の斜線を1つのセル範囲に同時に引くこともできます。目的に合わせて使い分けましょう。

Point

斜線を上手に使って分かりやすい表を作ろう

表の内容やレイアウトの構成によっては、何も入力する必要のないセルができることがあります。このレッスンで作成しているスケジュール表では、列方向では日付、行方向では時間を見出しにしていますが、列見出しと行見出しが交わる左上のセルには何も入力する必要がありません。空白のままにしておいても問題はありませんが、表の体裁を考えると空欄のままでは見栄えがしません。このようなときは、何も入力しないセルであることが分かりやすくなるように、斜線を引いておきましょう。

この章のまとめ

●要所に書式を設定しよう

文字や日付など、ワークシートにデータを入力しただけでは表は完成しません。この章では、フォントやフォントサイズの変更といったセルの中にあるデータに設定する書式と、文字の配置や背景色の変更、罫線の設定などセル全体に設定する書式を設定する方法を紹介しました。

レッスン❷では、表の見出しとなる文字のフォントとフォントサイズを変更し、表の内容が分かるように目立たせました。見出しの文字を大きくするだけでも表の見ためがよくなり、バランスがよくなります。また、予定表の時刻が入力されているセルに塗りつぶしの色を設定して、予定を強調して見やすくしま

した。さらに罫線を引いて、日付と時刻ごとの予定がひと目で分かるように書式を変更しています。

この章で紹介した書式設定はあくまで一例ですが、一番肝心なことは、入力されている表のデータが見やすいかどうかです。意味もなくセルのフォントサイズを大きくしたり、色を多用したりすると、表としてのまとまりがなくなってしまうばかりか、肝心の表の内容が分かりにくくなってしまいます。見やすい表を作るには、書式を多用するのではなく、要所要所で適切な書式を設定することが大切です。

第4章 表のレイアウトを整える

Excel の装飾機能を使いこなす

項目の内容や区切りが分かりやすくなるように塗りつぶしや罫線を利用して見やすい表を作る

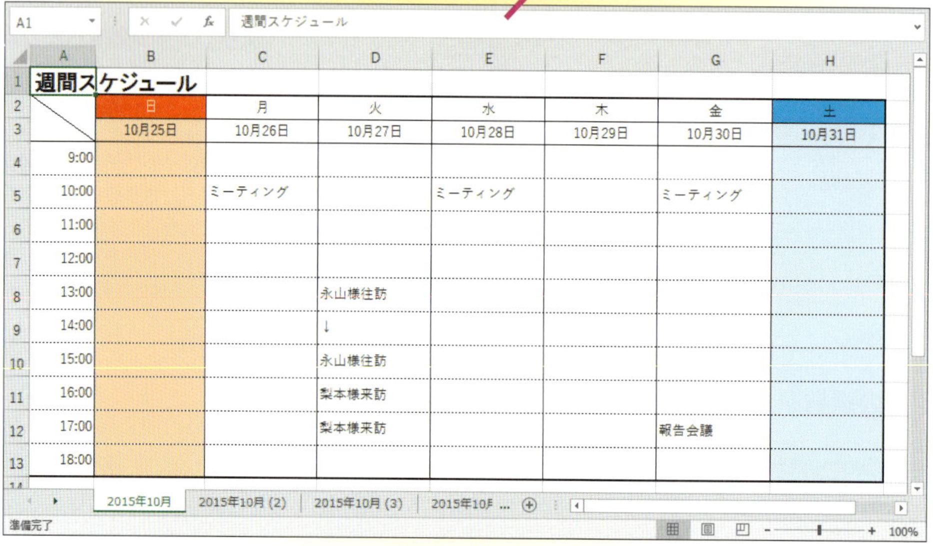

112 できる

練習問題

1

練習用ファイルの［第4章_練習問題.xlsx］を開き、表のタイトルのフォントを［HGPゴシックM］にして、フォントサイズを［16］に設定してください。また、日付と曜日のセルを太字に設定してください。

● ヒント　設定を変更するセルを選択してから、［ホーム］タブの［フォント］にあるボタンを使います。

タイトルのフォントやフォントサイズを変更して目立たせる

日付と曜日の文字を太字に設定する

2

セルを結合して表のタイトルを中央に配置してください。また、日付と曜日のセルの文字を、中央に配置してください。

● ヒント　セルの結合は、まずセル範囲を選択してから［セルを結合して中央揃え］ボタンをクリックします。

タイトルと日付、曜日を中央に配置する

3

右のように表全体に罫線を引き、セルに色を付けてください。

● ヒント　セルの色は、セル範囲を選択してから［ホーム］タブの［塗りつぶしの色］のボタンで実行します。

表全体に罫線を引き、塗りつぶしでセル範囲に色を設定する

答えは次のページ

解 答

1

レッスン㉔を参考に、セルA1のフォントを[HGPゴシックM]、フォントサイズを[16]にする

❶フォントを[HGPゴシックM]に変更
❷フォントサイズを[16]に変更

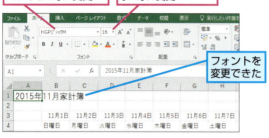

フォントを変更できた

フォントの変更は、[ホーム]タブの[フォント]や[フォントサイズ]で設定します。太字は、[太字]ボタン()で設定します。

❸セルB3～H4をドラッグして選択
❹[太字]をクリック

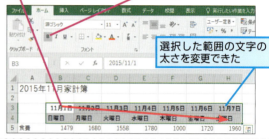

選択した範囲の文字の太さを変更できた

2

❶セルA1～H1をドラッグして選択
❷[セルを結合して中央揃え]をクリック

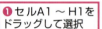

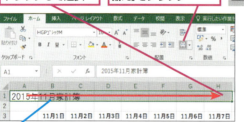

セルが結合され、文字が中央に配置される

セルの結合は、まず範囲を選択してから[セルを結合して中央揃え]ボタンをクリックします。

❸セルB3～H4をドラッグして選択
❹[中央揃え]をクリック

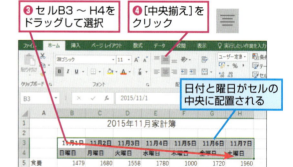

日付と曜日がセルの中央に配置される

3

❶セルA3～H12をドラッグして選択
❷[罫線]のここをクリック

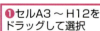

❸[格子]をクリック

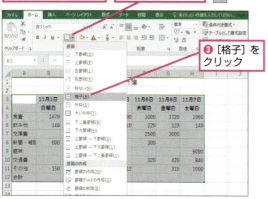

表に格子状の罫線を引くには、表全体を選択して、[ホーム]タブの[罫線]ボタンで[格子]をクリックします。また、セルに色を付けるには、色を付ける範囲を選択してから[塗りつぶしの色]ボタンの一覧から色を選択します。

❹セルB3～H4をドラッグして選択
❺[塗りつぶしの色]のここをクリック

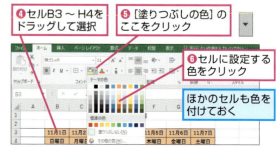

❻セルに設定する色をクリック

ほかのセルも色を付けておく

第5章 用途に合わせて印刷する

この章では、ワークシート上に作成した表をプリンターで印刷する方法を解説します。Excelでは、プリンターで実際に印刷する前に画面上で印刷結果を確認できます。また、フッターという領域にページ数を挿入する方法なども解説します。

●この章の内容
- ㉚ 作成した表を印刷してみよう ……………116
- ㉛ 印刷結果を画面で確認するには …………118
- ㉜ ページを用紙に収めるには ………………122
- ㉝ 用紙の中央に表を印刷するには …………124
- ㉞ ページ下部にページ数を表示するには …126
- ㉟ ブックを印刷するには……………………128

レッスン 30

作成した表を印刷してみよう

印刷の設定

第4章までのレッスンで完成した予定表を印刷してみましょう。Excelで作成したデータを印刷するには、[印刷]の画面で用紙や余白の設定を行います。

印刷結果の確認

画面の表示方法を特に変更していない限り、ワークシートに作成した表がどのように用紙に印刷されるのかは分かりません。そのため、「表の完成後に用紙に印刷しようとしたら、表が2ページに分割されてしまった」ということも珍しくありません。下の図は第4章で作成した「週間スケジュール」をそのまま印刷した例と、用紙の向きを変更して印刷した例です。目的の用紙に表がうまく収まらない場合は、まず用紙の向きを変更します。

▶キーワード

印刷	p.301
書式	p.305
フッター	p.310
プリンター	p.310
ヘッダー	p.310
余白	p.311
ワークシート	p.311

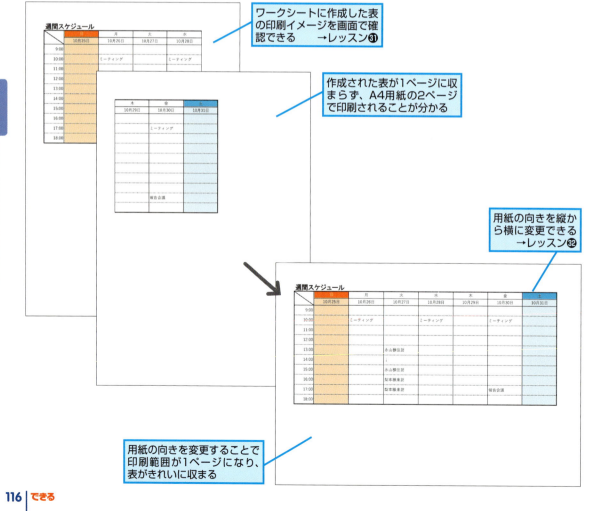

ワークシートに作成した表の印刷イメージを画面で確認できる →レッスン㉛

作成された表が1ページに収まらず、A4用紙の2ページで印刷されることが分かる

用紙の向きを縦から横に変更できる →レッスン㉜

用紙の向きを変更することで印刷範囲が1ページになり、表がきれいに収まる

第5章 用途に合わせて印刷する

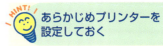

あらかじめプリンターを設定しておく

実際にプリンターを使って印刷するときは、必ず事前にプリンターが使えるように設定を行っておきましょう。まだプリンターの準備が整っていない場合は、取扱説明書などを参考にしてプリンターが使えるように設定しておきましょう。

印刷設定と印刷の実行

[印刷]の画面では、前ページで解説した用紙の向きのほか、余白の設定、下余白にページ数などの情報を入れることができます。[印刷]の画面で印刷設定と印刷結果をよく確認して、それから印刷を実行しましょう。

印刷範囲や印刷部数などを設定できる
→レッスン㉟

[印刷]の画面で印刷の設定と印刷結果をよく確認してから印刷を実行する

用紙の余白を設定できる。余白を大きくすると印刷範囲が狭くなり、余白を小さくすると印刷範囲が広がる　→レッスン㉝

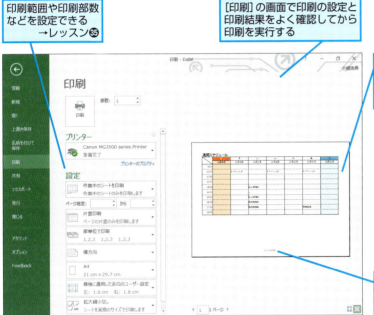

ページの下余白にユーザー名やページ数などの情報を挿入できる　→レッスン㉞

レッスン 31

印刷結果を画面で確認するには

[印刷] の画面

作成した表をプリンターで印刷する前に、印刷結果を確認しておきましょう。[印刷]の画面で、すぐに印刷結果を確認できます。同時に印刷設定も行います。

印刷結果の確認

1 印刷するワークシートを表示する

印刷するワークシートを表示しておく

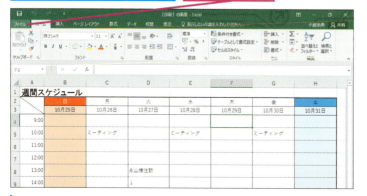

[2015年10月]をクリック

2 [情報]の画面を表示する

[2015年10月]のワークシートが選択された

[ファイル]タブをクリック

▶ キーワード

印刷	p.301
印刷プレビュー	p.301
クイックアクセスツールバー	p.303
ダイアログボックス	p.307
プリンター	p.310
ワークシート	p.311

📄 レッスンで使う練習用ファイル
［印刷］の画面.xlsx

 ショートカットキー

Ctrl + P ……［印刷］の画面の表示

💡 HINT!
［ファイル］タブから印刷を実行する

このレッスンで解説しているように、ワークシートの表を印刷するには、［ファイル］タブから操作します。なお、［ファイル］タブには、印刷に関する機能のほかに、ファイルの作成や保存、情報といったファイルの管理や、Excelのオプション設定などを行う項目が用意されています。

 間違った場合は?

手順3で［印刷］以外を選んでしまったときは、もう一度正しくクリックし直しましょう。

第5章 用途に合わせて印刷する

③ [印刷]の画面を表示する

[印刷]の画面を表示して、印刷結果を確認する

[印刷]をクリック

④ 印刷結果の表示を拡大する

[印刷]の画面が表示された

◆印刷プレビュー

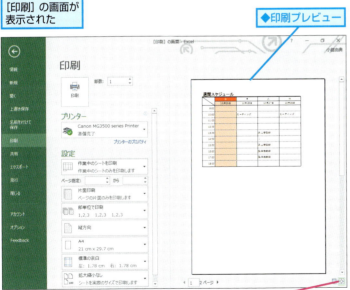

印刷結果の表示を拡大して詳細を確認する

[ページに合わせる]をクリック

HINT! ファイルを閉じてしまわないように気を付けよう

[ファイル]タブをクリックすると、[情報]の画面左に[閉じる]という項目が表示されます。この項目をクリックすると、現在開いているブックが閉じてしまうので注意しましょう。誤ってブックを閉じてしまった場合は、[ファイル]タブの[開く]をクリックして、ブックを開き直しましょう。パソコンに保存したブックを開くには、[このPC]-[参照]の順にクリックします。また、[最近使ったアイテム]の一覧からブックを開いても構いません。

HINT! ワンクリックで[印刷]の画面を表示するには

このレッスンでは、[情報]の画面から[印刷]の画面を表示する方法を解説していますが、以下の手順を実行すると、クイックアクセスツールバーからすぐに[印刷]の画面を表示できるようになります。

[ファイル]タブ以外のタブを表示しておく

❶[クイックアクセスツールバーのユーザー設定]をクリック

❷[印刷プレビューと印刷]をクリック

クイックアクセスツールバーに[印刷プレビューと印刷]のボタンが追加された

次のページに続く

できる 119

⑤ 2ページ目の印刷結果を表示する

印刷結果の表示が拡大された

次のページを確認する

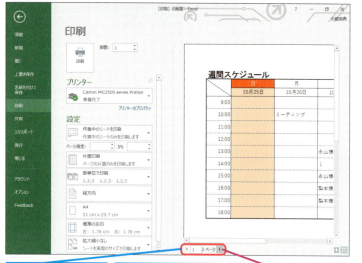

印刷される総ページ数と表示中のページ番号が表示される

このワークシートを印刷すると2ページになることが分かる

［次のページ］をクリック

⑥ 2ページ目の印刷結果を確認する

次のページが表示された

ワークシートの表の一部が1ページに収まらず、2ページ目にも印刷されることが分かった

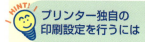

プリンター独自の印刷設定を行うには

多くのプリンターは、用紙の種類や印刷品質などを設定できるようになっています。プリンター名の下にある［プリンターのプロパティ］をクリックすれば、プリンターの設定画面が表示されるので、どのような設定項目があるのか確認してみてください。

［プリンターのプロパティ］をクリック

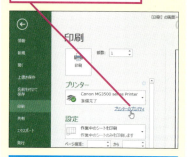

［（プリンター名）のプロパティ］ダイアログボックスが表示された

設定できる項目はプリンターによって異なる

[印刷]の画面を閉じる

7 編集画面を表示する

[印刷]の画面から元の画面に戻す

ここをクリック

8 編集画面が表示された

[印刷]の画面が閉じて元の画面に戻った

印刷プレビューを表示すると、印刷範囲が点線で表示される

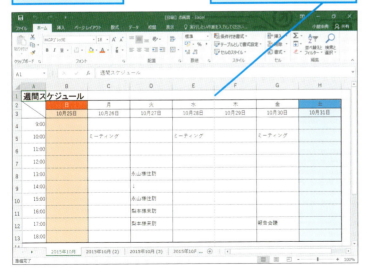

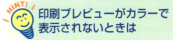

印刷プレビューがカラーで表示されないときは

[印刷]の画面で印刷プレビューが白黒に表示されたときは、[白黒印刷]が有効になっています。[白黒印刷]に設定すると、ブラックのインクカートリッジのみで印刷ができるため、シアンやマゼンタ、イエローなどのカラーインクを節約できます。表の作成途中で出来栄えを確認するときや自分のみが利用する資料の印刷では、[白黒印刷]に設定するといいでしょう。詳しくは、129ページのHINT!を参照してください。なお、モノクロプリンターを使うとき、[白黒印刷]を設定しないと、Excelで作成したグラフの棒や円の色の違いが分かりにくくなることがあります。

[白黒印刷]が設定されていると、印刷プレビューが白黒で表示される

Point

拡大して細部まで確認できる

[印刷]の画面では、1ページずつ印刷結果を確認できます。印刷プレビューの表示を拡大すれば細部を確認しやすくなりますが、印刷される大きさが変わるわけではありません。
印刷範囲に入りきらないセルは、次のページに印刷されてしまうので、1ページのつもりが複数のページに分かれて印刷されてしまうことがあります。このレッスンで開いた表は、A4縦の用紙で2ページに分かれて印刷されてしまいます。次のレッスンでは、用紙の向きを変更してA4横にぴったり収まるように設定します。

レッスン 32

ページを用紙に収めるには

印刷の向き

作成した表を[印刷]の画面で確認したら、表の右端が切れていました。このレッスンでは、用紙の向きを横向きにして、表が1枚の用紙に収まるように設定します。

1 ページ全体を表示する

レッスン㉛を参考に[印刷]の画面を表示しておく

[ページに合わせる]をクリック

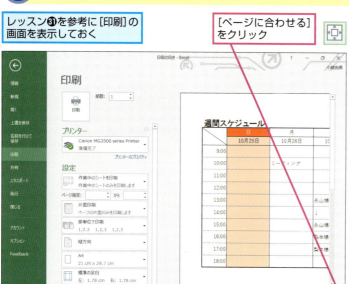

2 ページ全体が表示された

印刷結果が縮小して表示された

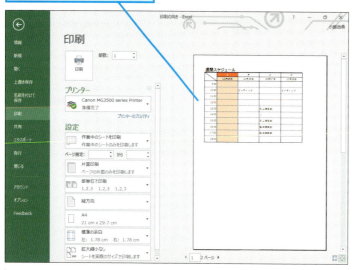

▶キーワード

印刷	p.301
印刷プレビュー	p.301
ワークシート	p.311

📄 **レッスンで使う練習用ファイル**
印刷の向き.xlsx

🪟 **ショートカットキー**

Ctrl + P ……[印刷]画面の表示

💡HINT! 印刷プレビューで正しく表示されていないときは

使用しているフォントによって、ワークシートでは表示できている文字が、印刷プレビューで欠けたり「###」と表示されることがあります。実際にそのまま印刷されてしまうので、列の幅やフォントサイズなどを調整して、印刷プレビューに文字や数値が正しく表示されるようにしてください。

印刷プレビューでセルの文字が「###」と表示されている

レッスン⑱を参考に、列の幅を広げる

⚠️ 間違った場合は？

手順1で間違って[余白の表示]ボタン（）をクリックしてしまったときは、再度[余白の表示]ボタンをクリックして手順1から操作をやり直します。

第5章 用途に合わせて印刷する

122 できる

③ 用紙の向きを変更する

用紙を横向きにして、表の横幅が
1枚の用紙に収まるようにする

❶[縦方向]を
クリック

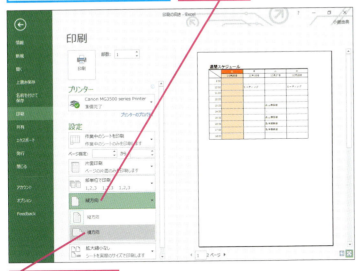

❷[横方向]をクリック

④ ページが用紙に収まった

用紙の向きが横に
変更された

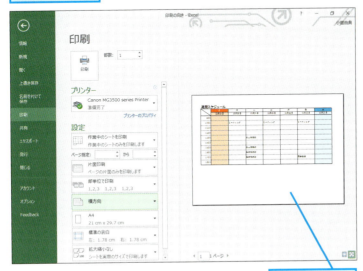

表が1枚の用紙に
収まった

HINT! 印刷を拡大・縮小するには

[印刷]の画面で印刷の拡大や縮小を設定するには、以下の手順を実行しましょう。

レッスン㉛を参考に、[印刷]
の画面を表示しておく

❶[ページ設定]をクリック

[ページ設定]ダイアログ
ボックスが表示された

❷[ページ]タブ
をクリック

❸[拡大/縮小]
に数値を入力

❹[OK]を
クリック

設定した倍率で印刷される

Point
表の大きさや向きに合わせて用紙の向きを調整する

Excelでは、印刷する表の大きさやプリンターの種類にかかわらず、はじめは用紙の向きが縦になっています。作成した表が1ページに収まらない場合、はみ出した部分は次のページに印刷されます。用紙の向きは、縦か横かを選択できるので、表の形に合わせて設定してください。ただし、1ページ目は横、2ページ目は縦というように、1枚のワークシートに縦横の向きが混在した設定にはできません。

レッスン 33

用紙の中央に表を印刷するには

余白

レッスン㉜では、用紙の向きを変えましたが、表が用紙の左端に寄ってしまっています。このレッスンでは、表を用紙の左右中央に印刷する方法を解説します。

1 余白の設定項目を表示する

レッスン㉛を参考に[印刷]の画面を表示しておく

左右の余白の幅を同じにして、表全体を用紙の中央に配置する

[標準の余白]をクリック

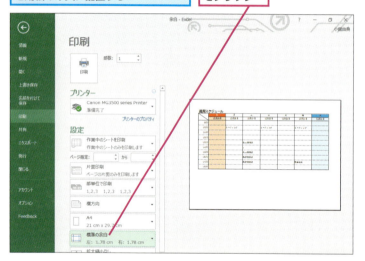

2 [ページ設定]ダイアログボックスを表示する

余白の設定項目が表示された

[ユーザー設定の余白]をクリック

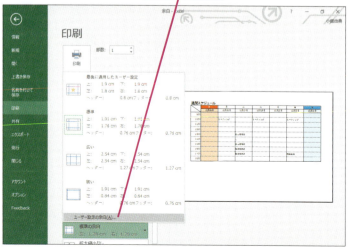

▶キーワード

印刷プレビュー	p.301
ダイアログボックス	p.307
余白	p.311

レッスンで使う練習用ファイル
余白.xlsx

ショートカットキー

Ctrl + P ……[印刷]画面の表示

💡HINT! 表を上下中央に印刷するには

手順3で[垂直]をクリックしてチェックマークを付けると、上下方向が中央になります。[水平][垂直]ともにチェックマークが付いていると、表は用紙のちょうど真ん中に印刷されます。

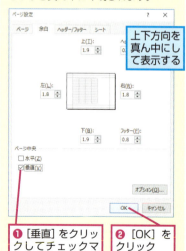

上下方向を真ん中にして表示する

❶ [垂直]をクリックしてチェックマークを付ける

❷ [OK]をクリック

⚠ 間違った場合は？

手順3の後で設定の間違いに気が付いたときは、もう一度[ページ設定]ダイアログボックスを表示して設定し直してください。

❸ 余白を設定する

[ページ設定] ダイアログボックスが表示された

❶ [余白] タブをクリック

ここでは、用紙の中央に表が印刷されるように設定する

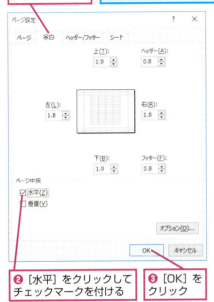

❷ [水平] をクリックしてチェックマークを付ける

❸ [OK] をクリック

❹ 余白を設定できた

左右の余白の幅が同じになり、表全体が用紙の中央に配置された

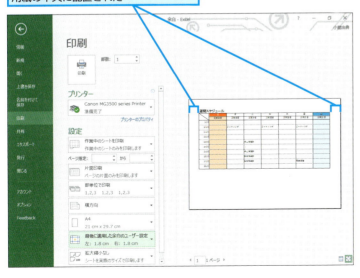

💡HINT! 余白を数値で調整するには

余白を数値で指定するときは、[ページ設定] ダイアログボックスの [余白] タブにある [上] [下] [左] [右] に、余白のサイズを入力して調整します。

💡HINT! ドラッグ操作で余白を調整するには

[印刷] の画面右下の [余白の表示] ボタンをクリックすると、余白の位置を示す線と余白ハンドルが表示されます。線をドラッグすると、画面で確認しながら余白の大きさを設定できます。余白ハンドルの表示を消すには、もう一度 [余白の表示] ボタンをクリックしましょう。

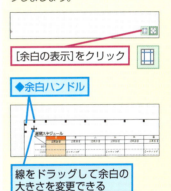

[余白の表示]をクリック

◆余白ハンドル

線をドラッグして余白の大きさを変更できる

Point

ワンクリックでページの中央に印刷できる

このレッスンの表は、A4横の用紙に対して表の大きさがやや小さく、左側に寄っています。そんなときは、[ページ設定] ダイアログボックスの [余白] タブで余白を調整しましょう。[ページ中央] の項目にチェックマークを付けるだけで、表が自動で用紙の中央に印刷されます。このレッスンでは [水平] にだけチェックマークを付けましたが、[垂直] にもチェックマークを付ければ、縦方向も用紙の中央になるように設定されます。

33 余白

できる 125

レッスン 34

ページ下部にページ数を表示するには

ヘッダー/フッター

ページ番号や作成日などの情報は、通常ではページの上下にある余白に印刷します。ここではフッターを使い、ページの下部にページ番号を設定してみましょう。

1 [ページ設定] ダイアログボックスを表示する

用紙の下部（フッター）にページ数が印刷されるように設定する

レッスン㉛を参考に[印刷]の画面を表示しておく

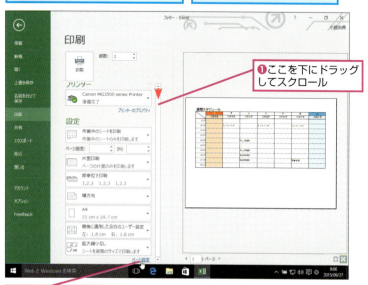

❶ ここを下にドラッグしてスクロール

❷ [ページ設定]をクリック

2 フッターを選択する

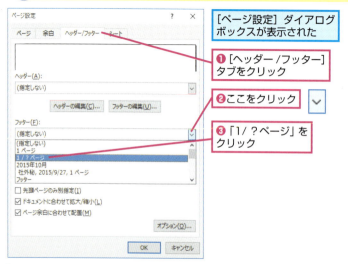

[ページ設定]ダイアログボックスが表示された

❶ [ヘッダー/フッター]タブをクリック

❷ ここをクリック

❸ 「1/？ページ」をクリック

▶ **キーワード**

印刷	p.301
印刷プレビュー	p.301
ダイアログボックス	p.307
フッター	p.310
ヘッダー	p.310

📄 **レッスンで使う練習用ファイル**
フッター.xlsx

ショートカットキー

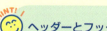

Ctrl + P ……[印刷]画面の表示

💡 **ヘッダーとフッターって何？**

ページの上部余白の領域を「ヘッダー」、下部余白の領域を「フッター」と言います。Excelではヘッダーやフッターを利用して、ファイル名やページ番号、ブックの作成日、画像などを挿入できます。ヘッダーとフッターは特別な領域になっていて、3ページのブックなら「1/3ページ」「2/3ページ」「3/3ページ」といった情報を簡単に印刷できます。すべてのページで同じ位置に情報を印刷できるので、ページ数が多いときに利用しましょう。ヘッダーやフッターに表示する項目は[ページ設定]ダイアログボックスで設定できますが、利用頻度が多い項目はあらかじめExcelに用意されています。

⚠️ **間違った場合は？**

間違った内容をフッターに設定してしてしまったときは、再度手順1から操作をやり直して、[フッター]の項目から正しい内容を選び直します。

❸ [ページ設定] ダイアログボックスを閉じる

「1/ ? ページ」が選択された

[OK] をクリック

❹ フッターを確認する

フッターにページ数が表示された　　◆フッター

フッターの内容を確認

印刷ページが複数あるときは [1/3ページ] [2/3ページ] [3/3ページ] などと表示される

💡HINT! オリジナルのヘッダーやフッターを挿入できる

手順2で表示した [ページ設定] ダイアログボックスの [ヘッダー/フッター] タブにある [ヘッダーの編集] ボタンや [フッターの編集] ボタンをクリックすれば、オリジナルのヘッダーやフッターを作成できます。ヘッダーやフッターの挿入位置を [左側] [中央部] [右側] から選択して、配置する要素のボタンをクリックすれば、選択した位置に日付や時刻、ファイル名などを挿入できます。

[ファイルパスの挿入] をクリックすれば、保存先のフォルダーとブック名を印刷できる

[日付の挿入] をクリックすれば、ブックを開いている日付を印刷できる

Point 複数ページに同じ情報を表示できる

フッターに文字や図形を入力すると、2ページ目や3ページ目にも同じ内容が自動的に表示されます。手順2では、フッターに [1/?ページ] という項目を表示するように設定したので、自動的に全体のページ数が認識され、フッターに「現在のページ数/全体のページ数」の情報が表示されました。用途に応じてヘッダーやフッターに日付や時刻、ファイル名、ページ数などを表示しておくと、自分でセルに情報を入力しなくて済みます。何ページにもわたるページを印刷するときは、このレッスンを参考にしてヘッダーやフッターを設定しましょう。

レッスン 35

ブックを印刷するには

印刷

レイアウトが整ったら、実際にプリンターで印刷してみましょう。接続してあるプリンターが使用できる状態になっていることを確認してから、印刷を実行します。

1 印刷の設定を確認する

レッスン㉛を参考に［印刷］の画面を表示しておく

❶［作業中のシートを印刷］が選択されていることを確認

❷印刷部数を確認

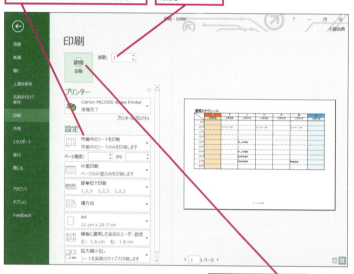

❸［印刷］をクリック

▶キーワード

印刷	p.301
印刷プレビュー	p.301
ダイアログボックス	p.307
フッター	p.310
ヘッダー	p.310

 レッスンで使う練習用ファイル
印刷.xlsx

 ショートカットキー

Ctrl + P ……［印刷］画面の表示

間違った場合は？

手順1で間違ったページ設定のまま［印刷］ボタンをクリックしてしまったときは、手順2で表示される［印刷中］ダイアログボックスの［キャンセル］ボタンをクリックします。しかし、［印刷中］ダイアログボックスがすぐに消えてしまったときは印刷を中止できません。あらためて手順1から操作をやり直してください。

テクニック ページを指定して印刷する

印刷ページが複数あるときは、右の手順で特定のページを印刷できます。［ページ指定］に印刷を開始するページ番号と終了するページ番号を設定して、印刷範囲を指定します。また、1ページだけ印刷したいときは、［ページ指定］を［1］から［1］、［2］から［2］、［3］から［3］などと設定しましょう。

［印刷］の画面を表示しておく

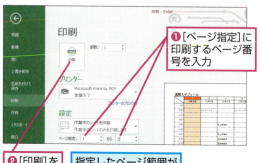

❶［ページ指定］に印刷するページ番号を入力

❷［印刷］をクリック

指定したページ範囲が印刷される

第5章 用途に合わせて印刷する

❷ ブックが印刷された

[印刷中]ダイアログボックスが表示された

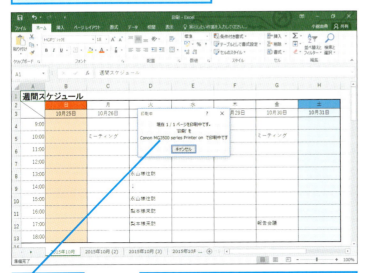

印刷の状況が表示された

印刷データが小さい場合、[印刷中] ダイアログボックスがすぐに消える

ブックが印刷された

HINT! カラープリンターなのにカラーで印刷できないときは

カラープリンターを使っているのにカラーで印刷できない場合は、レッスン㉝を参考に[ページ設定]ダイアログボックスを表示し、[シート]タブにある[白黒印刷]にチェックマークが付いていないかを確認してください。カラーインクを節約するといった特別なことがなければ、通常はこのチェックマークははずしておきましょう。

[ページ設定] ダイアログボックスを表示しておく

❶[シート]タブをクリック

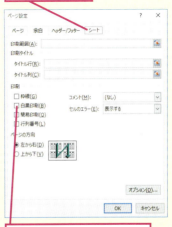

❷[白黒印刷]をクリックしてチェックマークをはずす

Point

設定をよく見直して印刷を実行しよう

このレッスンでは、ワークシートをプリンターで印刷する方法を紹介しました。[印刷]の画面で[印刷]ボタンをクリックするまで、印刷の設定は何度でもやり直しができます。設定に自信がないときは、レッスン㉛以降の内容を読み返して設定項目を見直してみましょう。また、設定が正しくてもプリンターの準備ができていないこともあります。用紙やインクが用意されているかを事前に確認してください。

この章のまとめ

●印刷前にはプレビューで確認しておこう

作成した表の印刷も、Excelでは簡単にできます。この章では、実際にプリンターで印刷する前に画面で印刷イメージを確認する方法や、目的に合ったさまざまなページの設定方法を紹介しました。特に何も設定しなくても、Excelが表に合わせて最適な値を設定するので、すぐに印刷を実行できますが、印刷する前に必ず思った通りに印刷されるかどうかを確認しておきましょう。出来上がった表がパソコンの画面に収まっているからといって、印刷する用紙の1ページに収まるとは限りません。何も確認しないで印刷すると、表の右端がページからはみ出して2ページに分かれてしまったり、画面上のワークシートでは正しく表示されているのに、文字が正しく印刷されなかったりすることがあります。用紙を無駄にしてしまうことになるので、印刷前に画面で印刷結果を確認することを忘れないでください。

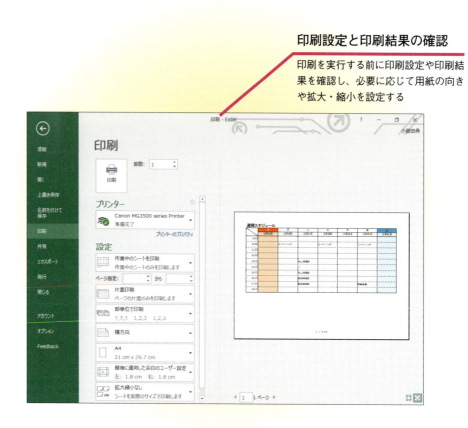

印刷設定と印刷結果の確認
印刷を実行する前に印刷設定や印刷結果を確認し、必要に応じて用紙の向きや拡大・縮小を設定する

練習問題

1

練習用ファイルの［第5章_練習問題.xlsx］を開き、右のように用紙の向きを横に設定してください。

●ヒント　［印刷］の画面で用紙の向きを変更できます。

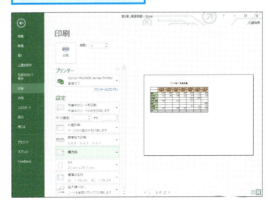

サンプルファイルを開いて用紙の向きを横に設定する

2

余白の下端に、ユーザー名とページ数、日付が印刷されるようにしてください。

●ヒント　ページの下端にユーザー名やページ数、日付を印刷するには、フッターを利用します。

用紙の下に日付などが自動的に印刷されるようにする

答えは次のページ

解 答

1

❶[ファイル]タブをクリック

[情報]の画面が表示された

❷[印刷]をクリック

標準では、用紙は縦向きに設定されています。[ファイル]タブから[印刷]をクリックして印刷結果を確認し、用紙の向きが意図する向きと違っていたときは、設定を変えましょう。

❸[縦方向]をクリック

❹[横方向]をクリック

用紙が横向きになる

2

[印刷]の画面を表示しておく

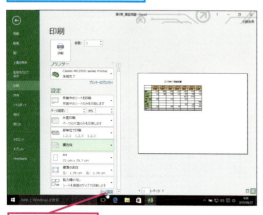

❶[ページ設定]をクリック

[ページ設定]ダイアログボックスを表示して、フッターを設定しましょう。項目の一覧から選択するだけで、自動的にフッターが設定されます。

[ページ設定]ダイアログボックスが表示された

❷[ヘッダー/フッター]タブをクリック

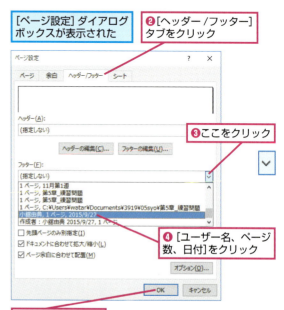

❸ここをクリック

❹[ユーザー名、ページ数、日付]をクリック

❺[OK]をクリック

第6章

第6章 数式や関数を使って計算する

この章では、セルのデータを使って合計や平均などの計算を行う方法について説明します。数式や関数を使いこなせるようになれば、売上表や見積書などを自在に作ることができます。とは言っても、数式や関数はそれほど難しいものではありません。仕組みとポイントを押さえれば、すぐに使いこなせます。

●この章の内容
㊱ 数式や関数を使って表を作成しよう……………134
㊲ 自動的に合計を求めるには……………………136
㊳ セルを使って計算するには……………………140
㊴ 数式をコピーするには…………………………142
㊵ 常に特定のセルを参照する数式を作るにはⅠ……144
㊶ 常に特定のセルを参照する数式を作るにはⅡ……146
㊷ 今日の日付を自動的に表示するには……………152

レッスン
36

数式や関数を使って表を作成しよう

数式や関数を使った表

この章では、Excelを使ってさまざまな計算を行う方法を解説します。計算に必要となる数式と、関数を使ってできることをしっかりマスターしましょう。

Excelで行える計算

Excelが「表計算ソフト」と呼ばれるのは、「数式」を使ってさまざまな計算を行えるからです。Excelなら、セルに入力されているデータを参照して数式に入力できます。また、数式をコピーして再利用するための機能もあるので、数式を入力する手間も省けます。この章で解説していることをしっかり覚えて、数式を使った計算方法の基本を十分に理解しておきましょう。

▶キーワード

キーワード	ページ
関数	p.302
コピー	p.304
数式	p.305
絶対参照	p.306
セル	p.306
セル参照	p.306
等号	p.309
引数	p.309

◆数式の入力
セルの数値やデータを参照して、数式を入力できる →レッスン㊳

◆数式のコピー
セルに入力した数式を別のセルにコピーできる →レッスン㊴

◆絶対参照
常に特定のセルを参照した数式を入力できる →レッスン㊶

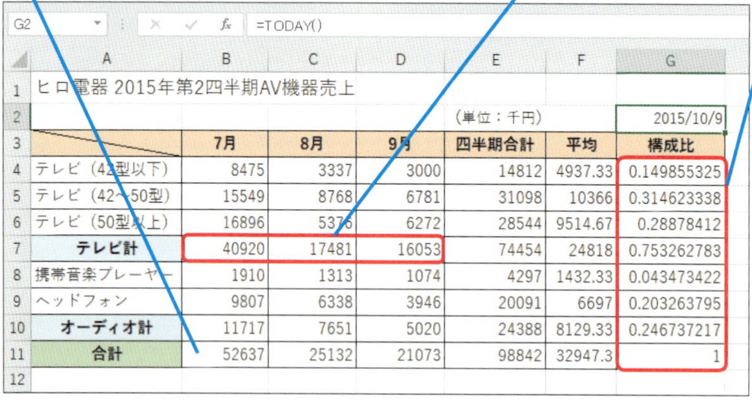

	A	B	C	D	E	F	G
1	ヒロ電器 2015年第2四半期AV機器売上						
2					(単位：千円)		2015/10/9
3		7月	8月	9月	四半期合計	平均	構成比
4	テレビ（42型以下）	8475	3337	3000	14812	4937.33	0.149855325
5	テレビ（42～50型）	15549	8768	6781	31098	10366	0.314623338
6	テレビ（50型以上）	16896	5376	6272	28544	9514.67	0.28878412
7	テレビ計	40920	17481	16053	74454	24818	0.753262783
8	携帯音楽プレーヤー	1910	1313	1074	4297	1432.33	0.043473422
9	ヘッドフォン	9807	6338	3946	20091	6697	0.203263795
10	オーディオ計	11717	7651	5020	24388	8129.33	0.246737217
11	合計	52637	25132	21073	98842	32947.3	1
12							

計算式の利用

Excelには、セルに計算式を入力して計算を行います。入力を確定すると即座に計算が行われ、セルに計算結果、数式バーに計算式が表示されます。セルの中には入力した計算式が残っているので、計算内容の確認や修正もできます。また、セルB4やセルB5などの「セル番号」を指定しても計算ができます。

◆等号(=)
入力する内容が数式であることを示す

◆四則演算記号
いろいろな演算ができる

◆セル参照
セル番号を指定して計算できる

=8475+15549　　**=B4+B5**

表計算をもっと活用するには

この章で紹介する数式は、表計算ソフトであるExcelの得意とする計算機能の1つです。この章で紹介する計算方法や書式の設定は、難しいものではありませんが、Excelで数式を使うための基本的な内容なので、しっかりと覚えておきましょう。

関数の利用

関数を使うと、今日の日付を表示したり、数値を任意のけたで切り捨てたりすることができます。また、「売り上げが全体の10%に満たないセルに色を付ける」など、特定の条件で表示内容を変えることも可能です。これらは、関数を使わなければできないことです。

●日付の表示

| セルC2に今日の日付を自動的に表示したい | セルC2に関数を入力 | | 今日の日付が表示された |

関数の基本構造と入力方法

関数の構造は下の数式の通りです。等号の「=」を入力した後に関数名を記述し、かっこで囲んで引数を指定します。下の例は、「セルC4からセルC6に入力されている数値を合計する」という意味となり、セルには計算結果が表示されます。TODAY関数やNOW関数など、一部の関数を除き、関数名の後にかっこで囲んだ引数を必ず入力する決まりになっています。

◆等号
入力する内容が関数を含んだ数式であることを示す

◆かっこ
関数名の次に引数の始まりを示す「(」と、終わりを示す「)」を入力する

=SUM(C4:C6)

◆関数名
関数の名前を入力する

◆引数（ひきすう）
関数の処理に使われる値。関数の種類によって、数値や文字、セル範囲などを入力する。ごく一部の関数を除き、必ず引数を指定する

レッスン 37

自動的に合計を求めるには

合計

数式を使ってセル範囲の合計を求めてみましょう。Excelではマウスの操作で簡単に数式が入力できる「合計」（オートSUM）という関数が用意されています。

1 数式を入力するセルを選択する

ここでは、7月分のテレビの売上金額を求める

計算結果を表示するセルを選択する

セルB7をクリック

2 合計を計算する

選択したセルに合計を表示する

❶ [ホーム] タブをクリック

❷ [合計] をクリック

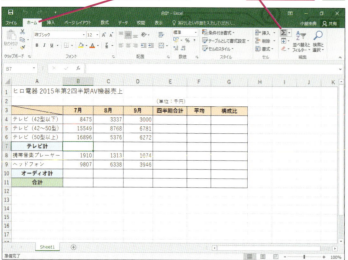

▶ キーワード

オートSUM	p.302
関数	p.302
数式	p.305
数式バー	p.305

レッスンで使う練習用ファイル
合計.xlsx

ショートカットキー

Alt + Shift + = ……… 合計

結果を表示するセルを選択してから操作する

Excelで、[合計] ボタンを使って計算式を入力するときは、「計算結果を表示するセル」を先に選択します。データが入力済みのセルを選択した状態で [合計] ボタンをクリックすると、セルの内容が合計の計算式に書き換わってしまうので注意してください。

数値の個数や最大値、最小値も求められる

[合計] ボタンの をクリックすると、一覧に [平均] [数値の個数] [最大値] [最小値] が表示されます。それぞれを選択すると、自動的にセル範囲が選択されます。なお、[数値の個数] というのは、セル範囲の中で数値や数式が入力されているセルの数で、文字が入力されているセルは含まれません。

❶ [ホーム] タブをクリック

❷ [合計] のここをクリック

[平均] などを求められる

3 合計を求めるセル範囲を確認する

合計を求める数式とセル範囲が自動的に選択された

参照されたセル範囲に点線が表示された

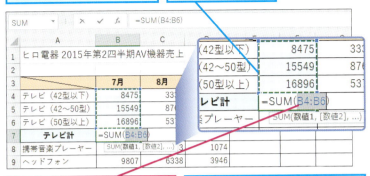

セルB4～B6が選択されたことを確認

(B4:B6)はセルB4～B6を選択していることを表している

4 数式を確定する

参照されたセル範囲で数式を確定する

Enterキーを押す

セルB7に合計が表示された

	A	B	C	D	E	F	G
1	ヒロ電器 2015年第2四半期AV機器売上						
2					(単位：千円)		
3		7月	8月	9月	四半期合計	平均	構成比
4	テレビ（42型以下）	8475	3337	3000			
5	テレビ（42～50型）	15549	8768	6781			
6	テレビ（50型以上）	16896	5376	6272			
7	テレビ計	40920					
8	携帯音楽プレーヤー	1910	1313	1074			
9	ヘッドフォン	9807	6338	3946			

5 数式と計算結果を確認する

数式を入力したセルB7をアクティブセルにする

❶ セルB7をクリック
❷ 数式バーで数式を確認

HINT! 「=SUM（B4:B6）」って何？

［合計］ボタン（Σ）を使うと、合計を計算するセルに「=SUM（B4:B6）」という数式が自動的に入力されます。これはExcelに用意されている機能の1つで、「関数」と呼ばれています。ここではSUM（サム）関数という関数を使って、セルB4からB6のセル範囲にある数値の合計を求めます。なお、ここでは「(B4:B6)」が関数の処理に利用される引数です。「:」（コロン）が「～」（から）を表すことをイメージすると分かりやすくなります。

HINT! 数式を直接入力してもいい

本書では、数式の入力時に参照するセルをマウスでクリックして指定しています。しかし数式は、キーボードから「=SUM(B4:B6)」と直接入力しても構いません。キーボードから入力する場合、「=sum(b4:b6)」などと小文字で入力しても大丈夫です。入力した内容がExcelが数式と判断されれば、自動的に大文字に変換されます。ただし「:」を「;」と入力してしまうと、入力エラーとなります。

⚠ 間違った場合は？

手順3でセル範囲を間違ったまま手順4で確定してしまったときは、セルB7をダブルクリックするか、セルB7をクリックしてF2キーを押します。参照しているセルに実線が表示されるので、実線の四隅をドラッグして正しいセル範囲を選択し直します。

次のページに続く

⑥ 合計を計算する

7月分のオーディオ機器の売上金額を求める

計算結果を表示するセルを選択する

❶ セルB10をクリック
❷ [ホーム] タブをクリック
❸ [合計] をクリック

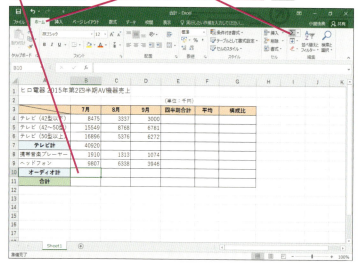

⑦ 合計を求めるセル範囲を確認する

合計を求める数式とセル範囲が自動的に選択された

参照されたセル範囲に点線が表示された

セルB8～B9が選択されたことを確認

HINT! セル範囲を選択してから合計を求めてもいい

このレッスンでは、合計の結果を表示するセルを選択してから [合計] ボタン（Σ）をクリックしましたが、合計するセル範囲をドラッグしてから [合計] ボタンをクリックする方法もあります。合計の結果は、選択した範囲が1行だけの場合は右側で一番近い空白のセルに、2行以上選択している場合は各列の下側で一番近い空白のセルに表示されます。さらに、選択した範囲の右側や下側に空白のセルが含まれていると、それぞれの範囲で端の空白セルに計算結果が表示されます。

❶ 合計するセル範囲をドラッグして選択

❷ [ホーム] タブをクリック

❸ [合計] をクリック

選択したセル範囲の下のセルに合計が表示される

⑧ 数式を確定する

参照されたセル範囲で数式を確定する　　[Enter]キーを押す

	A	B	C	D	E	F	G
1	ヒロ電器 2015年第2四半期AV機器売上						
2					(単位：千円)		
3		7月	8月	9月	四半期合計	平均	構成比
4	テレビ（42型以下）	8475	3337	3000			
5	テレビ（42〜50型）	15549	8768	6781			
6	テレビ（50型以上）	16896	5376	6272			
7	テレビ計	40920					
8	携帯音楽プレーヤー	1910	1313	1074			
9	ヘッドフォン	9807	6338	3946			
10	オーディオ計	11717					
11	合計						
12							

セルB10に合計が表示された

⑨ 数式と計算結果を確認する

数式が入力されたセルB10をアクティブセルにする

B10　＝SUM(B8:B9)

	A	B	C	D	E	F	G
1	ヒロ電器 2015年第2四半期AV機器売上						
2					(単位：千円)		
3		7月	8月	9月	四半期合計	平均	構成比
4	テレビ（42型以下）	8475	3337	3000			
5	テレビ（42〜50型）	15549	8768	6781			
6	テレビ（50型以上）	16896	5376	6272			
7	テレビ計	40920					
8	携帯音楽プレーヤー	1910	1313	1074			
9	ヘッドフォン	9807	6338	3946			
10	オーディオ計	11717					
11	合計						
12							

❶セルB10をクリック
❷数式バーで数式を確認

HINT! セル範囲を修正するには

［合計］ボタン（Σ）をクリックすると、参照されるセル範囲が自動的に選択されます。選択されたセル範囲が意図と異なる場合は、セルをドラッグしてセル範囲を修正してください。

セルB9が選択されてしまったので、セル範囲を変更する

❶セルB4にマウスポインターを合わせる

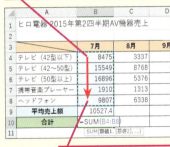

❷セルB8までドラッグ

Point

合計するデータの範囲が自動的に選択される

数値データが並ぶセルを選択して［合計］ボタン（Σ）をクリックすると、合計するセル範囲が自動的に選択されます。自動的に選択されるセルは、データが上に並んでいると縦方向が、左に並んでいると横方向が選択されます。上と左の両方に並んでいると上が優先されて縦方向が選択され、右や下にデータが並んでいても選択されません。［合計］ボタンをクリックしたときに間違ったセル範囲が選択されたときは、上のHINT!のように、セル範囲をマウスで修正しましょう。

レッスン 38

セルを使って計算するには

セル参照を使った数式

Excelでは、セルに数式を入力することで簡単に計算を行えます。このレッスンでは、小計のセルを選択して7月の売上合計を求める数式を入力してみましょう。

① 参照するセルを選択する

7月の[テレビ計]と[オーディオ計]を合計した数式を入力する

セルに数式を入力するときは、最初に「＝」を入力する

❶セルB11に「＝」と入力

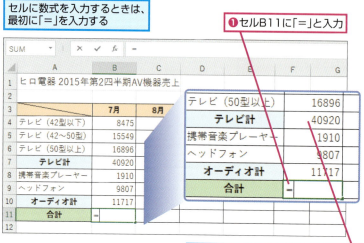

合計を求めるセルを選択する

❷セルB7をクリック

▶キーワード

数式	p.305
ステータスバー	p.306
セル	p.306
セル参照	p.306

📄 レッスンで使う練習用ファイル
セル参照を使った数式.xlsx

 数式は数値を入力しても計算できる

このレッスンでは、数式に数値が入力されたセル番号を指定して計算しましたが、数値を直接入力しても計算することができます。例えばセルに「＝10+20」と入力してEnterキーを押すと、そのセルには計算結果の「30」が表示されます。

❶「＝10+20」と入力　　❷Enterキーを押す

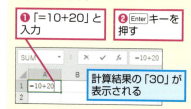

計算結果の「30」が表示される

② セル番号が入力されたかどうかを確認する

「=B7」と入力された

クリックしたセル番号が表示されたことを確認

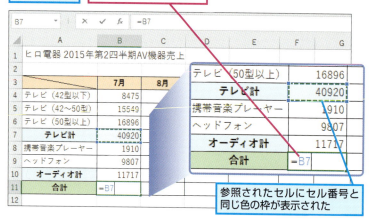

参照されたセルにセル番号と同じ色の枠が表示された

 計算結果が思っていた値と違うときは

数式の計算結果が思ったものと違うときは、セルをクリックして数式バーの内容を確認しましょう。数式に間違いがあるときは、その部分を修正してEnterキーを押せば、正しい結果が表示されます。

 間違った場合は？

手順2で間違ったセルを選んだときは、正しいセルをクリックし直してください。数式中のセル番号が修正されます。

③ 引き続き、参照するセルを選択する

合計を足し算で計算するので、「+」を入力する

❶「+」と入力

Shift + ; キーで「+」を入力できる

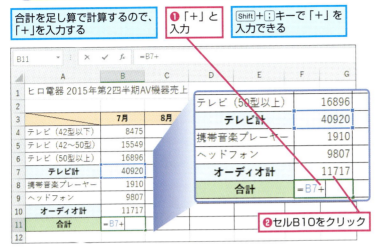

❷セルB10をクリック

④ 数式を確定する

「=B7+B10」と入力された

参照されたセルにセル番号と同じ色の枠が表示された

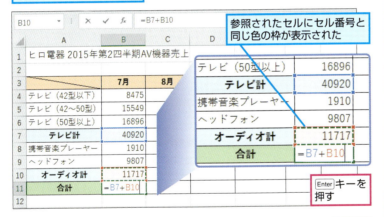

Enter キーを押す

⑤ 合計が求められた

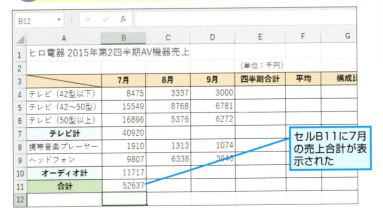

セルB11に7月の売上合計が表示された

HINT! セル範囲を選択するとステータスバーに集計結果が表示される

データが入力されているセルを2つ以上選択すると、選択したセル範囲にあるデータの集計結果がステータスバーに表示されます。範囲内に数値や数式のデータがあると、その［平均］［データの個数］［合計］が、文字だけだと［データの個数］のみがステータスバーに表示されます。なお、ステータスバーに表示される［データの個数］とは、セル範囲にデータが入力されているセルの数です。［合計］ボタン（Σ）の一覧にある［数値の個数］とは結果が異なります。

❶セルB4にマウスポインターを合わせる

❷セルB6までドラッグ

選択したセル範囲の平均値や個数、合計値が表示された

Point 数式のセル参照はセルをクリックして入力できる

このレッスンでは、小計のセルを合計するために、セルB7とセルB10を合計する数式をセルB11に入力しました。数式でセルの値を使うときは、「セル参照」を設定します。セル参照は「=」や「+」などの記号を入力してから目的のセルをマウスでクリックするだけで簡単に設定できます。キーボードからセル番号を入力することもできますが、セルをクリックして入力すれば間違えることなく目的のセル参照を設定できるので便利です。

レッスン 39 数式をコピーするには

数式のコピー

レッスン❸で入力した数式をコピーしてみましょう。フィルハンドルをドラッグするだけで、数式中のセル参照が自動的に修正され、計算結果に反映されます。

▶このレッスンは動画で見られます　操作を動画でチェック！ ※詳しくは23ページへ

▶キーワード

オートフィル	p.302
コピー	p.304
数式	p.305
セル参照	p.306
フィルハンドル	p.309

レッスンで使う練習用ファイル
数式のコピー.xlsx

数式が入力されたセルを選択する

セルB7の数式をセルC7～D7にコピーする

❶セルB7をクリック

❷セルB7のフィルハンドルにマウスポインターを合わせる

マウスポインターの形が変わった

オートフィルの機能を利用してコピーする

オートフィルの機能は、レッスン⓫で連続データを入力する方法として解説しました。セルのデータが連続的に変化する日付や時刻などの場合、オートフィルの機能で自動的に連続データが入力されます。セルのデータが数式の場合、フィルハンドルをドラッグすると数式がコピーされ、各数式のセル参照が自動的に変更されます。また、以下の手順で操作すれば、複数の数式もコピーできます。オートフィルを活用して、効率よく正確にデータを入力しましょう。

❶セルB10～B11をドラッグして選択

❷セルB11のフィルハンドルにマウスポインターを合わせる

❸セルD11までドラッグ

間違った場合は？

ドラッグする範囲を間違ってしまったときは、クイックアクセスツールバーの［元に戻す］ボタン（）をクリックして元に戻し、もう一度ドラッグし直します。

数式をコピーする

セルD7までドラッグ

3 数式がコピーされた

> セルB7の数式がセルC7〜D7にコピーされ、計算結果が表示された

ダブルクリックでも数式をコピーできる

以下の表のように、周囲のセルから「データの終了位置」をExcelが認識できる場合は、ダブルクリックで数式を入力できます。数式が入力されたセルのフィルハンドルにマウスポインターを合わせて、ダブルクリックしましょう。レッスン⓫で解説した連続データも同じ要領で入力が可能です。

❶フィルハンドルにマウスポインターを合わせる
❷そのままダブルクリック

データが入力されている行まで数式がコピーされた

4 続けて数式をコピーする

セルB10の数式をセルC10〜D10にコピーする

❶セルB10をクリック

❷セルB10のフィルハンドルにマウスポインターを合わせる
マウスポインターの形が変わった
❸セルD10までドラッグ

5 数式がコピーされた

セルB10の数式がセルC10〜D10にコピーされ、計算結果が表示された

セルB11の数式をセルC11〜D11までコピーしておく

Point

数式のセル参照が自動で変わる

このレッスンでは、合計を計算する数式をコピーしました。コピーしたセルの数式を見ると、コピー元の数式とは異なっていることが分かります。数式をコピーすると、貼り付け先のセルに合わせて、計算対象のセル範囲が自動的に修正されます。セルに入力する数式や関数は、セル参照を正しく指定しなければエラーになってしまいます。操作の手間を省くだけでなく、入力ミスを防ぐためにも、オートフィルを使ったコピーを活用しましょう。

できる 143

レッスン 40

常に特定のセルを参照する数式を作るには I

セル参照のエラー

セル参照の仕組みを理解するために、新たな数式を作成し、コピーしてみましょう。ここでは四半期全体の売り上げの中で、商品ごとの売り上げの割合を求めます。

1 構成比を計算する

各商品の合計が[四半期合計]に対してどのくらいの割合か、その比率を求める

❶セルG4に「=E4/E11」と入力

❷Enterキーを押す

2 数式が入力されたかどうかを確認する

数式が確定し、構成比が計算された

セルG4に[42型以下]の構成比が入力されたことを確認

▶キーワード

#DIV/0!	p.300
セル	p.306
セル参照	p.306

📄 レッスンで使う練習用ファイル
セル範囲のエラー.xlsx

「#DIV/0!」って何?

手順3で、数式をコピーすると[#DIV/0!]と表示されます。これは数式が正しい計算結果を正しく求められなかったときのエラー表示です。セルG5の数式は、除数のセル参照先が空白のセルなので、0(ゼロ)で割り算を行おうとしてエラーになっています。このように数式にエラーがあると、その原因によって決められたエラーが表示されます。数式のエラーについては、下の表を参照してください。

エラー表示	意味
####	数値や日付がセルの幅より長い
#NULL!	セル参照の書式に間違いがある
#DIV/0!	0(ゼロ)で割り算をした
#VALUE!	計算式の中で文字のセルを参照している
#REF!	参照先のセルが削除された
#NAME?	関数名のスペルが違う
#NUM!	計算結果がExcelで扱える数値範囲を超えた
#N/A	数式に使用できる値がない

⚠️ 間違った場合は?

手順3で間違ったセルをコピーしたときは、クイックアクセスツールバーの[元に戻す]ボタン()をクリックします。再度手順3から操作し直してください。

❸ 数式をコピーする

セルG4の数式をセルG5～G11にコピーする

❶セルG4をクリック

❷セルG4のフィルハンドルにマウスポインターを合わせる

❸セルG11までドラッグ

❹ 数式がコピーされた

セルG5～G11まで数式がコピーされた

数式はコピーされたが、正しく計算されなかったため、「#DIV/0!」というエラーメッセージが表示された

引き続き次のレッスンで、正しく計算されなかった原因を調べてデータを修正する

数式をコピーしたらエラーが表示されたのはなぜ？

手順3で数式をコピーしたらエラーが表示されました。セルG4の数式では同じ行の2つ左隣にあるセルE4の値を下のセルE11で割っています。この数式を1つ下のセルにコピーすると、数式の中のセル参照は、貼り付け先のセルの位置に合わせて、それぞれセルE5とセルE12に自動的に変わります。参照先のセルE12はデータがない空白のセルです。そのためExcelは「0」(ゼロ)で割り算をしたと見なして「#DIV/0!」のエラーをセルに表示します。

コピーした数式が参照しているセルE12が空白のセルのため、0で割り算をしたと見なされる

Point

数式をコピーするとエラーになることがある

ここではレッスン㊴と同じ操作でセルに入力した数式をコピーしましたが、エラーになってしまいました。これはセル参照が、コピー先のセルに合わせて自動的に修正され、合計金額のセル参照(セルE11)がずれてしまったからです。レッスン㊴では、数式をコピーすると自動的にセル参照が修正されて便利でしたが、このレッスンでは正しく構成比を求めるのに、すべてセルE11を参照する必要があります。セル参照の指定方法に問題があるのでしょうか？ 解決方法は次のレッスン㊶で解説します。

レッスン 41

常に特定のセルを参照する数式を作るにはⅡ
絶対参照

数式によっては、コピーすると正しく計算できない場合があることが分かりました。ここでは、コピーしても常に特定のセルが参照できるようにする方法を説明します。

相対参照による数式のコピー

これまでのレッスンで紹介した「＝A1＋B1」のような数式をコピーすると、同一の数式ではなく、入力されたセルとの位置関係に基づいてセル参照が自動的にコピーされます。これを「相対参照」と言います。

▶キーワード

絶対参照	p.306
セル参照	p.306
相対参照	p.307
複合参照	p.310

レッスンで使う練習用ファイル
絶対参照.xlsx

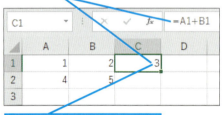
セルC1に「＝A1＋B1」という数式が入力されている
セルA1の「1」とセルB1の「2」を足した結果が表示されている

セルC1の数式をセルC2にコピー

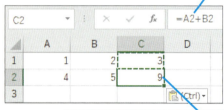
「＝A1＋B1」という数式がコピーされ、自動的に「＝A2＋B2」となる
セルA2の「4」とセルB2の「5」を足した結果が表示された

絶対参照を使った数式のコピー

「絶対参照」とは、どこのセルに数式をコピーしても、必ず特定のセルを参照する参照方法です。絶対参照をしたいセルを指定するには、セル番号に「＄」を付けます。
例えば、セルA1を常に参照する場合は、セルA1に「＄」を付けて「＄A＄1」と指定します。

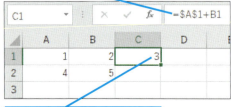
セルC1に「＝＄A＄1＋B1」という数式が入力されている
セルA1の「1」とセルB1の「2」を足した結果が表示されている

セルC1の数式をセルC2にコピー

「＝＄A＄1＋B1」という数式がセルC2にコピーされ、自動的に「＝＄A＄1＋B2」となる
セルA1の「1」とセルB2の「5」を足した結果が表示された
「＄」を付けたセルが常に参照される

① 数式と参照されているセルを確認する

正しく計算されなかった原因を調べるため、コピーした数式を確認する

❶ セルG5をダブルクリック

	平均	構成比
	4937.33	0.149855325
	10366	=E5/E12

	A	B	C	D	E	F	G
1	ヒロ電器 2015年第2四半期AV機器売上						
2					(単位：千円)		
3		7月	8月	9月	四半期合計	平均	構成比
4	テレビ（42型以下）	8475	3337	3000	14812	4937.33	0.149855325
5	テレビ（42〜50型）	15549	8768	6781	31098	10366	=E5/E12
6	テレビ（50型以上）	16896	5376	6272	28544	9514.67	#DIV/0!
7	テレビ計	40920	17481	16053	74454	24818	#DIV/0!
8	携帯音楽プレーヤー	1910	1313	1074	4297	1432.33	#DIV/0!
9	ヘッドフォン	9807	6338	3946	20091	6697	#DIV/0!
10	オーディオ計	11717	7651	5020	24388	8129.33	#DIV/0!
11	合計	52637	25132	21073	98842	32947.3	#DIV/0!

98842

セル参照がセルE11からセルE12にずれた結果、エラーで計算できなくなっている

内容の確認が完了したので、編集モードを解除する

❷ [Esc]キーを押す

② コピーした数式を削除する

エラーを修正するため、セルG5〜G11の数式をいったん削除する

❶ セルG5にマウスポインターを合わせる

	A	B	C	D	E	F	G
1	ヒロ電器 2015年第2四半期AV機器売上						
2						(単位：千円)	
3		7月	8月	9月	四半期合計	平均	構成比
4	テレビ（42型以下）	8475	3337	3000	14812	4937.33	0.149855325
5	テレビ（42〜50型）	15549	8768	6781	31098	10366	#DIV/0!
6	テレビ（50型以上）	16896	5376	6272	28544	9514.67	#DIV/0!
7	テレビ計	40920	17481	16053	74454	24818	#DIV/0!
8	携帯音楽プレーヤー	1910	1313	1074	4297	1432.33	#DIV/0!
9	ヘッドフォン	9807	6338	3946	20091	6697	#DIV/0!
10	オーディオ計	11717	7651	5020	24388	8129.33	#DIV/0!
11	合計	52637	25132	21073	98842	32947.3	#DIV/0!

❷ セルG11までドラッグ　❸ [Delete]キーを押す

HINT! セル参照はキーボードでも入力できる

セル参照はキーボードで直接入力しても構いません。キーボードから入力するときに、「＝Ａ１」「＝ａ１」「=A1」「=a1」のどれで入力しても、Excelがセル参照として認識できれば、入力が確定したときに半角文字の「=A1」と変換されます。また、セル参照を入力するときに「$」の記号を付ければ、絶対参照として入力できます。

HINT! 相対参照ではセル参照がずれる

セルG4に入力した数式は、相対参照で「1つ左の同じ行のセルの値を、7行下のセルの値で割り算をする」というセル参照が入力されています。この数式を下にコピーすると、2行目以降のセル参照も「1つ左の同じ行と、7行下」と相対参照では正しくコピーされるので、参照先が1つずつ下にずれているのです。

間違った場合は？

手順2で削除するセルを間違ったときは、クイックアクセスツールバーの［元に戻す］ボタン（ ）をクリックしてください。操作を取り消して、セルを削除前の状態に戻せます。

次のページに続く

参照方法を変更するセル番号を選択する

| セルG5〜G11のセルの数式が削除された | セルG4の数式を修正する |

❶ セルG4をダブルクリック
❷ ←→キーを使って、カーソルを「E」と「11」の間に移動

 F4キーで参照方法を切り替えられる

入力したセル参照はF4キーを押すことで参照方法を簡単に切り替えられます。セル参照を切り替えるには、切り替えたいセル参照にカーソルを合わせてF4キーを押します。F4キーを押すごとに参照方法が切り替わります。以下の例は、セルA1の参照方法を変えたときに表示される内容です。

● 相対参照

=A1

● 絶対参照

=$A$1

● 行のみ絶対参照

=A$1

● 列のみ絶対参照

=$A1

 参照方法を変更する

| 「E」と「11」の間にカーソルが移動した | 参照方法を切り替える | F4キーを押す |

 間違った場合は?

手順4でF4キーを押し過ぎて、「E$11」や「$E11」となってしまったときは、「$E$11」になるまでF4キーを押します。「$E$11」の場合、行と列を絶対参照する形となります。「E$11」の場合は、「$」が「11」の右に表示されますが、11行目が固定されたことを表します。このレッスンの練習用ファイルのケースでは、「E$11」の参照形式でも正しくセルが参照されますが、慣れるまでは絶対参照の「$E$11」を指定しておきましょう。

注意 手順4でF4キーを何回も押し過ぎると、参照方法がさらに切り替わってしまいます。目的の参照方法になるまでF4キーを押してください。

5 数式を確定する

「E」と「11」の前にそれぞれ「$」が付き、絶対参照になった

数式を修正したので、内容の変更を確定する

Enter キーを押す

6 参照方法を変更できた

修正した数式が確定された

セルG4の計算結果に変更はない

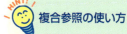

複合参照の使い方

セル参照では、行か列のどちらか一方が相対参照、もう一方が絶対参照というように、参照方法を組み合わせることができます。これを「複合参照」と言います。列と行のどちらのを絶対参照するのかを考えてみましょう。このレッスンでは、手順4で参照方法を「$E$11」に変更しましたが、「E$11」でも同じ結果が得られます。E列に入力している構成比の数式を1つのセルごとに入力する場合、E4/E11、E5/E11、……、E11/E11となり、「11行目の値を絶対参照する」ことが必要です。セルG4の数式は、縦方向にコピーするので、相対参照でもE列への参照は変わりません。

41 絶対参照

次のページに続く

できる 149

7 数式をコピーする

セルG4の数式をセルG5〜G11にコピーする

❶セルG4をクリック
❷セルG4のフィルハンドルにマウスポインターを合わせる
❸セルG11までドラッグ

HINT! 数式バーでセルの内容を確認できる

セルに入力されている数式は、数式バーで確認できます。数式を確認したいセルをクリックしましょう。

セルG4をクリック

アクティブセルの数式が数式バーに表示される

テクニック ドラッグしてセル参照を修正する

絶対参照を使ったセル参照は、操作に慣れるまで難しく感じるかもしれません。セル参照をドラッグ操作で素早く修正する方法も覚えておきましょう。
まず、数式が入力されたセルをダブルクリックして、編集モードに切り替えます。セル参照の位置にカーソルを移動すると、参照しているセルに空色やピンク色の枠が表示されます。この枠を目的のセルにドラッグして移動すれば、セル参照を変更できます。

1 セル参照の枠を表示する

❶セル参照を修正するセルをダブルクリック
❷セル参照の位置にカーソルを移動

セル参照の枠が表示された
参照しているセルが間違っていることが分かる

2 セル参照を修正する

セル参照を表す枠をドラッグして修正する

❶ここにマウスポインターを合わせる
❷正しいセルまでドラッグ

3 セル参照が修正された

セル参照が修正された

Enterキーを押して、数式を確定

数式や関数を使って計算する　第6章

8 セルの内容を確認する

コピーしたセルの数式を確認する

❶ セルG5をダブルクリック

❷ [$E$11] というセル参照で計算されていることを確認

	平均	構成比
	4937.33	0.149855325
	10366	=E5/$E$11

	A	B	C	D	E	F	G
1	ヒロ電器 2015年第2四半期AV機器売上						
2					(単位：千円)		
3		7月	8月	9月	四半期合計	平均	構成比
4	テレビ（42型以下）	8475	3337	3000	14812	4937.33	0.149855325
5	テレビ（42〜50型）	15549	8768	6781	31098	10366	=E5/$E$11
6	テレビ（50型以上）	16896	5376	6272	28544	9514.67	0.28878412
7	テレビ計	40920	17481	16053	74454	24818	0.753262783
8	携帯音楽プレーヤー	1910	1313	1074	4297	1432.33	0.043473422
9	ヘッドフォン	9807	6338	3946	20091	6697	0.203263795
10	オーディオ計	11717	7651	5020	24388	8129.33	0.246737217
11	合計	52637	25132	21073	98842	32947.3	1

9 選択を解除する

内容を確認したので、編集モードを解除する

[Esc]キーを押す

	A	B	C	D	E	F	G
1	ヒロ電器 2015年第2四半期AV機器売上						
2					(単位：千円)		
3		7月	8月	9月	四半期合計	平均	構成比
4	テレビ（42型以下）	8475	3337	3000	14812	4937.33	0.149855325
5	テレビ（42〜50型）	15549	8768	6781	31098	10366	0.314623338
6	テレビ（50型以上）	16896	5376	6272	28544	9514.67	0.28878412
7	テレビ計	40920	17481	16053	74454	24818	0.753262783
8	携帯音楽プレーヤー	1910	1313	1074	4297	1432.33	0.043473422
9	ヘッドフォン	9807	6338	3946	20091	6697	0.203263795
10	オーディオ計	11717	7651	5020	24388	8129.33	0.246737217
11	合計	52637	25132	21073	98842	32947.3	1

構成比が正しく求められた

HINT! コピーでも絶対参照で計算される

このレッスンでは、絶対参照の数式をオートフィルでコピーしていますが、以下の手順でも絶対参照の数式を絶対参照のままコピーできます。

❶ コピーするセルをクリック

❷ [コピー]をクリック

❸ 貼り付けるセルをクリック

❹ [貼り付け]をクリック

絶対参照が含まれる数式が貼り付けられた

Point

常に同じセルを参照するには絶対参照を使う

数式の中で常に同じセルの値を参照する場合は、対象のセルへのセル参照を絶対参照として入力します。絶対参照で入力しておけば、数式を別のセルにコピーしても、常に同じセルを参照するようになります。総合計の値は、すべての商品の構成比の計算で使うので、どの数式の中でも同じ値を使います。この個所の数式を入力するときに、総合計のセル番号に「$」を付けて絶対参照で入力すれば、ほかの行へコピーしても自動的に正しい値が計算されるのです。

レッスン 42 今日の日付を自動的に表示するには

TODAY関数

表を作っているときに、常に現在の日付を表示したいことがあるでしょう。このレッスンでは、現在の日付を表示する「TODAY関数」の使い方を解説します。

1 関数を入力するセルを選択する

セルG2に今日の日付を表示するための関数を入力する

セルG2をクリック

2 [関数の挿入]ダイアログボックスを表示する

セルG2が選択された

❶[数式]タブをクリック

❷[関数の挿入]をクリック

▶キーワード

TODAY関数	p.300
関数	p.302
数式	p.305
数式バー	p.305
セル	p.306
ダイアログボックス	p.307
引数	p.309
ブック	p.310

レッスンで使う練習用ファイル
TODAY関数.xlsx

ショートカットキー

[Shift]+[F3]
……[関数の挿入]ダイアログボックスの表示

HINT! セルに直接関数を入力してもいい

このレッスンでは、関数を[関数の挿入]ダイアログボックスから選択して入力しますが、関数名や使い方が分かっているときは、キーボードからセルに直接入力しても構いません。

HINT! 種類や内容別に関数を表示できる

Excelの関数は管理しやすいように、機能別に分類されています。手順3のように、[関数の挿入]ダイアログボックスにある[関数の分類]の▼をクリックすると、分類名のリストが表示されます。目的にあった分類をクリックすると、[関数名]の一覧に分類されている関数名が表示されます。

152 できる

③ 関数の分類を選択する

[関数の挿入] ダイアログボックスが表示された

❶ [関数の分類] のここをクリック

❷ [日付/時刻] をクリック

④ 関数を選択する

[日付/時刻] の関数名の一覧が表示された

❶ ここを下にドラッグしてスクロール

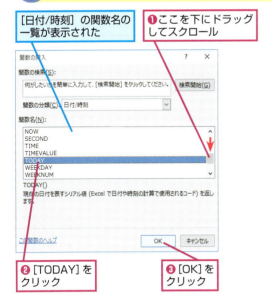

❷ [TODAY] をクリック

❸ [OK] をクリック

現在の時刻を求めるときはNOW関数を使おう

TODAY関数は、現在の日付だけが表示されます。現在の時刻も必要なときは、「NOW関数」を使います。「NOW関数」は、現在の日付と時刻の両方を表示する関数です。

[関数の挿入] ダイアログボックスを表示しておく

❶ ここをクリックして [日付/時刻] を選択

❷ [NOW] をクリック

❸ [OK] をクリック

[関数の引数] ダイアログボックスが表示された

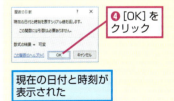

❹ [OK] をクリック

現在の日付と時刻が表示された

 間違った場合は?

手順4の [関数の挿入] ダイアログボックスで違う関数を選択して [OK] ボタンをクリックしてしまった場合は、次に表示される [関数の引数] ダイアログボックスで [キャンセル] ボタンをクリックして関数の挿入を取り消し、手順2から操作をやり直します。

次のページに続く

42 TODAY関数

できる 153

⑤ 引数に関するメッセージが表示された

[関数の引数]ダイアログボックスが表示された

TODAY関数は引数を必要としないので、そのまま[OK]を選択する

[OK]をクリック

⑥ 関数が入力された

TODAY関数が入力された

数式バーに「TODAY()」と表示された

セルG2に今日の日付が表示された

注意 TODAY関数は、「今日の日付」を求める関数です。結果は関数を求める日時によって異なります。

💡HINT! 日付が更新されないようにするには

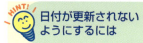

TODAY関数で表示する値は、ブックを開くたびに現在の日付に更新されます。一度入力した値を更新されないようにするには、以下の手順で「数式」を日付の「値」（文字データ）に変えておきましょう。

❶ TODAY関数が入力されたセルをダブルクリック

❷ F9 キーを押す

日付が値のデータに変更された

❷ Enter キーを押す

日付が文字データで表示された

Point

TODAY関数を使えば、現在の日付を表示できる

TODAY関数は、パソコンが管理している現在の日付をセルに表示する関数です。Excelには自動再計算機能があるので、ブックを開くたびに再計算が実行され、TODAY関数は常に最新の日付を表示します。請求書や報告書などの印刷で、現在の日付を表示する必要があるときに使うと、日付を変更する手間がかからなくて便利です。
ただし、場合によっては現在の日付を表示させたくないこともあります。そのときはTODAY関数を使わずに、セルに日付を手入力しましょう。

テクニック キーワードから関数を検索してみよう

使いたい関数の名前が分からないときは［関数の挿入］ダイアログボックスでキーワードから検索してみましょう。［関数の検索］ボックスに、計算したい内容や目的などのキーワードを入力して［検索開始］ボタンをクリックすれば、［関数名］ボックスに該当する関数名が一覧で表示されます。例えば、右の画面のように「平均を求める」とキーワードを入力して検索すると、平均を計算する関数が表示されます。また、［表示］タブの右に表示されている操作アシストに「平均値」や「最大値」などと入力すると、［オートSUM］の項目から関数を入力できます。

［関数の挿入］ダイアログボックスが表示された

❸目的のキーワードを入力
❹［検索開始］をクリック

❶［数式］タブをクリック

❷［関数の挿入］をクリック

検索結果が表示された
❺［AVERAGE］をクリック
❻［OK］をクリック

AVERAGE関数が入力される

42 TODAY関数

テクニック 便利な関数を覚えておこう

このレッスンでは、今日の日付を求めるTODAY関数を解説しました。また、レッスン㊲では合計を求めるSUM関数を使いました。Excelには、さまざまな関数が豊富に用意されていますが、その中でも以下の表に挙げた関数は、さまざまな場面で使えるので覚えておくと便利です。

●Excelで利用する主な関数

関数	関数の働き
ROUND（数値,桁数）	指定した［数値］を［桁数］で四捨五入する
ROUNDUP（数値,桁数）	指定した［数値］を［桁数］で切り上げる
ROUNDDOWN（数値,桁数）	指定した［数値］を［桁数］で切り捨てる
TODAY ()	今日の日付を求める
NOW ()	今日の日付と現在の時刻を求める
SUM（参照）	指定した［参照］（セル参照）内の合計を求める
AVERAGE（参照）	指定した［参照］（セル参照）内の平均を求める
COUNT（参照）	指定した［参照］（セル参照）内の数値、日付の個数を求める
MAX（参照）	指定した［参照］（セル参照）内の最大値を求める
MIN（参照）	指定した［参照］（セル参照）内の最小値を求める

できる 155

この章のまとめ

●数式や関数を使えば、Excel がもっと便利になる

これまでの章では、Excelの表作成機能を中心に紹介してきました。見栄えがする表を誰にでも簡単に作れるのもExcelの特徴ですが、やはり数式を使って思い通りに計算できてこそ、Excelを使いこなせると言えるでしょう。数式の使い方を覚えれば、Excelがもっと便利な道具になります。

この章では数式のさまざまな使い方を紹介しましたが、実際に使ってみると意外と簡単なものだと理解できたと思います。数式の基本は、まずセルに「=」を入力することです。「=」

は数式を入力することをExcelに知らせるために必ず必要です。

もう1つ、数式を入力するときに注意することがあります。どんなに計算が得意なExcelでも、入力された数式に間違いがあれば正しい結果は得られません。そして、数式が正しくても、セル参照が間違っていると正しい結果を得ることはできません。セル参照を設定するときは、目的のセルを間違えないように選択して、数式バーの表示を確認しましょう。

**数式の入力と
セル範囲の確認**

計算式の入力方法を覚え、セル範
囲を正しく指定する

	A	B	C	D	E	F	G
	G2			fx	=TODAY()		
1	ヒロ電器 2015年第2四半期AV機器売上						
2					(単位：千円)		2015/10/9
3		7月	8月	9月	四半期合計	平均	構成比
4	テレビ（42型以下）	8475	3337	3000	14812	4937.33	0.149855325
5	テレビ（42～50型）	15549	8768	6781	31098	10366	0.314623338
6	テレビ（50型以上）	16896	5376	6272	28544	9514.67	0.28878412
7	テレビ計	40920	17481	16053	74454	24818	0.753262783
8	携帯音楽プレーヤー	1910	1313	1074	4297	1432.33	0.043473422
9	ヘッドフォン	9807	6338	3946	20091	6697	0.203263795
10	オーディオ計	11717	7651	5020	24388	8129.33	0.246737217
11	合計	52637	25132	21073	98842	32947.3	1
12							

練習問題

練習用ファイルの［第6章_練習問題.xlsx］を開き、11月1日の諸費用の合計金額を求めてください。

●ヒント ［ホーム］タブの［編集］にある［合計］ボタン（Σ）を使うと、簡単に合計を計算できます。

> セルB12に合計を求める数式を入力する

11月2日から11月7日について、日ごとの合計金額を求めてください。

●ヒント 数式も普通のデータと同様にコピーできます。

> セルC12～H12に、セルB12の数式をコピーする

3

セルA2に、常に今日の日付が表示されるようにしてください。

●ヒント TODAY関数を使うと、今日の日付を求めることができます。

> 関数を利用して、常に「今日」の日付が表示されるように設定する

答えは次のページ

解 答

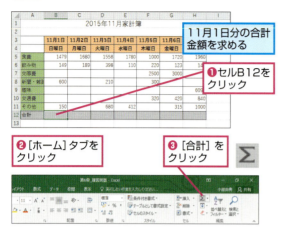

[合計] ボタン（∑）をクリックした後で、計算したいセル範囲が選択されていないときは、直接マウスを使って範囲を選択します。なお、セルB12の左上に緑色のマーク（エラーインジケーター）が表示されますが、この例ではエラーではないので、気にしなくて構いません。

数式をコピーするときも、フィルハンドルをドラッグします。数式をコピーすると、数式内のセル参照が変わります。

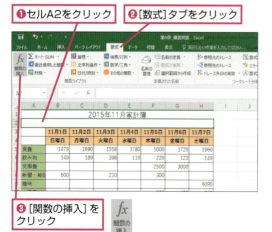

[関数の挿入] ダイアログボックスを表示してから、[関数の分類] から [日付／時刻] を選択して、[関数名] のボックスで [TODAY] を選びます。

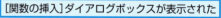

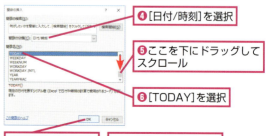

第7章

表をさらに見やすく整える

この章では、セルに入力されているデータの見せ方を変える表示形式と、セルの書式を使いこなすテクニックを紹介します。例えば、同じ数字でも金額や比率など、データの内容は異なります。適切な表示形式を設定することで、データがより分かりやすくなります。

●この章の内容

- ❹ 書式を利用して表を整えよう ……………………160
- ❹ 複数のセルを1つにつなげるには ……………162
- ❹ 金額の形式で表示するには ………………………164
- ❹ ％で表示するには …………………………………166
- ❹ ユーザー定義書式を設定するには…………168
- ❹ 設定済みの書式を
  ほかのセルでも使うには ………………………170
- ❹ 条件によって書式を変更するには……………172
- ❺ セルの値の変化をバーや矢印で表すには ……174
- ❺ セルの中にグラフを表示するには……………176
- ❺ 条件付き書式を素早く設定するには…………178

レッスン
43

書式を利用して表を整えよう

表示形式

このレッスンでは、データの表示形式とセルの書式について概要を解説します。同じデータでも表示形式と書式によって、表示内容が変わってきます。

データの表示形式

データを表示するときは、適切な表示形式を選択することが大切です。特に数値の場合、セルの値が金額を表すこともあれば割合を表すこともあるなど、数字の意味が異なる場合が多々あります。例えば値が「金額」の場合は、値に「,」（カンマ）や「¥」のような通貨記号を付けることで、データが金額を表していることがはっきりします。また、値が「割合」を表しているのであれば、「%」（パーセント）や小数点以下の値を表示するといいでしょう。

▶キーワード	
アイコンセット	p.301
条件付き書式	p.305
書式	p.305
書式のコピー	p.305
スパークライン	p.306
セル	p.306
通貨表示形式	p.308
データバー	p.308
パーセントスタイル	p.309
表示形式	p.309
ユーザー定義書式	p.311

表をさらに見やすく整える　第7章

隣り合うセルを1つのセルに結合して、文字を中央にそろえる　→レッスン㊹

データをパーセントで表示する →レッスン㊻

A1		✕ ✓ fx	ヒロ電器 2015年第2四半期AV機器売上				
	A	B	C	D	E	F	G
1			ヒロ電器 2015年第2四半期AV機器売上				
2					(単位：千円)		更新日:10月9日
3		7月	8月	9月	四半期合計	平均	構成比
4	テレビ（42型以下）	¥8,475	¥3,337	¥3,000	¥14,812	¥4,937	14.99%
5	テレビ（42〜50型）	¥15,549	¥8,768	¥6,781	¥31,098	¥10,366	31.46%
6	テレビ（50型以上）	¥16,896	¥5,376	¥6,272	¥28,544	¥9,515	28.88%
7	テレビ計	¥40,920	¥17,481	¥16,053	¥74,454	¥24,818	75.33%
8	携帯音楽プレーヤー	¥1,910	¥1,313	¥1,074	¥4,297	¥1,432	4.35%
9	ヘッドフォン	¥9,807	¥6,338	¥3,946	¥20,091	¥6,697	20.33%
10	オーディオ計	¥11,717	¥7,651	¥5,020	¥24,388	¥8,129	24.67%
11	合計	¥52,637	¥25,132	¥21,073	¥98,842	¥32,947	100.00%
12							
13							
14							

データに「,」や「¥」の通貨記号を付けて、金額であることを分かりやすくする →レッスン㊺

小数点以下の数字の表示けた数を変更する　　　→レッスン㊻

160 できる

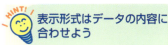

表示形式はデータの内容に合わせよう

見ためは同じように見えても、セルに入力されているデータの内容が異なる場合があります。特に数値の場合は、金額を表していることもあれば、商品の個数を表していることもあります。単に数値だけを表示するのではなく、内容に合わせて適切な表示形式を選択しましょう。

43 表示形式

視覚的要素の挿入

セルの表示形式は、Excelにあらかじめ用意されている形式以外にも、ユーザーが自由に設定できる、[ユーザー定義書式]があります。また、セルに設定されている書式は、簡単にコピーできるので、設定した書式をほかのセルにも簡単に適用することも可能です。条件付き書式の利用方法をマスターして、データを分析しやすくする方法を覚えましょう。

Excelに用意されている書式をカスタマイズして、オリジナルの表示形式を作成する　→レッスン㊼

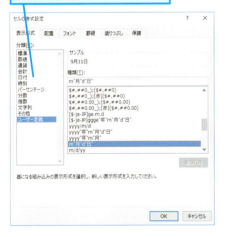

セルの書式をコピーして、ほかのセルへ貼り付けられる　→レッスン㊽

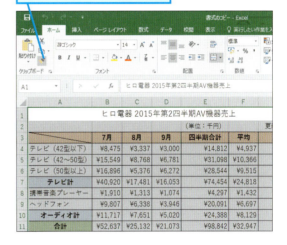

条件を設定して、条件に応じた書式をセルに設定する　→レッスン㊾

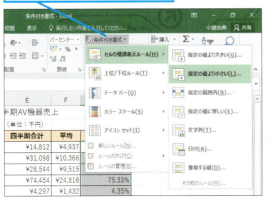

セルの値の変化をバーやアイコンで表示する　→レッスン㊿

セルの中に小さいグラフを表示する　→レッスン51

複数のセルの書式を一度に設定する　→レッスン52

レッスン 44

複数のセルを1つにつなげるには

セルを結合して中央揃え

Excelでは複数のセルを結合して、1つのセルとして扱うことができます。このレッスンではセルを結合して、タイトルが表の中央に表示されるように配置します。

1 セル範囲を選択する

選択したセルを結合して1つのセルにする

❶セルA1にマウスポインターを合わせる

❷セルG1までドラッグ

▶ キーワード

セルの結合	p.306
セル範囲	p.306

レッスンで使う練習用ファイル
セルを結合して中央揃え.xlsx

HINT! セルの結合を解除するには

結合を解除してセルを分割するには、結合されているセルをクリックして［ホーム］タブの［セルを結合して中央揃え］ボタン（）をクリックしましょう。セルが分割され［セルを結合して中央揃え］ボタンの機能が解除されます。機能が解除されると、濃い灰色で表示されていた［セルを結合して中央揃え］ボタンが通常の表示に戻ります。

テクニック 結合の方向を指定する

［セルを結合して中央揃え］ボタンのをクリックすると、セルの結合方法を選択できます。［セルを結合して中央揃え］と［セルの結合］は、結合後の文字の配置が違うだけで、どちらも選択範囲を1つのセルに結合します。［横方向に結合］は、縦横に2行か2列以上選択したとき、1行ごとに結合されます。（縦1列で複数のセルを選択しても結合されません）。また、横1行で複数の列を選択しているときは、［セルの結合］と同様に1行ずつの連結を複数の行で一度に設定できるので便利です。また、［セル結合の解除］は結合を解除します。

❶結合するセル範囲を選択

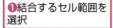

❷［ホーム］タブをクリック

❸［セルを結合して中央揃え］のここをクリック

❹［横方向に結合］をクリック

セルが行単位で結合され、文字が横方向にそろった

❷ セルを結合する

セルA1～G1が選択された

選択したセルを1つにまとめる

❶ [ホーム] タブをクリック

❷ [セルを結合して中央揃え] をクリック

❸ セルが結合された

セルが結合され、文字が中央に配置されたことを確認

結合したセルA1～G1はセルA1となる

HINT! セルの結合時に左端のセル以外はデータが削除される

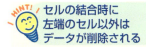

このレッスンでは、セルA1～G1を選択してセル範囲を1つのセルに結合しました。このとき、セルB1やセルC1に文字やデータが入力されていると、手順2の実行後に「セルを結合すると、左上の端にあるセルの値のみが保持され、他のセルの値は破棄されます。」というメッセージが表示されます。これは、セル範囲の左端に入力されていた文字やデータ以外はすべて削除されてセルが結合されるという意味です。結合したセルを分割しても、セルに入力されていた文字やデータは復元されません。エラーメッセージの画面で[OK]ボタンをクリックしてしまったら、下の「間違った場合は?」を参考に操作を取り消してください。

⚠ 間違った場合は?

結合するセル範囲を間違えたときは、クイックアクセスツールバーにある[元に戻す]ボタン()をクリックして結合する前の状態に戻して、セル範囲の選択からやり直します。

Point 複数のセルを1つのセルとして扱える

セルを結合すると、複数のセル範囲を1つのセルとして扱えるようになります。ビジネス文書などで凝ったレイアウトの表を作成するとき、セルの結合を使えば見栄えのする表に仕上がります。なお、セルの結合を解除すると、データは結合する前に入力されていたセルではなく、結合されていた範囲の左上端のセルに入力されます。

レッスン 45 金額の形式で表示するには

通貨表示形式

数値を通貨表示形式で表示すると、先頭に「¥」の記号が付き、3けたごとの「,」(カンマ)が表示されます。金額が入力されたセルを通貨表示形式にしてみましょう。

1 セル範囲を選択する

「¥」の記号と、けた区切りの「,」(カンマ)を表示するセル範囲を選択する

❶セルB4にマウスポインターを合わせる
❷セルF11までドラッグ

▶キーワード

桁区切りスタイル	p.304
セルの書式設定	p.306
通貨表示形式	p.308
表示形式	p.309

レッスンで使う練習用ファイル
通貨表示形式.xlsx

 ショートカットキー

Ctrl + Shift + $
……通貨表示形式の設定

Ctrl + Shift + ^
……標準表示形式の設定

 間違った場合は?

表示形式の指定を間違ったときは、クイックアクセスツールバーの[元に戻す]ボタン( )をクリックして、正しい表示形式を設定し直します。

テクニック 負の数の表示形式を変更する

セルの表示形式を[数値]や[通貨表示形式]に変更したときには、負の値になったときの表示形式を設定できます。まず、表示形式を変更するセルを選択してから、以下の手順で[セルの書式設定]ダイアログボックスの[表示形式]タブを開きます。次に、[負の数の表示形式]にある一覧から、表示形式を選びます。

表示形式を変更するセルを選択しておく

❶[ホーム]タブをクリック

❷[数値]のここをクリック

[セルの書式設定]ダイアログボックスが表示された

❸[表示形式]タブをクリック

ここで負の数の表示形式を設定できる

❷ 通貨表示形式を設定する

セルB4〜F11が選択された

選択したセル範囲に通貨表示形式を設定する

❶ [ホーム]タブをクリック
❷ [通貨表示形式]をクリック

HINT! [桁区切りスタイル]ボタンで数値をカンマで区切れる

「¥」を付けずに位取りの「,」(カンマ)だけを表示させるには、セル範囲を選択してから以下の手順で操作します。

「,」(カンマ)を付けるセル範囲を選択しておく

❶ [ホーム]タブをクリック
❷ [桁区切りスタイル]をクリック

3けた以上の数字に「,」(カンマ)が付いた

❸ セルの選択を解除する

選択したセル範囲の数値に「¥」と3けたごとの区切りの「,」が付いた

「¥」や「,」が付いてもデータそのものはかわらない

セルA1をクリックしてセルの選択を解除する

セルA1をクリック

Point 通貨表示形式は複数の書式が一度に設定される

セルの表示形式を通貨表示形式に設定すると、自動的に数値の先頭に「¥」の記号が付いて、位取りの「,」(カンマ)が表示されます。さらに、標準では小数点以下が四捨五入されるようになります。このように表示形式を[通貨表示形式]にすると、一度にいろいろな設定ができるので、個別に書式を設定する必要がなくて便利です。[ホーム]タブの[数値]の をクリックして[セルの書式設定]ダイアログボックスの[表示形式]タブを開けば、数値が負(マイナス)のときの表示形式も指定できます。

レッスン 46 ％で表示するには

パーセントスタイル

構成比などの比率のデータは、小数よりもパーセント形式で表示した方が分かりやすくなります。ここでは、小数のデータをパーセント形式で表示してみましょう。

1 セル範囲を選択する

％を付けるセル範囲を選択する

❶セルG4にマウスポインターを合わせる

❷セルG11までドラッグ

2 パーセントスタイルを設定する

セルG4～G11が選択された

❶[ホーム]タブをクリック

❷[パーセントスタイル]をクリック

▶キーワード

クイックアクセスツールバー	p.303
クリア	p.303
書式	p.305
セル範囲	p.306
セル範囲	p.306
パーセントスタイル	p.309
表示形式	p.309

レッスンで使う練習用ファイル
パーセントスタイル.xlsx

ショートカットキー

Ctrl + Shift + ％
………パーセントスタイルの設定

Ctrl + Shift + ^
………標準表示形式の設定

Ctrl + Z ………元に戻す

HINT! 「％」を付けて入力するとパーセントスタイルになる

数値に「％」を付けて入力すると、セルの表示形式が自動的にパーセントスタイルに設定されます。このときセルの値は入力した数値の百分の一の値になるので、小数で入力せずそのままの数値を入力します。例えば、35パーセントの値は「35％」と入力することで、「35％」のパーセントスタイルで表示され、セルには「0.35」という値が保存されます。

セルに「35％」と入力すると、自動的にパーセントスタイルが設定される

③ パーセントスタイルが設定された

選択したセル範囲の数値に「%」が付いた

④ 小数点以下の値を表示する

選択したセルが小数点以下2けたまで表示されるように設定する

❶[ホーム]タブをクリック
❷[小数点以下の表示桁数を増やす]を2回クリック

⑤ 小数点以下の値が表示できた

選択したセル範囲の値が小数点以下2けたまで表示された
セルA1をクリックしてセルの選択を解除する

セルA1をクリック

HINT! 書式を元に戻すには

[ホーム]タブの[クリア]ボタン（）をクリックして表示される一覧から[書式のクリア]をクリックすると、セルに設定した書式を標準の状態に戻せます。書式をクリアしても、セルのデータそのものは変わりません。「35%」と表示されているセルの書式をクリアして標準の設定に戻すと「0.35」と表示されます。

HINT! Excelの有効けた数は15けた

有効けた数とは入力できるデータのけた数ではなく、値として保持できる数値のけた数です。例えば有効けた数が3けたで数値が「1234」だと、保持できるのは3けたなのでデータは「1230」となります。同様に少数の「0.0001234」は「0.000123」となります。つまり有効けた数とは、数値として保存できる内容のけた数のことで、Excelでは15けたまで扱えるようになっています。

⚠ 間違った場合は？

表示形式を変えるセルを間違ったときは、クイックアクセスツールバーの[元に戻す]ボタン（）をクリックすると、元の表示形式に戻ります。

Point パーセントスタイルで比率が見やすくなる

構成比や粗利益率などの比率を計算すると、ほとんどの結果は小数になってしまいます。小数は、けた区切りの「,」を付けても見やすくならない上、比率を表す値のため「kg」から「g」、あるいは「m」から「cm」のように単位を替えることもできません。比率の値は、パーセントスタイルで表示すると見やすくなります。表示形式にパーセントスタイルを設定すると、小数点以下の値が四捨五入されて表示されます。なお、Excelで取り扱える数値は、15けたまでとなっています。

レッスン 47

ユーザー定義書式を設定するには

ユーザー定義書式

このレッスンでは、ユーザーが自由に表示形式を設定できる［ユーザー定義書式］の使い方を解説します。オリジナルの表示形式をセルに設定してみましょう。

1 セルを選択する

日付の表示形式を変更するセルを選択する

セルG2をクリック

2 ［セルの書式設定］ダイアログボックスを表示する

選択したセルが「更新日：10月9日」と表示されるように設定する

❶［ホーム］タブをクリック

❷［数値］のここをクリック

▶キーワード

表示形式	p.309

 レッスンで使う練習用ファイル

ユーザー定義書式.xlsx

 ショートカットキー

[Ctrl] + [1] ……… ［セルの書式設定］ダイアログボックスの表示

HINT! セルのデータを削除しても書式は残る

データを削除しても書式をクリアしない限り、セルに設定した書式は消えません。下の表は、セルC1に「=A1*B1」の数式を入力しています。いったんセルB1のデータを削除しても、パーセントスタイルの書式は残っています。セルB1に「50」と入力すると、パーセントスタイルの書式が適用されるので、セルC1の計算結果は「100×50」の「5000」とならず「50」となります。

❶セルB1をクリック

セルにパーセントスタイルが設定されている

❷[Delete]キーを押す / セルの内容が削除される

❸「50」と入力して[Enter]キーを押す / 自動的にパーセントスタイルで表示された

168 できる

表をさらに見やすく整える　第7章

❸ ユーザー定義書式を選択する

[セルの書式設定]ダイアログ　　日付の前に「更新日:」と表示
ボックスが表示された　　　　　する表示形式を設定する

❶[表示形式]タブ　　❷[ユーザー定義]
をクリック　　　　　をクリック

[サンプル]に選択する表示
形式の結果が表示される

❸[m"月"d"日"]
をクリック

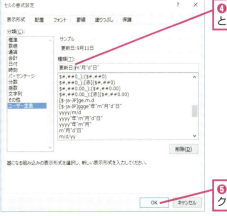

❹ここに「更新日:」
と入力

❺[OK]を
クリック

❹ 日付の表示形式が変更された

日付の表示形式が「更新日:10月9日」に変わった

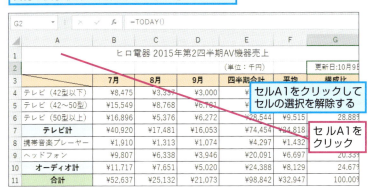

 「yyyy」や「mm」って何？

[ユーザー定義書式]に表示される「yyyy」や「mm」は日付用の表示形式コードで、組み合わせて日付を表現できます。半角の「/」（スラッシュ）や「.」（ドット）、「-」（マイナス）は、そのまま入力しますが、「年」「月」「日」などの文字は「"」（ダブルクォーテーション）で囲むのが一般的です。

●主な日付用の表示形式コード

対象	コード	表示結果
元号	g	M、T、S、H
	gg	明、大、昭、平
	ggg	明治、大正、昭和、平成
和暦	e	1〜99
	ee	01〜99
西暦	yy	00〜99
	yyyy	1900〜9999
月	m	1〜12
	mm	01〜12
	mmm	Jan〜Dec
日	d	1〜31
	dd	01〜31
	ddd	Sun〜Sat
曜日	aaa	日〜土
	aaaa	日曜日〜土曜日

 間違った場合は？

手順3のセルの表示形式で選択する種類を間違えたときは、もう一度、手順2から操作をやり直します。

Point

ユーザー定義書式で独自の表示形式を設定する

Excelには、データの種類に応じて、さまざまな表示形式があらかじめ用意されています。[セルの書式設定]ダイアログボックスの[表示形式]タブにある[分類]で[ユーザー定義]を選択すれば、独自の表示形式を作成できます。このユーザー定義書式は、「表示形式コード」を組み合わせて作成しますが、慣れるまでは、[ユーザー定義]の[種類]の一覧にある、既存のユーザー定義書式を参考にしながら作成するといいでしょう。

レッスン 48

設定済みの書式をほかのセルでも使うには

書式のコピー/貼り付け

第3四半期の売上表に下期と同じ書式を設定してみましょう。Excelでは「書式」だけをコピーできるので、別のセルに同じ書式を設定し直す手間が省けます。

1 コピー元のセル範囲を選択する

❶セルA1にマウスポインターを合わせる
❷セルG11までドラッグ

▶キーワード

書式	p.305
書式のコピー	p.305
セルの結合	p.306

レッスンで使う練習用ファイル
書式のコピー.xlsx

行や列単位でも書式はコピーできる

このレッスンでは、セルA1～G11の書式をコピーしますが、行や列単位でも書式をコピーできます。行や列の単位で書式をコピーすれば、コピー元の行の高さや列の幅をそのまま適用できます。

2 書式をコピーする

セルA1～G11が選択された
❶[ホーム]タブをクリック
❷[書式のコピー/貼り付け]をクリック

書式を繰り返し貼り付けるには

[書式のコピー/貼り付け]ボタン（）をダブルクリックすると、コピーした書式を繰り返し貼り付けられます。同じ書式をいくつも貼り付けたいときに便利です。書式の貼り付けを終了するときは、もう一度[書式のコピー/貼り付け]ボタン（）をクリックするか、Escキーを押します。

[書式のコピー/貼り付け]をダブルクリック

マウスポインターがこの形のときは、書式を続けてコピーできる

表をさらに見やすく整える　第7章

3 コピー先のセルを選択する

マウスポインターの形が変わった コピー先のセル範囲を選択する

❶ セルA13にマウスポインターを合わせる
❷ セルG23までドラッグ

4 セルの選択を解除する

セルA13〜G23に書式をコピーできた　セルA13をクリックしてセルの選択を解除する　セルA13をクリック

HINT! セルの結合もコピーされる

書式のコピー元に結合されたセルがあった場合は、貼り付け先でも同じ位置のセルが結合されます。逆に、書式のコピー元には結合セルがなく、貼り付け先に結合セルがあった場合には、貼り付け先のセルの結合は解除されてしまいます。結合セルを含む範囲の書式のコピーには注意してください。

標準が設定されているセルの書式をコピーしておく

❶ 結合していないセルの書式をコピー

❷ 結合されたセルをクリック

書式が貼り付けられ、結合が解除された

間違った場合は?

間違った場所を選択して［書式のコピー/貼り付け］ボタン（ ）をクリックしてしまったときは、[Esc]キーを押します。点線が消え、コピー前の状態に戻ります。

Point セルの内容と書式はそれぞれ独立している

セルに入力されているデータの表示形式や文字のフォント、セルの色、罫線など見栄えを変えるための設定を、Excelでは「書式」として管理しています。［セルの書式設定］ダイアログボックスで設定できるものはすべて「書式」となり、セルに入力されている値とは別に、各セルには書式の設定情報が保存されています。［書式のコピー/貼り付け］ボタンを使うと、セルに保存されている書式の設定情報だけがコピーされます。

48 書式のコピー／貼り付け

できる 171

レッスン 49 条件によって書式を変更するには

条件付き書式

セルの値や数式の計算結果を条件に、セルの書式を自動的に変えられます。ここでは構成比が10%以下のとき、そのセルを「赤の背景と文字」で表示します。

このレッスンは動画で見られます 操作を動画でチェック！
※詳しくは23ページへ

▶キーワード

条件付き書式	p.305
絶対参照	p.306

レッスンで使う練習用ファイル
条件付き書式.xlsx

1 セル範囲を選択する

構成比のセルを選択する

❶セルG4にマウスポインターを合わせる

❷セルG11までドラッグ

HINT! 条件付き書式はコピーできる

条件付き書式も書式の1つなので、[書式のコピー/貼り付け]ボタン（ ）でコピーができます。ただし、コピー元の書式が全部一緒にコピーされるので、文字のサイズや罫線、セルの色などがすでに設定されているときは注意してください。また、条件にセル参照を使っているときには正しく動作しないことがあるので注意が必要です。

2 [指定の値より小さい]ダイアログボックスを表示する

セルG4～G11が選択された

選択したセル範囲に条件付き書式を設定する

❶[ホーム]タブをクリック

❷[条件付き書式]をクリック

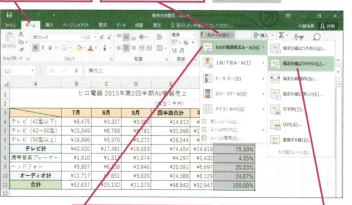

❸[セルの強調表示ルール]にマウスポインターを合わせる

❹[指定の値より小さい]をクリック

HINT! 条件付き書式の参照は絶対参照で設定される

手順3では条件に「10%」という数値を入力していますが、セルの値も条件に設定できます。参照元がセル範囲の場合、標準では絶対参照が設定されます。参照方法は相対参照や複合参照にもできますが、十分に理解した上でないと、設定によっては正しく参照できなくなるので注意してください。なお、単独のセルに設定するときは、相対参照でも正しく動作します。

⚠ 間違った場合は？

条件付き書式の設定を間違ったときは、手順2を参考に[ルールのクリア]にマウスポインターを合わせて[選択したセルからルールをクリア]をクリックし、手順2から操作をやり直します。

3 条件の値を入力する

[指定の値より小さい] ダイアログボックスが表示された

ここでは「10%以下」という条件を設定する

[10%]と入力

条件を指定すると、一時的にセルの書式が変わり、設定後の状態を確認できる

4 条件に合った書式を設定する

セルG4～G11で10%より値が低いセルの背景と文字に色を付ける

[OK]をクリック

5 条件付き書式が適用できた

条件付き書式が適用され、売上金額が10%以下のセルと数値に色が付いた

すべての商品の中で、「携帯音楽プレーヤー」の売上比率が全体の10%以下であることが分かる

セルA1をクリックしてセルの選択を解除する

セルA1をクリック

💡 HINT! 条件付き書式を解除するには

条件付き書式を解除するときは、条件付き書式を設定したセル範囲を選択して、以下の手順で操作します。ワークシートにあるすべての条件付き書式を解除するには、[シート全体からルールをクリア] をクリックしましょう。

❶[ホーム]タブをクリック

❷[条件付き書式]をクリック

❸[ルールのクリア]をクリック

[選択したセルからルールをクリア] を選択すると、選択済みのセル範囲の条件付き書式が解除される

[シート全体からルールをクリア] を選択すると、ワークシート内の条件付き書式がすべて解除される

Point 条件付き書式で表が読みやすくなる

どんなに見やすい表でも、データの変化を読み取るのは容易ではありません。条件付き書式を使えば、セルの値や数式の計算結果によってセルの書式を変更できます。データの変化を視覚的に表現できるので、表がとても読みやすくなります。
条件付き書式を活用すれば、売り上げの上位10項目や、平均より売り上げが大きいかがひと目で分かるようになります。集計表などに条件付き書式を設定して、データを見やすくしましょう。なお、条件付き書式の設定によってデータが消えてしまったり、削除されてしまうことはありません。

レッスン 50

セルの値の変化をバーや矢印で表すには

データバー、アイコンセット

条件付き書式の「データバー」を使うと、ほかのセルとの相対的な値がセルの背景にバーとして表示されるので、グラフを利用せずに表を簡単に視覚化できます。

① セル範囲を選択する

ここでは、テレビの売上金額が入力されたセルに数値の大きさを表すデータバーを設定する

❶ セルB4にマウスポインターを合わせる
❷ セルD6までドラッグ

② データバーを設定する

セルB4～D6が選択された

❶ [条件付き書式] をクリック

❷ [データバー] にマウスポインターを合わせる

❸ [オレンジのデータバー] をクリック

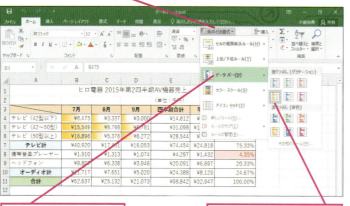

▶キーワード

アイコンセット	p.301
条件付き書式	p.305
セル	p.306
データバー	p.308
ワークシート	p.311

📄 レッスンで使う練習用ファイル
データバー.xlsx

💡 「データバー」や「アイコンセット」って何？

条件付き書式で設定できる「データバー」や「アイコンセット」とは、セル内に表示できる棒グラフや小さいアイコンのことです。手順1ではセルB4～D6を選択しますが、選択したセル範囲の値によって表示が変わります。データバーは、選択範囲内にあるセルの値の大きさを、バーの長さで相対的に表します。
アイコンセットは、選択範囲の値を3つから5つに区分してアイコンで表します。
なお、データバーやアイコンセットの標準設定では、「選択したセル範囲での相対的な大小の差」が表示されます。表全体のデータを比較した結果ではないことに注意してください。

間違った場合は？

条件付き書式の設定を間違ったときは、[ホーム]タブの[条件付き書式]ボタンの一覧にある[ルールのクリア]にマウスポインターを合わせて[選択したセルからルールをクリア]をクリックします。再度手順1から操作をやり直してください。

3 小計行のセルを選択する

セルB4〜D6のセルにデータバーが設定された

続けて、テレビの売上合計が求められたセルに数値の大きさを表すアイコンセットを設定する

❶ セルB7にマウスポインターを合わせる
❷ セルD7までドラッグ

4 アイコンセットを設定する

セルB7〜D7が選択された
❶ [条件付き書式]をクリック

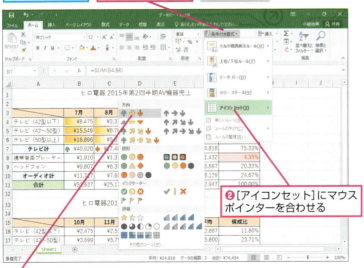

❷ [アイコンセット]にマウスポインターを合わせる

❸ [3つの矢印(色分け)]をクリック

セルB7〜D7にアイコンセットが設定される

ワークシートにあるすべての条件付き書式を確認するには

[ホーム]タブの[条件付き書式]ボタンをクリックして、[ルールの管理]を選択し、[条件付き書式ルールの管理]ダイアログボックスを表示します。[書式ルールの表示]で[このワークシート]を選択すると、ワークシートに設定されているすべての条件付き書式が一覧で表示されます。

[書式ルールの表示]のここをクリックして[このワークシート]を選択

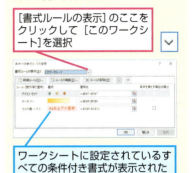

ワークシートに設定されているすべての条件付き書式が表示された

Point
データバーで数値の違いが見えてくる

「データバー」や「アイコンセット」を使うとセルの値の変化や違いを簡単に表せます。表に並んでいるデータの変化がより視覚化され、変化のパターンがはっきりすることで、データの例外的な部分を発見しやすくなるのです。これまではグラフに頼っていた「データの視覚化」が、表の中でも表現できるようになり、表だけでも数値の大小を読み取れるようになります。これにより、データの傾向を読み取ることも容易になります。ただし、データバーやアイコンセットは、ドラッグして選択したセル範囲の中での大小を表します。また、このレッスンの練習用ファイルで表全体にデータバーを設定するときは、セルB4〜D6をまず選択し、次に[Ctrl]キーを押しながらセルB8〜D9を選択してから、手順2の操作を行ってください。

---

50 データバー、アイコンセット

できる 175

レッスン 51

セルの中にグラフを表示するには

スパークライン

スパークラインとは、折れ線や縦棒などで数値の変化をセルに表示できる小さなグラフです。グラフ化するデータ範囲を選んでから操作するのがポイントです。

1 [スパークラインの作成]ダイアログボックスを表示する

- セルB4～D10を選択しておく
- ❶ [挿入]タブをクリック
- ❷ [折れ線]をクリック

2 スパークラインを表示するセルを選択する

- [スパークラインの作成]ダイアログボックスが表示された
- ❶ 選択したセル範囲が入力されていることを確認
- ❷ [場所の範囲]のここをクリック

- スパークラインを表示するセルをドラッグする
- ❸ セルE4をクリック
- ❹ セルE10までドラッグ

- ❺ ここをクリック

▶キーワード

グラフ	p.303
スパークライン	p.306
絶対参照	p.307

レッスンで使う練習用ファイル
スパークライン.xlsx

HINT! データ範囲を変更するには

作成済みのスパークラインのデータ範囲を変更するには、[データの編集]ボタンをクリックします。[スパークラインの編集]ダイアログボックスが表示されるので、手順2を参考にデータ範囲を指定し直します。

- スパークラインを挿入したセル範囲をドラッグしておく
- ❶ [スパークラインツール]の[デザイン]タブをクリック

- ❷ [データの編集]をクリック
- セルをドラッグしてデータ範囲を選択し直す

⚠ 間違った場合は?

手順1で間違って[グラフ]にある[折れ線]ボタンをクリックしてしまったときは、いったん操作を取り消して[スパークライン]にある[折れ線]ボタンをクリックし直します。

3 スパークラインの場所を確定する

スパークラインを表示する セルが設定された

スパークラインを表示するセル範囲は、絶対参照で表示される

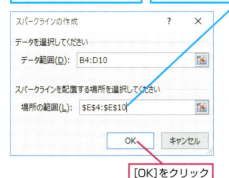

[OK]をクリック

4 スパークラインが表示された

セルE4～E10にスパークラインが表示された

セルA1をクリックしてセルの選択を解除する

セルA1をクリック

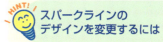

スパークラインのデザインを変更するには

セル内の文字や背景色が邪魔になって、スパークラインが見にくいときは、デザインを変更してみましょう。スパークラインが表示されているセルを選択すると、[スパークラインツール]が表示されます。[スタイル]や[スパークライン]の一覧で、スパークラインの色やデザインを変更できます。

[スパークラインツール]にある[デザイン]タブを使えば、色や見ためを変更できる

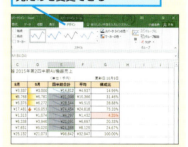

Point

行単位のグラフが手軽に作れる

スパークラインは、売り上げなどの時系列で推移するデータの表示に向いています。1行単位でデータの推移を確認できるので、複数のグラフを作る手間も省けます。このレッスンでは、合計を表示する列に重ねるようにスパークラインを表示しましたが、スパークラインだけを表示する列を用意してもいいでしょう。スパークラインを表示する列の幅を広げておけば、スパークラインのサイズを大きくできます。

レッスン 52

条件付き書式を素早く設定するには

クイック分析

データが入力されたセル範囲をドラッグすると［クイック分析］ボタンが表示されます。このボタンは、選択したデータによって設定できる項目が変わります。

1 ［クイック分析ツール］を表示する

- セルB8～D9に青いデータバーを挿入する
- ❶セルB8にマウスポインターを合わせる
- ❷セルD9までドラッグ
- ［クイック分析］が表示された
- ❸［クイック分析］をクリック
- ◆クイック分析

2 設定項目を選択する

- ［クイック分析ツール］が表示された
- ここでは［書式］ツールにある［データバー］を選択する
- ［データバー］をクリック

▶キーワード

アイコンセット	p.301
［クイック分析］ボタン	p.303
クリア	p.303
条件付き書式	p.305
書式	p.305
データバー	p.308

レッスンで使う練習用ファイル
クイック分析.xlsx

ショートカットキー

Ctrl + Q ………… クイック分析

HINT! 複数のセルを選択すると［クイック分析］ボタンが表示される

データが入力されているセル範囲を選択すると、右下に［クイック分析］ボタンが表示されます。表示されたボタンをクリックすると、［クイック分析ツール］が表示され、［書式］［グラフ］［合計］［テーブル］［スパークライン］のツールを選択できます。それぞれのツールには、さまざまなオプションが用意されています。

［クイック分析］をクリックすると、［クイック分析］ツールが表示される

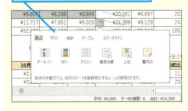

⚠ 間違った場合は？

手順2で間違った書式を設定してしまった場合は、手順1から操作して書式を選択し直しましょう。

表をさらに見やすく整える　第7章

178 できる

❸ 同様に［クイック分析ツール］を表示する

セルB8〜D9にデータバーが設定された

［オーディオ計］と［合計］にアイコンセットを挿入する

❶ セルB10〜D11をドラッグして選択
❷［クイック分析］をクリック

❹ 同様に設定する条件付き書式を選択する

［クイック分析ツール］が表示された

［アイコン］をクリック

❺ セル範囲に条件付き書式が設定された

セルB10〜D11にアイコンセットが設定された

セルA1をクリックしてセルの選択を解除する

セルA1をクリック

書式をクリアするには

［クイック分析ツール］の［書式］ツールにある［書式のクリア］ボタンをクリックすると、選択範囲に設定されている条件付き書式がクリアされます。また、この［書式のクリア］ボタンでは、［ホーム］タブの［条件付き書式］で設定した書式もクリアされます。

［書式］ツールを表示しておく

［書式の］をクリック

書式を後から変更するには

［データバー］や［アイコンセット］は同じセル範囲に複数設定できます。別の書式を設定し直すときは、上のHINT!を参考にいったん書式をクリアしましょう。

Point
データ分析に便利な機能をすぐに利用できる

［クイック分析］ボタンをクリックすると、選択したセル範囲に応じて利用できる機能が表示されます。［書式］［グラフ］［合計］［スパークライン］から項目を選ぶだけで条件付き書式の設定やグラフの作成、合計の計算を素早く実行できます。しかも項目にマウスポインターを合わせるだけで、操作結果が表示されるので、項目の選択に迷いません。このレッスンでは、レッスン㊿で解説したデータバーとアイコンセットをセル範囲に設定しましたが、リボンを利用するのが面倒というときに利用してもいいでしょう。

52 クイック分析

できる 179

この章のまとめ

●表示形式でデータを把握しやすくなる

この章では、書式を変更して表をさらに見やすくする方法を紹介しました。その中でもセルの表示形式が重要です。データを入力して合計や構成比を求めても、ほかの人がデータの内容をすぐに判断できるとは限りません。売上表や集計表を作成するときは、データに応じた適切な表示形式を設定することが大切です。

また、レッスン㊻で解説しているように、構成比や粗利益率など、比率の計算結果は小数が含まれます。小数のままではデータが見にくい上、割合がよく分かりません。必ずパーセントスタイルを設定して、数値に「％」を付けるようにしましょう。

さらに、条件付き書式を使えば、データを視覚的に表現できます。「売り上げのトップ10」や「平均以上の成績」など、特定の値の書式を変えて強調できるほか、「データバー」や「アイコンセット」で値を比較しやすくできます。「スパークライン」の小さなグラフも変化の傾向を表すのに便利です。レッスン㊾で紹介した「クイック分析ツール」を使えば、リボンからコマンドを探す手間を省け、直感的に操作できます。

表示形式や書式を変更しても、元のデータが変わってしまうことはないので、いろいろと試して、その効果を確認してみましょう。

表示形式や書式で表が見やすくなる

データの内容に応じて表示形式や書式を適切に設定すると、表の内容が分かりやすくなる

	A	B	C	D	E	F	G
1	ヒロ電器 2015年第2四半期AV機器売上						
2					(単位：千円)		更新日:10月9日
3		7月	8月	9月	四半期合計	平均	構成比
4	テレビ（42型以下）	¥8,475	¥3,337	¥3,000	¥14,812	¥4,937	14.99%
5	テレビ（42～50型）	¥15,549	¥8,768	¥6,781	¥31,098	¥10,366	31.46%
6	テレビ（50型以上）	¥16,896	¥5,376	¥6,272	¥28,544	¥9,515	28.88%
7	テレビ計	¥40,920	¥17,481	¥16,053	¥74,454	¥24,818	75.33%
8	携帯音楽プレーヤー	¥1,910	¥1,313	¥1,074	¥4,297	¥1,432	4.35%
9	ヘッドフォン	¥9,807	¥6,338	¥3,946	¥20,091	¥6,697	20.33%
10	オーディオ計	¥11,717	¥7,651	¥5,020	¥24,388	¥8,129	24.67%
11	合計	¥52,637	¥25,132	¥21,073	¥98,842	¥32,947	100.00%
12							
13	ヒロ電器2015年第3四半期AV機器売上						
14					(単位：千円)		更新日:1月8日
15		10月	11月	12月	四半期合計	平均	構成比
16	テレビ（42型以下）	¥2,475	¥2,512	¥3,675	¥8,662	¥2,887	11.80%
17	テレビ（42～50型）	¥3,699	¥5,754	¥7,946	¥17,399	¥5,800	23.71%

Sheet1

準備完了　　　　平均：¥4,065　データの個数：6　合計：¥24,388

練習問題

1

サンプルファイルの［第7章_練習問題.xlsx］を開き、セルB5〜H12に「¥」とけた区切りの「,」を付けてください。

●ヒント ［通貨表示形式］ボタン（）で設定できます。

> セルB5〜H12に「¥」と3けたごとの区切りの「,」を付ける

2

セル B5〜H11 のうち、平均以上の金額の文字色とセルの背景色を変更してください。

●ヒント ［条件付き書式］の［上位/下位ルール］から［平均より上］を選びます。

> 平均以上の金額の文字を赤くし、明るい赤の背景を付ける

答えは次のページ

解 答

1

❶セルB5にマウスポインターを合わせる
❷セルH12までドラッグ

❸[ホーム]タブをクリック
❹[通貨表示形式]をクリック

セル範囲を選択して[通貨表示形式]ボタン（）をクリックするだけで、「¥」とけた区切りの「,」を同時に付けられます。

セルB5～H12に「¥」と「,」の表示形式が設定された

2

❶セルB5にマウスポインターを合わせる
❷セルH11までドラッグ

❸[ホーム]タブをクリック
❹[条件付き書式]をクリック

❺[上位/下位ルール]にマウスポインターを合わせる
❻[平均より上]をクリック

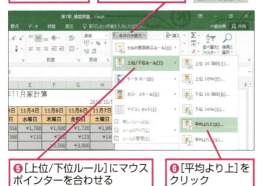

セル範囲を選択してから[平均より上]の条件付き書式を設定します。

❼ここをクリックして[濃い赤の文字、明るい赤の背景]を選択

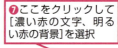

❽[OK]をクリック

平均以上の金額が入力されたセルの文字と背景色が赤くなった

第8章 グラフを作成する

この章では、表のデータからグラフを作る方法について解説します。Excelでは、データが入力された表をクリックし、目的のグラフをボタンで選ぶだけで簡単にグラフを作れます。また本章では、より効果的なグラフにするためのさまざまな方法も紹介しています。

●この章の内容

- ❺❸ 見やすいグラフを作成しよう ……………184
- ❺❹ グラフを作成するには ……………………186
- ❺❺ グラフの位置と大きさを変えるには ……188
- ❺❻ グラフの種類を変えるには ………………190
- ❺❼ グラフの体裁を整えるには ………………194
- ❺❽ 目盛りの間隔を変えるには ………………198
- ❺❾ グラフ対象データの範囲を広げるには ……200
- ❻⓪ グラフを印刷するには ……………………202

レッスン 53

見やすいグラフを作成しよう

グラフ作成と書式設定

Excelは表のデータをグラフにするのも簡単です。より見栄えのするグラフにするための機能も豊富にあります。この章ではExcelのグラフ機能について解説します。

グラフの挿入と表示の変更

グラフを作成するには、データの入った表が必要です。基になる表が整っていれば、ボタンをクリックするだけで、カラフルなグラフを簡単に作成できます。また、グラフの挿入直後はサイズが小さいので、グラフの移動後にサイズを大きくしておきましょう。なお、電気料金に対して電気使用量の数値が小さ過ぎるため、青い折れ線のデータが読み取りにくくなっています。レッスン㊻では、「電気使用量専用の目盛り」を追加して、グラフの表示を変更します。

▶キーワード

グラフ	p.303
グラフエリア	p.303
グラフタイトル	p.303
［グラフツール］タブ	p.303
軸ラベル	p.304
第2軸	p.307
セル	p.306
テーマ	p.308

表のセルを選択し、グラフのボタンをクリックするだけでグラフを作成できる
→レッスン㊾

グラフの位置や大きさを変更する
→レッスン㊿

グラフの種類を変更してデータを比較しやすくできる →レッスン㊻

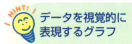

グラフを見やすく整える

Excelにはグラフを見やすくする便利な機能が多数用意されています。この章では、グラフ全体のデザインを簡単に変更する機能や、目盛りの間隔を変更する機能を紹介します。グラフの表示方法を細かく調整して、グラフで伝えたい内容をはっきりさせる方法を覚えましょう。また、追加データが表に入力されていれば、項目をグラフに追加するのも簡単です。

データを視覚的に表現するグラフ

たくさんのデータを苦労して集計しても、数字が羅列されているだけの表では、いくら体裁を整えても読み取るのが大変です。そのようなときは、データをグラフにしてみましょう。データの変化を視覚的にとらえられるので、数字の変化が読み取りやすくなるほか、データを比較しやすくなります。表にまとめても、内容が分かりにくいときはグラフにすると効果的です。

53 グラフ作成と書式設定

- 目盛りの間隔を変更してデータの変化を分かりやすくする →レッスン㊽
- 作成したグラフに後からデータを追加する →レッスン㊾
- グラフ全体のレイアウトを変更して、グラフの項目を表すラベルを入力する →レッスン㊼
- グラフと表を一緒に印刷する →レッスン㊿

レッスン 54 グラフを作成するには

折れ線

グラフの作成は、表の作成とともにExcelの代表的な機能で、わずかな操作で簡単にグラフを作成できます。ここでは折れ線グラフの作成方法を紹介します。

1 セルを選択する

表の中のセルを選択しておくと、自動的にデータ範囲が選択される

セルA3をクリック

	A	B	C	D	E	F	G	H	I	J	K	L	M
1					2014年光熱費使用量								
2		1月	2月	3月	4月	5月	6月	7月	8月	9月	10月	11月	12月
3	電気使用量(kWh)	898	730	752	582	612	643	655	905	1,071	720	701	622
4	電気料金(円)	22,013	17,901	18,505	14,399	15,123	16,019	16,519	23,216	30,243	20,604	20,061	17,799

▶キーワード

グラフ	p.303
グラフエリア	p.303
[グラフツール]タブ	p.303
ダイアログボックス	p.307

レッスンで使う練習用ファイル
折れ線.xlsx

間違った場合は？

作成したグラフの種類を間違ったときは、クイックアクセスツールバーの[元に戻す]( )ボタンをクリックしてから手順2の操作をやり直します。

テクニック データに応じて最適なグラフを選べる

適切な種類のグラフを使ってデータを視覚化すると、値の変化を把握しやすくなります。以下の表を参考に、目的に合わせてグラフの種類を選びましょう。また、どのグラフを選んだらいいか分からないときは、[おすすめグラフ]ボタンをクリックしましょう。Excelがデータの内容に合わせて、最適なグラフを提案してくれます。[グラフの挿入]ダイアログボックスの[おすすめグラフ]タブに表示されるグラフをクリックして、データに合ったグラフの種類を選んでみましょう。

●主なグラフの種類と特徴

グラフの種類	特徴
棒グラフ	前年と今年の売り上げや、部門別の売り上げなど、複数の数値の大小を比較するのに向いている。全体の売り上げに対する部門の売り上げをまとめて、項目間の比較と推移を確認するようなときは、「積み上げグラフ」を利用する
折れ線グラフ	毎月の売り上げや、価格の変動など、時系列のデータの変動や推移を表すのに向いている
円グラフ	家計の中で食費や光熱費などが占める割合など、1つのデータ系列で各項目が占める割合を確認できる

❶[挿入]タブをクリック ❷[おすすめグラフ]をクリック

[グラフの挿入]ダイアログボックスの[おすすめグラフ]タブが表示された

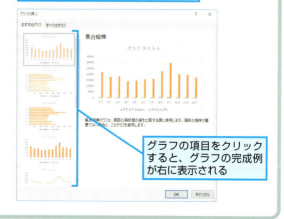

グラフの項目をクリックすると、グラフの完成例が右に表示される

② グラフを作成する

| セルA3が選択された | ここでは[折れ線]を選択する |

❶ [挿入]タブをクリック
❷ [折れ線/面グラフの挿入]をクリック
❸ [折れ線]をクリック

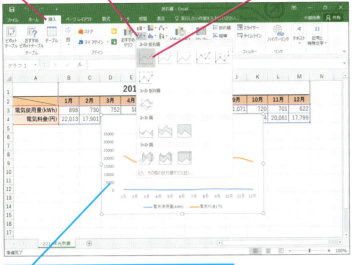

グラフの項目にマウスポインターを合わせると、一時的に挿入後の状態を確認できる

③ グラフが作成された

折れ線グラフが表示された
❶ [グラフツール]の[デザイン]タブが表示されたことを確認
❷ 表を基に折れ線グラフが作成されたことを確認

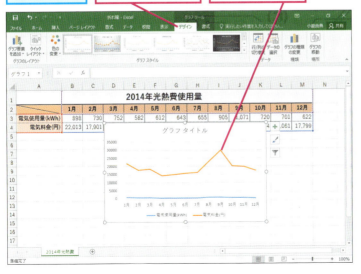

HINT! グラフを消去するには

不要になったグラフを消去するには、[グラフエリア]と表示される位置をクリックし、グラフ全体を選択した状態にして Delete キーを押します。また、グラフを移動するときもグラフエリアを選択します。

❶ [グラフエリア]と表示される位置をクリック
❷ Delete キーを押す

グラフが消去される

Point

自動的にデータ範囲が選択される

Excelでグラフを作るのはとても簡単です。グラフ化する表を選択してグラフの種類を選ぶだけで、後はExcelが自動的にデータ範囲を識別して、最適なグラフを作成してくれます。注意することは、グラフにする表を選択するときに、セルを1つだけ選択することです。2つ以上のセルを選択すると、その選択範囲のデータを基にしたグラフが作成されてしまいます。間違った範囲をドラッグして、意図しない結果のグラフができてしまったときは、上記のHINT!を参考にいったんグラフを削除してから、もう一度作り直してください。

54 折れ線

できる | 187

レッスン 55

グラフの位置と大きさを変えるには

位置、サイズの変更

ワークシート上に作成したグラフは、大きさの変更や場所の移動が自由に行えます。中央に作成されたグラフを表の下に移動し、大きさを表に合わせてみましょう。

① グラフエリアを選択する

- グラフを移動するので、グラフ全体を選択する
- [グラフエリア]と表示される位置をクリック
- マウスポインターの形が変わった

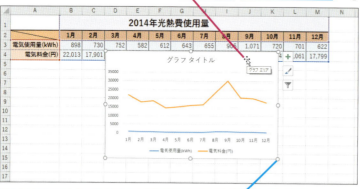

- グラフが選択された
- グラフの周囲に選択ハンドルが表示された
- ◆選択ハンドル

② グラフを移動する

- グラフの枠線がワークシートの左端に合う位置に移動する

- ここまでドラッグ
- グラフの移動中はマウスポインターの形が変わる

▶ キーワード

グラフ	p.303
グラフエリア	p.303
選択ハンドル	p.306

📄 レッスンで使う練習用ファイル
グラフエリア.xlsx

💡 HINT!
[グラフエリア]って何？

グラフ内で周りに何も表示されていない白い領域を「グラフエリア」と呼びます。グラフエリアには、グラフを構成するすべての要素が含まれます。

💡 HINT!
グラフエリアの横に表示されるボタンは何？

グラフエリアを選択すると、グラフの右上に3つのボタンが表示されます。[グラフ要素]ボタンはラベルやタイトルなどのグラフ要素を変更するときに使用します。[グラフスタイル]ボタンはグラフの外観や配色を変更するときに使用します。[グラフフィルター]ボタンは、グラフに表示するデータを抽出するときに使用します。

- グラフに要素を追加できる
- グラフのスタイルや色を変更できる

- グラフの要素を削除できる

💡 HINT!
セルの枠線ぴったりにグラフを移動するには

手順2で[Alt]キーを押しながらドラッグすると、セルの枠線ぴったりにグラフを配置できます。

③ グラフを拡大する

| グラフを移動できた | ❶[グラフエリア]と表示される位置をクリック | 選択ハンドルが表示された |

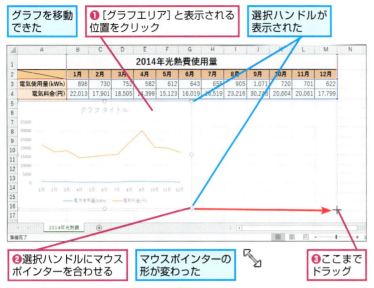

| ❷選択ハンドルにマウスポインターを合わせる | マウスポインターの形が変わった | ❸ここまでドラッグ |

ドラッグ中はマウスポインターの形が変わり、拡大範囲が線で表示される

④ グラフが拡大された

グラフが拡大されて見やすくなった

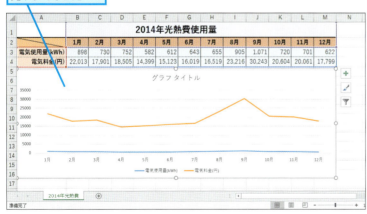

HINT! 縦横比を変えずにグラフの大きさを変えるには

グラフエリアの縦横の比率を保ったまま大きさを変えるには、Shiftキーを押しながら四隅にある選択ハンドル（○）をドラッグします。

❶選択ハンドルにマウスポインターを合わせる

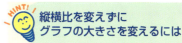

❷Shiftキーを押した状態でここまでドラッグ

縦横比を保ったまま拡大された

⚠ 間違った場合は？

グラフを間違った大きさに変えてしまったときは、クイックアクセスツールバーの［元に戻す］ボタン（ ↺ ）をクリックします。大きさが元に戻るので、もう一度、選択ハンドルをドラッグして直してください。

Point グラフエリアをクリックするとグラフ全体を選択できる

グラフを移動したり大きさを変更したりするには、［グラフエリア］と表示される場所をクリックしてグラフ全体を選択します。「グラフ全体に関する操作をするときは、グラフエリアをクリックする」ということを覚えておきましょう。グラフ全体を選択するとグラフエリアの枠線が太くなり、四隅と縦横の辺の中央に選択ハンドルが表示されます。マウスポインターを選択ハンドルに合わせてドラッグすると、グラフの大きさを自由に変更できます。

55 位置、サイズの変更

できる 189

レッスン 56

グラフの種類を変えるには

グラフの種類の変更

「電気料金」に対して「電気使用量」の数値が小さ過ぎてデータの関係性が分かりません。そこで、「電気使用量」を棒に変更し、専用の目盛りを表示します。

このレッスンは動画で見られます　操作を動画でチェック！　※詳しくは23ページへ

▶キーワード

クイックアクセスツールバー	p.303
グラフ	p.303
グラフエリア	p.303
グラフタイトル	p.303
系列	p.304
作業ウィンドウ	p.304
軸ラベル	p.304
第2軸	p.307
ダイアログボックス	p.307
目盛	p.311

▶レッスンで使う練習用ファイル
グラフの種類の変更.xlsx

グラフの種類の変更

1 系列を選択する

❶青い折れ線にマウスポインターを合わせる
[系列 "電気使用量(kWh)"]と表示された
❷そのままクリック

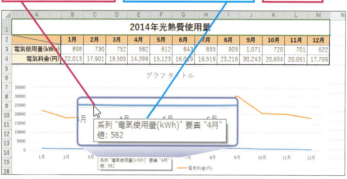

2 [グラフの種類の変更]ダイアログボックスを表示する

[電気使用量]の系列が選択された
❶[グラフツール]の[デザイン]タブをクリック

❷[グラフの種類の変更]をクリック

HINT! [系列]や[要素]って何？

Excelのグラフには、[グラフタイトル]や[軸ラベル]など、さまざまな要素があり、個別に書式を設定できます。[系列]もグラフの要素の1つです。[系列]とは、グラフの凡例に表示される、関連するデータの集まりのことです。このレッスンで利用しているグラフでは、[電気料金]と[電気使用量]の2つの系列があります。[系列]に含まれる項目の1つ1つが[要素]です。円グラフ以外のグラフでは、1つのグラフに複数の系列を表示できます。

◆縦(値)軸　◆要素　◆系列

③ グラフの種類を変更する

[グラフの種類の変更] ダイアログボックスが表示された

グラフの種類を [集合縦棒] に変更する

❶ [電気使用量(kWh)] のここをクリック

❷ [集合縦棒] をクリック

ここをクリックしてチェックマークを付けると、手順5〜7で操作する第2軸を設定できる

❸ [OK] をクリック

④ [電気使用量] が棒グラフに変わった

[電気使用量] の系列が [集合縦棒] に変更された

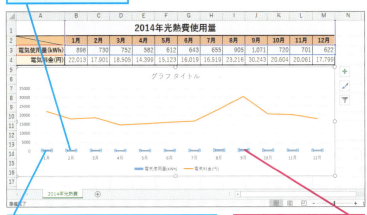

グラフの種類を変えても、元データの数値が小さ過ぎて、棒が短いままになっている

[電気使用量] の系列が選択されていることを確認

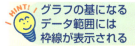
グラフの基になるデータ範囲には枠線が表示される

[グラフエリア] や [プロットエリア] をクリックすると、そのグラフの基になっている表のデータ範囲に枠線が表示されます。また、[プロットエリア] の中に表示されている [要素] の1つをクリックすると、[要素] を含む [系列] のデータ範囲が枠線で囲まれます。表示される枠線によって、グラフに対応するデータ範囲を判断できます。

系列をクリック

	A	B	C	D
1				20
2		1月	2月	3月	4
3	電気使用量(kWh)	898	730	752
4	電気料金(円)	22,013	17,901	18,505	14,

クリックしたグラフの要素に対応したデータ範囲に枠線が表示された

 間違った場合は?

手順4で、違う折れ線グラフが棒グラフに変わってしまった場合は、手順1で目的のグラフ以外を選択してしまったからです。クイックアクセスツールバーの [元に戻す] ボタン (⤺) をクリックして、手順1からやり直します。

次のページに続く

56 グラフの種類の変更

第2軸の設定

5 [データ系列の書式設定] 作業ウィンドウを表示する

[集合縦棒] に設定した [電気使用量] の系列を第2軸に設定する

❶ [グラフツール] の [書式] タブをクリック

❷ [選択対象の書式設定] をクリック

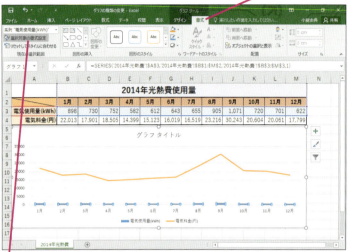

第2軸って何？

値の範囲が大きく異なるデータ系列や、単位の違うデータを1つのグラフに表示するときに、同じ目盛り間隔ではグラフが分かりにくいときがあります。複数の異なる系列を、1つのグラフで表現したいときには、主軸となる縦軸の目盛間隔と異なる目盛りを使うための [第2軸] を使用しましょう。[第2軸] を利用すると、グラフが見やすくなります。

間違った場合は？

手順4でグラフエリアをクリックしてしまったときは、次ページのHINT!を参考に [系列 "電気使用量(kWh)"] という要素を選択してから手順5の操作を実行します。

テクニック 第2軸の軸ラベルを追加する

次のレッスン❺では、グラフのレイアウトを変更して、グラフのタイトルと縦軸と横軸のラベルを追加しますが、第2軸の軸ラベルは、自動的には追加されません。以下のように操作すれば、ラベルを追加できます。なお、[グラフ要素] ボタン（＋）をクリックし、[軸ラベル] - [第2横軸] の順にクリックしても構いません。

❶ [グラフエリア] をクリック
❷ [グラフツール] の [デザイン] タブをクリック

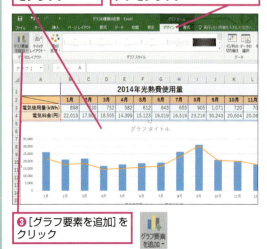

❸ [グラフ要素を追加] をクリック

❹ [軸ラベル] にマウスポインターを合わせる
❺ [第2縦軸] をクリック

第2軸の軸ラベルが表示される

6 ［電気使用量］の系列に第2軸を設定する

［データ系列の書式設定］作業ウィンドウが表示された

❶ ［系列のオプション］が選択されていることを確認

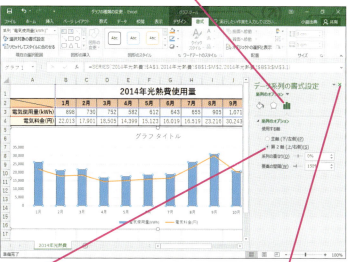

❷ ［使用する軸］の［第2軸（上/右側）］をクリック

❸ ［閉じる］をクリック

HINT! グラフ要素は一覧からも選択できる

190ページの手順1では、グラフ上の要素をマウスで直接クリックしましたが、一覧からも選択ができます。グラフ上の配置が隣接しているときや要素がクリックしにくいときは、以下の手順で操作しましょう。

❶ ［グラフツール］の［書式］タブをクリック

❷ ［グラフ要素］のここをクリック

❸ ［縦（値）軸］をクリック

グラフの要素が選択される

7 ［電気使用量］の系列に第2軸が設定された

［電気使用量］の棒が長くなり、データの変化や推移が分かりやすくなった

［電気使用量］の数値に合わせて「0」から「1200」の目盛りが表示された

Point データ系列ごとにグラフの種類を変えられる

電気の使用量と料金といった、単位が異なるデータを、1つのグラフにまとめると、区別が付かず分かりにくくなってしまいます。このレッスンでは、電気使用量を棒グラフに変更しました。Excelでは、1つのグラフに異なる種類のグラフを組み合わせることも簡単にできます。単位が異なるデータや、増加数と累計のように集計が異なるデータなど、同じグラフでデータが読み取りにくいときに効果的です。このレッスンで利用したデータは、単位が「kWh」と「円」で異なっており、数値の差が大き過ぎて、データの因果関係が分かりにくくなっています。第2軸を使えば、異なる単位のデータを効果的にグラフ化できます。

できる 193

レッスン 57

グラフの体裁を整えるには
クイックレイアウト

分かりやすくするため、グラフにタイトルや軸ラベルを追加してみましょう。用意されたパターンから選択するだけでグラフ全体の体裁を簡単に整えられます。

グラフのレイアウトの設定

グラフのレイアウトを表示する

グラフを選択して、グラフのレイアウトを設定する

❶ [グラフエリア] をクリック

❷ [グラフツール] の [デザイン] タブをクリック

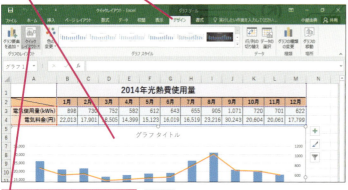

❸ [クイックレイアウト] をクリック

グラフのレイアウトを選択する

グラフのレイアウトの一覧が表示された

[レイアウト9] をクリック

マウスポインターを合わせると、グラフのレイアウトが一時的に変更され、設定後の状態を確認できる

▶ キーワード

グラフ	p.303
グラフタイトル	p.303
作業ウィンドウ	p.304
軸ラベル	p.304
データラベル	p.308

 レッスンで使う練習用ファイル
クイックレイアウト.xlsx

 グラフのレイアウトにはいろいろな種類がある

手順2では、グラフタイトルと軸ラベルが入ったレイアウトを選択していますが、グラフのレイアウトにはいろいろなパターンが用意されています。一覧の項目にマウスポインターを合わせると、一時的に結果を確認できるので、目的に合ったパターンが分からないときは、実際に見て確認してみましょう。ただし、選択するレイアウトによって、設定済みのグラフタイトルやラベルが削除されてしまうこともあります。

グラフのレイアウトを選択できる

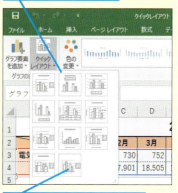

グラフタイトルが削除されるレイアウトもある

グラフを作成する　第8章

グラフタイトルの入力

❸ グラフタイトルの文字を削除する

[グラフタイトル] と [軸ラベル] が表示された

❶ [グラフタイトル] を2回クリック
❷ →キーを押してカーソルを一番右に移動
❸ Back space キーで文字を削除

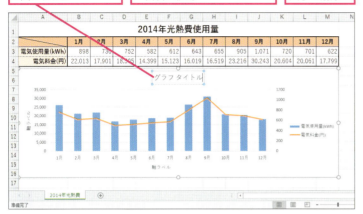

❹ グラフタイトルを入力する

グラフタイトルに「2014年光熱費」と入力する

❶ 「2014年光熱費」と入力

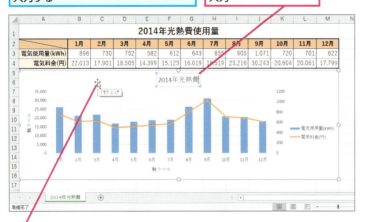

❷ [グラフエリア] をクリック

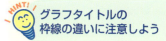

グラフタイトルの枠線の違いに注意しよう

手順3の操作1ではグラフタイトルを2回クリックしています。グラフの要素を1回クリックすると、要素の周りに選択中であることを表す枠線が表示されます。タイトルや軸ラベルが選択されている状態で、枠内をクリックすると、周囲の枠線が点線に変わってカーソルが表示されます。これは、ラベルのボックスが編集モードになっていることを表しています。

●グラフタイトルの選択状態

枠線が実線で表示される

●テキストが編集できる状態

内容を編集できるときは、枠線が点線となり、カーソルが表示される

 間違った場合は?

手順3の操作1でグラフタイトルをダブルクリックしてしまったときは、[グラフタイトルの書式設定] 作業ウィンドウが表示されます。[閉じる] ボタンをクリックしてから [グラフタイトルの書式設定] 作業ウィンドウを閉じ、グラフタイトルの枠内をクリックしてカーソルを表示させましょう。

次のページに続く

軸ラベルの入力と設定

5 軸ラベルの文字を削除する

続けて軸ラベルのタイトルを変更する

❶ [軸ラベル]を2回クリック　❷ ↑キーを押して、カーソルを一番上に移動　❸ Back spaceキーで文字を削除

6 軸ラベルを入力する

軸ラベルに「電気料金（円）」と入力する

「電気料金(円)」と入力　軸ラベルを「電気料金(円)」に変更できた

HINT! データラベルを表示するには

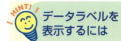

[グラフツール]の［デザイン］タブにある［グラフ要素を追加］から［データラベル］を選択すると、グラフ内の要素にデータの値（データラベル）を表示できます。グラフのみを印刷する場合などは、データラベルがある方がグラフが把握しやすくなります。

❶データラベルを表示する系列をクリック　❷［グラフツール］の［デザイン］タブをクリック

❸［グラフ要素を追加］をクリック

❹［データラベル］にマウスポインターを合わせる　❺［外側］をクリック

データラベルが棒グラフの外側に表示された

7 軸ラベルを縦書き表示にする

軸ラベルを縦書き表示にする

❶ [グラフツール] の [書式] タブをクリック

❷ [選択対象の書式設定] をクリック

❸ [サイズとプロパティ] をクリック

❹ ここをクリックして [縦書き] を選択

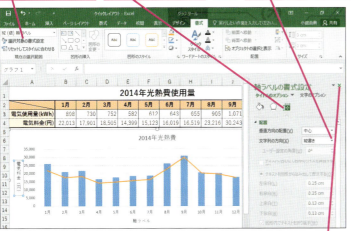

❺ [閉じる] をクリック

8 軸ラベルが縦書き表示になった

軸ラベルが縦書きで表示された

手順5、6を参考に月の軸ラベルに「月額推移」と入力しておく

HINT! グラフのデザインをまとめて変更するには

[グラフツール] の [デザイン] タブにある [グラフスタイル] を使えば、グラフのデザインをまとめて変更できます。グラフの背景や系列など、さまざまなバリエーションからデザインを選べます。

❶ [グラフエリア] をクリック

❷ [グラフツール] の [デザイン] タブをクリック

❸ [グラフスタイル] の [その他] をクリック

表示されたスタイルの一覧から好みのスタイルを選択できる

Point グラフの体裁は用意されたレイアウトから選ぶと簡単

見栄えのするグラフを作るには、全体の体裁を整えておくことが大切です。Excelにはグラフの体裁を整えるために、さまざまなパターンのレイアウトが、あらかじめ用意されています。[デザイン] タブにある [グラフのレイアウト] から設定したいパターンを選択するだけで、グラフ全体の体裁が簡単に整えられます。レイアウトのパターンをクリックすれば、画面上のグラフが即座に変更されるので、どのパターンを選択すればいいか分からないときは、1つずつ選択していき、最も適したものを見つけましょう。

レッスン 58

目盛りの間隔を変えるには

軸の書式設定

目盛りの間隔を変更すると、同じデータでも変化の度合いをより強調できます。縦軸の目盛りの設定を変えて、データの変化がより分かりやすいグラフにしましょう。

1 縦軸を選択する

グラフの左にある[電気料金]の目盛りの最大値と最小値を変更し、変動を読み取りやすくする

[縦(値)軸]をクリック

2 [軸の書式設定]作業ウィンドウを表示する

縦(値)軸が選択された

❶ [グラフツール]の[書式]タブをクリック

❷ [選択対象の書式設定]をクリック

▶ キーワード

グラフ	p.303
軸	p.304
目盛	p.311

📄 **レッスンで使う練習用ファイル**
軸の書式設定.xlsx

💡 **HINT!**
目盛りの表示間隔を変えるには

グラフの軸に表示されている目盛りの間隔は、軸の[最小値]と[最大値]から自動的に設定されます。目盛りの間隔を変更するには、手順3の[軸の書式設定]作業ウィンドウの[目盛]に目盛りの間隔を入力します。

[軸の書式設定]作業ウィンドウを表示しておく

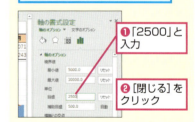

❶「2500」と入力

❷ [閉じる]をクリック

目盛り間隔が変更された

⚠ **間違った場合は?**

手順3で入力する数値を間違ったときは、クイックアクセスツールバーの[元に戻す]ボタン()をクリックして元の状態に戻し、もう一度手順1から設定し直してください。

③ 目盛りの最小値と最大値を変更する

[軸の書式設定]作業ウィンドウが表示された

目盛の最小値を5000、最大値を30000に設定する

❶[軸のオプション]をクリック

❷[最小値]に「5000」と入力

❸[最大値]に「30000」と入力

❹[閉じる]をクリック

④ 目盛りの最小値と最大値が変更された

「電気料金」の目盛りの最大値と最小値が変更され、変動が読み取りやすくなった

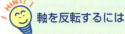 軸を反転するには

軸の目盛りを上下または左右反対にすることもできます。反転したい軸を選択して[軸の書式設定]作業ウィンドウを表示し、[軸のオプション]にある[軸を反転する]をクリックしてチェックマークを付けます。

反転したい軸をクリックして、[軸の書式設定]作業ウィンドウを表示しておく

❶[軸を反転する]をクリックしてチェックマークを付ける

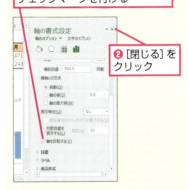

❷[閉じる]をクリック

Point

目盛りの間隔を変えて変動や差を分かりやすくしよう

グラフを作成すると、軸の目盛りが値に応じて自動的に設定されますが、このレッスンのグラフでは、縦軸の値が狭い範囲にまとまってしまい、変動が読み取りにくいグラフになっています。グラフエリアを縦方向に大きくすれば変動は分かりやすくなりますが、画面からはみ出してしまいます。このレッスンでは、値の変動する範囲に合わせて[最大値]と[最小値]の値を変えることで、グラフエリアの大きさはそのままで、[電気料金]の折れ線と[電気使用量]の棒グラフの上下変動を分かりやすく表示できました。このように軸の書式設定を変えるだけでも、分かりやすいグラフになります。

レッスン 59 グラフ対象データの範囲を広げるには

系列の追加

グラフに新しくデータを追加する場合でも、最初からグラフを作り直す必要はありません。グラフのデータ範囲を設定し直せば、グラフに自動的に反映できます。

1 グラフエリアを選択する

ここではグラフのデータ範囲を確認する

[グラフエリア]をクリック

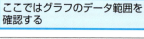

▶キーワード

グラフ	p.303
グラフエリア	p.303
系列	p.304

レッスンで使う練習用ファイル
系列の追加.xlsx

HINT! グラフのデータ範囲をまとめて修正するには

グラフのデータ範囲は「データソース」とも呼ばれます。グラフに設定したデザインやレイアウトを再利用したい場合、グラフをコピーしてからデータソースを修正するという活用方法が考えられます。グラフエリアをクリックして、[グラフツール]の[デザイン]タブにある[データの選択]ボタンをクリックします。[データソースの選択]ダイアログボックスが表示されるので、新しくグラフ化したいセル範囲をドラッグして指定し直します。

❶[グラフツール]の[デザイン]タブをクリック

❷[データの選択]をクリック

[データソースの選択]ダイアログボックスが表示された

2 グラフのデータ範囲が選択された

グラフのデータ範囲のセルが青枠で囲まれた

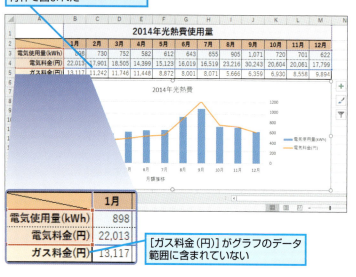

[ガス料金(円)]がグラフのデータ範囲に含まれていない

[グラフデータの範囲]のここをクリックしてデータ範囲を指定し直せば、新しいグラフを作成できる

③ データ範囲を広げる

[ガス料金（円）]をグラフの
データ範囲に含める

❶ ここにマウスポインターを合わせる

マウスポインターの形が変わった

❷ ここまでドラッグ

④ グラフに項目が追加された

[ガス料金（円）]がグラフの
データ範囲に追加された

[ガス料金（円）]のデータが灰色の折れ線で表示された

凡例に[ガス料金（円）]の
項目が追加された

HINT! グラフのデータ範囲を小さくするには

[グラフエリア]をクリックしてから元データのデータ範囲を小さくすると、グラフに表示されるデータも、その範囲に合わせたものに変わります。

❶ グラフエリアをクリック

❷ 枠をドラッグしてデータ範囲を再設定

変更された範囲のデータがグラフに表示される

間違った場合は？

手順3で選択枠を広げるデータ範囲を間違ったときは、もう一度選択枠をドラッグして、正しいデータ範囲を選択し直しましょう。

Point

表とグラフはリンクしている

折れ線グラフの折れ線や棒グラフの棒のように、セルの値に対応してグラフに表示される図形のことを「データ要素」と言います。Excelのグラフは、セルの値とグラフのデータ要素が常にリンクしているので、セルの値を修正すると、それに対応するグラフのデータ要素の表示も自動的に変わります。
また、グラフエリアを選択すると、対応するグラフのデータ範囲にも選択枠が表示されます。選択枠の外にデータがある場合は、手順3のように表の選択枠を広げれば、簡単に新しいグラフを追加できます。

59 系列の追加

レッスン 60 グラフを印刷するには

グラフの印刷

出来上がったグラフを印刷してみましょう。Excelでは、表の印刷と同じようにグラフも簡単に印刷できます。印刷プレビューで確認してから印刷しましょう。

1 印刷対象を選択する

ここでは表とグラフを印刷する

❶セルA1をクリック

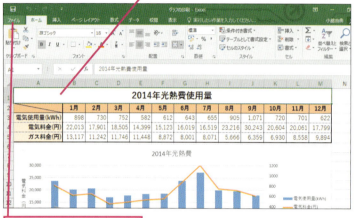

❷[ファイル]タブをクリック

2 [印刷]の画面を表示する

[情報]の画面が表示された　[印刷]をクリック

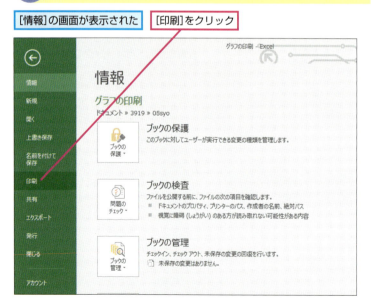

▶ キーワード

印刷	p.301
グラフ	p.303
グラフエリア	p.303

 レッスンで使う練習用ファイル
グラフの印刷.xlsx

 ショートカットキー

Ctrl + P
……[印刷]画面の表示

グラフのみを印刷するには

このレッスンでは、ワークシート上のグラフと表をまとめて印刷しました。手順1でセルA1を選択したのは、表とグラフを一緒に印刷するためです。グラフのみを印刷するには、グラフを選択したまま印刷を実行します。[グラフエリア]をクリックして、[印刷]の画面を表示すると、印刷プレビューにグラフだけが表示されます。

[グラフエリア]をクリックして[印刷]の画面を表示すると、グラフのみが印刷プレビューに表示される

⚠ 間違った場合は?

手順2で[印刷]以外を選んでしまったときは、もう一度[印刷]をクリックし直しましょう。

③ 用紙の向きを変更する

［印刷］の画面が表示された
用紙の向きを横方向に設定する

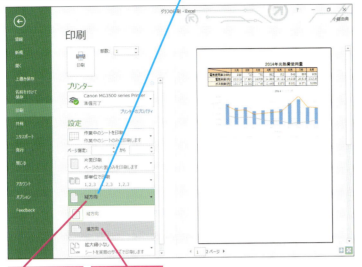

❶［縦方向］をクリック
❷［横方向］をクリック

④ 印刷を開始する

印刷の設定が完了したので、表とグラフを印刷する
［印刷］をクリック

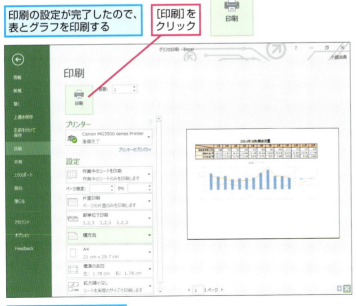

表とグラフが印刷される

HINT! グラフの入ったワークシートを1ページに収めて印刷するには

表とグラフが1ページに収まらない場合、自動で縮小して印刷できます。手順3の画面で［拡大縮小なし］をクリックして、［シートを1ページに印刷］を選択すると、1ページに収まるように、自動的に縮小して印刷されます。なお、表やグラフのデータが実際に小さくなるわけではありません。

［印刷］の画面を表示しておく

❶［拡大縮小なし］をクリック

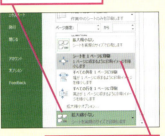

❷［シートを1ページに印刷］をクリック

1ページに収まるように表やグラフが縮小される

Point グラフの印刷は表の印刷と同じ手順でできる

ワークシートに作成したグラフは、グラフを選択していない状態で印刷を行うと、表と同時にグラフが印刷されます。［グラフエリア］をクリックしてから印刷を行えば、簡単にグラフだけを印刷することができます。また、グラフを印刷するときも、事前に印刷プレビューで印刷結果を確認できるので、表示を確認して、用紙の向きや余白の設定などの調整が必要かどうかを印刷プレビューで確認しておきましょう。グラフだけを印刷するときは、自動で用紙に合わせてグラフが縮小、拡大されるので、用紙からはみ出してしまうようなことはありません。

この章のまとめ

●効果的で見やすいグラフを作ろう

どんなに体裁を整えて見やすい表を作っても数字データが並んでいるだけでは内容が伝わりにくいことがあります。そのようなときは、表のデータからグラフを作成すればデータを視覚的に表現できるので、より相手に伝わりやすくなります。この章では、グラフの作成方法やグラフレイアウトの変更方法などを紹介しました。

Excelでグラフを作成するのはとても簡単です。グラフにしたい表のセルをどこか1つクリックしておくだけで、Excelがグラフに必要なデータ範囲を自動的に選択してくれるので、後は作成したいグラフの種類を選ぶだけです。グラフのレイアウトやスタイルもあらかじめパターンが用意されているので、納得できるグラフができるまで、何回でも試せます。また、効果的なグラフができないときは、グラフ要素の書式設定を変えてみましょう。例えば、値の変化が小さいデータをグラフにしたときは、目盛りの最大値や最小値、目盛り間隔を変えることで値の変化をより強調できます。書式やレイアウトの設定をよく理解して、データの内容が伝わりやすくなるグラフに仕上げてみましょう。

見やすいグラフを作成する

グラフの種類や大きさを整えるだけでなく、意図通りに見えるように書式を整えて、効果的なグラフを作る

練習問題

1

練習用ファイルの［第8章_練習問題.xlsx］を開いて、「積み上げ縦棒」グラフを作成してください。

● ヒント　グラフの種類は［挿入］タブで選択します。

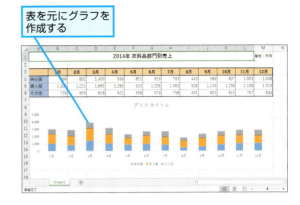

表を元にグラフを作成する

2

練習問題1で作成したグラフのレイアウトを［レイアウト8］にしてください。

● ヒント　［グラフエリア］をクリックすると［グラフツール］タブがリボンに表示されます。グラフのレイアウトを変更するには、［グラフツール］の［デザイン］タブを利用します。

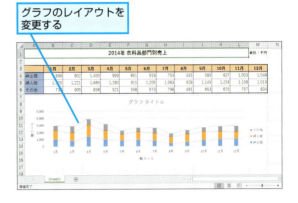

グラフのレイアウトを変更する

答えは次のページ

解答

1

グラフにする表のデータ範囲内のセルをクリックし、[挿入] タブにある [縦棒/横棒グラフの挿入] ボタンをクリックしてグラフの種類を選びます。作成したグラフは、レッスン㉟を参考に、位置とサイズを調整します。

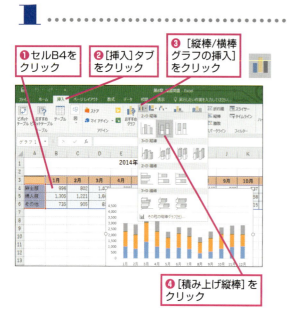

2

練習問題1で作成したグラフの [グラフエリア] をクリックして、[グラフツール] の [デザイン] タブにある [クイックレイアウト] で設定します。

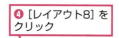
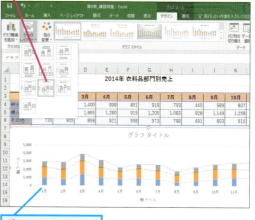

第9章 データベースを作成する

この章では、Excelで作成した表を「データベース」として扱う方法を解説します。Excelでは簡単な住所録をはじめ、さまざまな表をデータベースとして利用するための機能が用意されています。表の作成だけではなく、データの管理にもExcelを応用してみましょう。

●この章の内容
- ⑥ データベースでデータを活用しよう …… 208
- ⑥ 表をデータベースに変換するには …… 210
- ⑥ データを並べ替えるには …… 212
- ⑥ 特定のデータだけを表示するには …… 214
- ⑥ 見出しの行を常に表示するには …… 216
- ⑥ すべてのページに見出しの
  項目を入れて印刷するには …… 218
- ⑥ データを自動で入力するには …… 224

レッスン 61

データベースで
データを活用しよう

データベースの利用

たくさん集まったデータを効率よく管理するには、データベースを使いましょう。ここでは、Excelのデータベース機能で何ができるのか、その基本を解説します。

データの抽出

同じ項目で構成されたデータをまとめたものを、「データベース」と言います。身近にあるデータベースと言えば、住所録があります。Excelで作成した表のデータ範囲をテーブルに変換すると、さまざまな条件で特定のデータだけを簡単に抽出して表示できるようになります。データの内容自体は、元の表にあったデータと大きな違いはありませんが、テーブルで管理するとデータベースとしていろいろと便利なことができるようになります。

▶キーワード

印刷	p.301
データベース	p.308
テーブル	p.308

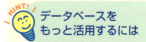

データベースをもっと活用するには

この章では、Excelでデータベースを扱う基本的な機能を解説していますが、これ以外にも便利な機能が用意されています。例えば、郵便番号を入力する列と住所を入力する列で入力モードを自動で切り替えたり、関数を使わずにデータを集計したりすることができます。データベースの操作に慣れたら、[データ]タブにある機能を少しずつ覚えて、さらにデータベースを活用してみましょう。

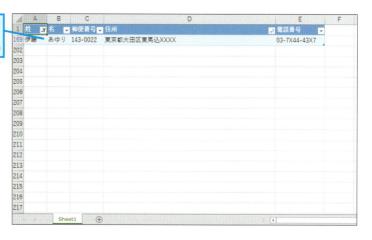

表をテーブルに変換する →レッスン62

住所を基準にデータを並べ替える →レッスン63

条件を指定して特定のデータを抽出する →レッスン64

データの活用

Excelには、データベースのように大きな表を便利に活用するための機能が豊富に用意されています。例えば、先頭行にある項目名を固定して、表をスクロールしても常に見出しが表示されるようにできます。また、複数ページにまたがった表で、同じ見出しを印刷するのも簡単です。「データベースはともかく、データを入力するのが面倒」と思う方もいるかもしれません。しかし、周囲に入力されているデータを認識し、自動でデータを入力する機能も用意されています。

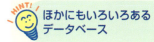

ほかにもいろいろあるデータベース

この章では、住所録を題材にしていますが、ほかにもデータベースとなるものはいろいろとあります。例えば家計簿も日付、摘要、金額の項目が1行ずつ入力されているので、1カ月、半年、1年とデータが貯まっていけば、立派なデータベースになります。摘要ごとに集計すれば出費の分析をして節約に役立てることもできます。同じ項目を持ったデータがたくさん集まれば、立派なデータベースです。Excelを使ってデータをさまざまな方法で活用しましょう。

[姓]や[名][郵便番号]などが入力されている見出しの行を固定して、常に見出しが表示されるようにする　→レッスン�65

データは変更せず、2ページ目や3ページ目にも先頭行の見出しを印刷する　→レッスン�66

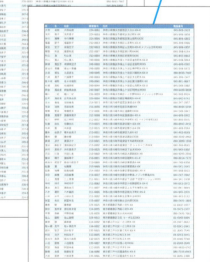

Excelの自動入力機能を利用して、名前を素早く入力する　→レッスン�67

データベースの利用

レッスン 62

表をデータベースに変換するには

テーブル

Excelでは、データ範囲をテーブルに変換することでデータベースとして扱うことができます。このレッスンでは、住所録の表をテーブルに変換します。

1 表内のセルを選択する

住所録の表をテーブルに変換する

表の中ならどのセルを選択してもいい

セルD1をクリック

▶ キーワード

データベース	p.308
テーブル	p.308

 レッスンで使う練習用ファイル
テーブル.xlsx

 ショートカットキー

[Ctrl]+[T] ………… [テーブルの作成]ダイアログボックスの表示

 「テーブル」って何？

Excelには、データの並べ替えや抽出、分析などを行うための機能が用意されています。この機能を使うためのリスト形式の表を「テーブル」と言います。通常の表でもデータの並べ替えや抽出はできますが、表をテーブルに変換することで効率よくデータを扱えるようになります。

2 表をテーブルに変換する

セルD1が選択された

❶[挿入] タブをクリック

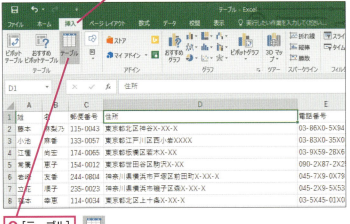

❷[テーブル]をクリック

見出しの行とデータの行の違いが重要

このレッスンの練習用ファイルでは、［姓］や［名］［郵便番号］などが入力されている見出しの行に書式が設定されていません。表の見出し行に塗りつぶしを設定し、文字を太字に設定するなどの書式を設定すると、1行目が見出し行であることをExcelが自動で認識します。その場合は、手順3の［テーブルの作成］ダイアログボックスで［先頭行をテーブルの見出しとして使用する］が自動で選ばれます。表をデータベースとして活用するには、見出しの行とデータの行を区別することがとても重要です。

データベースを作成する 第9章

210 できる

③ データ範囲を確認する

[テーブルの作成]ダイアログボックスが表示された

❶データ範囲が点線で囲まれたことを確認

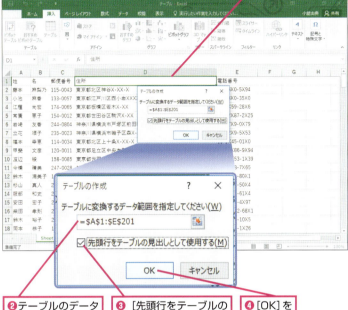

❷テーブルのデータ範囲が指定されていることを確認

❸[先頭行をテーブルの見出しとして使用する]をクリックしてチェックマークを付ける

❹[OK]をクリック

④ 選択を解除する

表がテーブルに変換された

表全体にスタイルが設定され、すべての列見出しにフィルターボタンが表示された

セルA1をクリック

 テーブルのデザインを変更するには

テーブルのデザインを変更するには、テーブル内のセルをクリックして、以下の手順で操作します。[クイックスタイル]の一覧の中からスタイルをクリックすると、テーブルのデザインを変更できます。

❶[テーブルツール]の[デザイン]タブをクリック

❷[クイックスタイル]をクリック

表示される一覧からスタイルを選択できる

 間違った場合は?

手順3ですべてのデータ範囲が選択されないときは、表の中に何も入力されていない空の行がないかを確認してください。また、手順1で複数のセルを選択してしまったときは、セルを1つだけ選択し直してください。

Point

テーブルに変換すると自動的にスタイルが設定される

このレッスンでは、住所録の表を変換してテーブルを作成しました。テーブルに変換するデータ範囲は、選択したセルの周りにあるデータを基にして、Excelが自動的に認識します。データ範囲内のセルを選択しておかないと正しく認識されないので注意してください。また、データ範囲がテーブルに変換されると、自動的にテーブルスタイルが設定されます。設定されたテーブルスタイルはいつでも変更できるので、上のHINT!を参考に好みに合わせて自由に設定してください。

レッスン 63

データを並べ替えるには
データのソート

表をテーブルに変換すると、指定した列の内容に応じてデータを順番に並べ替えることができます。このレッスンでは住所の列を指定して並べ替えを行います。

1 条件設定の画面を表示する

ここでは、[住所] 列を基準にしてデータを地域別に並べ替える

[住所] 列のフィルターボタンをクリック

▶ キーワード

書式	p.305
ダイアログボックス	p.307
テーブル	p.308
フィルター	p.309

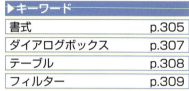

レッスンで使う練習用ファイル
並べ替え.xlsx

間違った場合は？

間違って並べ替えを行ったときは、クイックアクセスツールバーの [元に戻す] ボタン（ ）をクリックして、再度手順1から操作をやり直します。

テクニック　通常の表のままでも並べ替えができる

このレッスンではテーブルのデータを並べ替える方法を紹介していますが、通常の表でも以下の手順でデータの並べ替えができます。並べ替えの範囲は、アクティブセルの周りの状況から自動的に認識されます。このとき、[姓]や[名][郵便番号] などの項目が入力されている1行目の書式を太字にするなど、データが入力されているセルと別の書式に設定しておきましょう。その行が「列見出し」として自動的に認識され、並べ替えの対象からはずされます。また、以下の操作4と操作5で設定している「キー」とは、「データを並べ替えるときの基準となる項目」です。キーが正しく設定されているかをよく確認してから、並べ換えを実行しましょう。

❶ [ホーム] タブをクリック
❷ [並べ替えとフィルター] をクリック

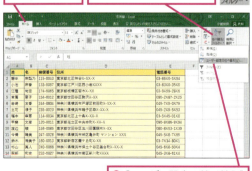

❸ [ユーザー設定の並べ替え] をクリック

[並べ替え] ダイアログボックスが表示された

❹ ここをクリックして最優先するキーを選択
❺ ここをクリックして並べ替えの順序を選択

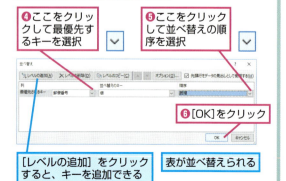

[レベルの追加] をクリックすると、キーを追加できる

❻ [OK] をクリック

表が並べ替えられる

❷ データを並べ替える

並べ替えのキーと抽出条件が表示された

［昇順］をクリック

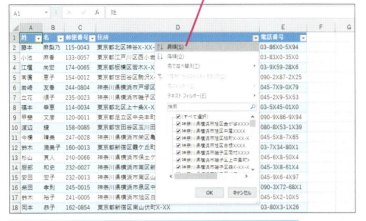

［昇順］では、データが「あ、い、う、え、お」「0、1、2、3、4」などの順で並べ替えられる

❸ データが並べ替えられた

［住所］列を基準にしてデータが地域別に並べ替えられた

［住所］列のフィルターボタンの表示が変わった

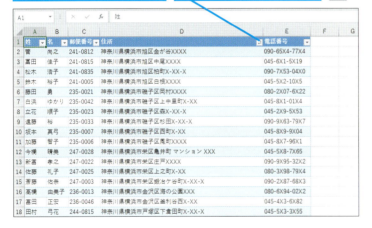

HINT! セルの色で並べ替えができる

セルのデータを並べ替えの基準に設定する以外に、セルや文字の色、セルのアイコンでも並べ替えを実行できます。色で並べ替えを行うには、以下の手順で操作します。

❶ フィルターボタンをクリック

❷ ［色で並べ替え］にマウスポインターを合わせる

列内にあるセルの塗りつぶしや文字の色を並べ替えの条件に指定できる

Point

並べ替えは行を1つの単位として扱う

ある項目の内容を基準にして、データを並べ替えることを「ソート」、並べ替えの順序の基準になる項目を「キー」と言います。このレッスンでは、「住所」をキーとして並べ替えました。さらに、住所の列だけでなく、住所と同じ行にあった名前や郵便番号、電話番号なども同時に並べ替えられています。住所録などのデータの集まりは、同じ行にあるセルのデータが互いに関連していて、1行ごとにひとくくりのデータとなるので、行を単位として並べ替えが行われます。なお、キーの値が同じ行の順序は変わりません。

できる 213

レッスン 64

特定のデータだけを表示するには

フィルター

住所録の中から条件に合ったデータを抽出してみましょう。ここではフィルターを使って、簡単に特定のデータを抽出して画面に表示する方法を説明します。

1 抽出条件を解除する

抽出条件を表示して、抽出項目を設定する

❶[姓]列のフィルターボタンをクリック

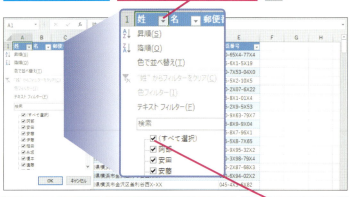

[姓]列に入力されているデータの一覧が五十音順に表示された

[(すべて選択)]の抽出条件を解除して、[姓]列に「伊藤」という文字を含むデータを抽出する

❷[(すべて選択)]をクリックしてチェックマークをはずす

2 抽出条件を設定する

[(すべて選択)]の抽出条件が解除された

❶[伊藤]をクリックしてチェックマークを付ける

❷[OK]をクリック

▶キーワード

テーブル	p.308
フィルター	p.309

📄 **レッスンで使う練習用ファイル**
フィルター.xlsx

💡 HINT! 特定のキーワードからデータを検索するには

特定のキーワードからデータを検索するには、以下の手順を実行します。

❶[ホーム]タブをクリック　❷[検索と選択]をクリック

❸[検索]をクリック

[検索と置換]ダイアログボックスが表示された

❹検索するキーワードを入力　❺[すべて検索]をクリック

検索結果をクリックすると該当するセルが表示される

⚠ 間違った場合は?

手順2で抽出条件の設定を間違えたときは、もう一度クリックしてチェックマークをはずしてから、抽出条件の項目にチェックマークを付けます。

③ 条件に合ったデータが抽出された

［姓］列に［伊藤］を含むデータが抽出されたことを確認

［姓］列のフィルターボタンの表示が変わった

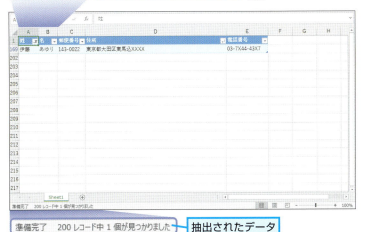

抽出されたデータの数が表示される

④ 抽出を解除する

抽出を解除してデータをすべて表示する

❶［姓］列のフィルターボタンをクリック

抽出条件が表示された

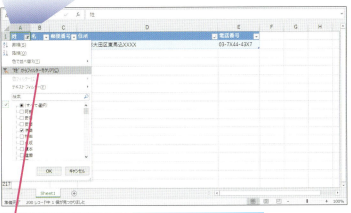

❷ ["姓"からフィルターをクリア］をクリック

抽出が解除され、すべてのデータが表示される

HINT! 抽出条件を細かく設定するには

［オートフィルターオプション］ダイアログボックスを利用すると、抽出条件を細かく設定できます。例えば、名前が「鈴木」で始まるデータを抽出するときは、手順1の画面で［テキストフィルター］にマウスポインターを合わせて［指定の値で始まる］を選択します。表示された［オートフィルターオプション］ダイアログボックスで、［名前］に「鈴木」と入力して［OK］ボタンをクリックすると、「鈴木」から始まる行のみが表示されます。

❶「鈴木」と入力　❷［で始まる］が選択されていることを確認

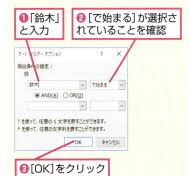

❸［OK］をクリック

名前が「鈴木」で始まる行のみが表示される

Point フィルターボタンですぐにデータを抽出できる

データ範囲をテーブルに変換すると、自動的にフィルターが設定され、列見出しにフィルターボタン（▼）が表示されます。フィルターボタンをクリックして抽出条件を指定するだけで、条件に合ったデータが自動的に検索され、該当するデータだけが表示されます。フィルターを設定したフィルターボタンは、手順3の画面のように、表示が▼から▼に変わります。なお、ほかのデータは一時的に表示されないようになっているだけで、削除されたわけではありません。手順4の要領で抽出を解除すれば、再びすべてのデータが表示されます。

レッスン 65

見出しの行を常に表示するには

ウィンドウ枠の固定

画面に表示しきれないほど多くの行にデータが入力されていると、スクロール時に見出し行が見えなくなってしまいます。ここでは、見出し行を固定してみましょう。

1 画面をスクロールする

画面を下にスクロールして、1行目（先頭行）の表示を確認する

ここを下にドラッグしてスクロール

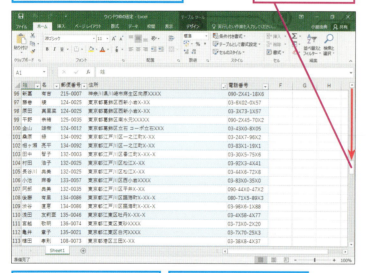

画面を下にスクロールすると、1行目が見えなくなった

画面を一番上までスクロールしておく

2 ウィンドウ枠を固定する

1行目のセルを固定し、画面が下にスクロールしても移動しないように設定する

❶ セルA1をクリック

❷ ［表示］タブをクリック

❸ ［ウィンドウ枠の固定］をクリック

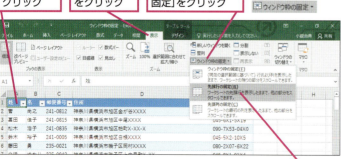

❹ ［先頭行の固定］をクリック

▶キーワード

行	p.302
セル	p.306
列	p.311

📄 レッスンで使う練習用ファイル
ウィンドウ枠の固定.xlsx

💡HINT! 列を固定するには

このレッスンでは、見出しが入力されている先頭行を固定しますが、手順2で［先頭列の固定］をクリックすれば、一番左の列を固定できます。常に名前の列を表示しておきたいときなどに設定するといいでしょう。

💡HINT! 行と列を同時に固定できる

このレッスンでは先頭行を固定しましたが、横にスクロールすると先頭列の名前が画面から見えなくなります。このようなときは、固定するセルを選択して［ウィンドウ枠の固定］ボタンをクリックし、［ウィンドウ枠の固定］を選びます。［ウィンドウ枠の固定］では、選択したセルの左側の列と上側の行が固定されるので、セルB2を選択して固定すれば、1行目とA列が常に表示されるようになります。

⚠ 間違った場合は？

手順2で1行目が画面の先頭に表示されていないときに［先頭行の固定］をクリックすると、表示されている行が固定されてしまいます。次ページのHINT!を参考にウィンドウ枠の固定を解除してから画面の一番上に見出し行を表示し、手順2から操作をやり直しましょう。

❸ ウィンドウ枠が固定された

ウィンドウ枠が固定され、固定した行の下に線が表示された

HINT! 行や列の固定を解除するには

ウィンドウ枠の固定を解除するには、以下の手順を実行します。

❶[表示]タブをクリック

❷[ウィンドウ枠の固定]をクリック

❸[ウィンドウ枠固定の解除]をクリック

ウィンドウ枠の固定が解除され、先頭行が表示される

ウィンドウ枠の線が削除された

❹ ウィンドウ枠の固定を確認する

画面を下にスクロールして、ウィンドウ枠が固定されたことを確認する

❶ここを下にドラッグしてスクロール

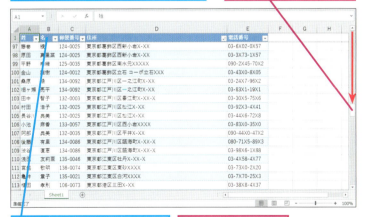

画面をスクロールしても1行目がそのまま表示される

❷ウィンドウ枠が固定されたことを確認

Point

行数が多い表は見出しを固定しておこう

このレッスンのように、ウィンドウ枠を固定すると、画面の一部をスクロールしないように設定できます。項目を表す列見出しや表のタイトルなど、見出しとして固定しておきたい行があるときは、[先頭行の固定]を使うと便利です。また、[先頭列の固定]を使えば、列を見出しとして固定することもできます。なお、[先頭行の固定]では先頭にある1行、[先頭列の固定]では先頭の1列だけが固定されます。複数の行や列を固定したいときや、行と列を一緒に固定したいときは、[ウィンドウ枠の固定]を利用しましょう。

ウィンドウ枠の固定

レッスン 66 すべてのページに見出しの項目を入れて印刷するには

印刷タイトル、改ページプレビュー

住所録の必要な項目が1ページに収まるように印刷してみましょう。また、各ページに見出しも必要です。ここでは、これらを設定した印刷方法を紹介します。

印刷タイトルの設定

1 [ページ設定] ダイアログボックスを表示する

❶ [ページレイアウト] タブをクリック

❷ [印刷タイトル] をクリック

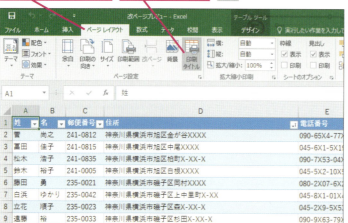

▶キーワード

印刷	p.301
印刷プレビュー	p.301
改ページプレビュー	p.302
行番号	p.302
コメント	p.304
ステータスバー	p.306
ダイアログボックス	p.307
ページレイアウトビュー	p.310
余白	p.311
列番号	p.311

レッスンで使う練習用ファイル
改ページプレビュー.xlsx

ショートカットキー

[Ctrl]+[P] ……[印刷]画面の表示

2 印刷タイトルを設定する

[ページ設定] ダイアログボックスが表示された

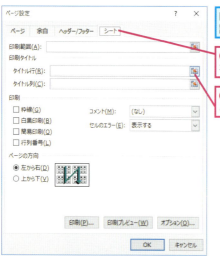

印刷タイトルを設定する

❶ [シート] タブをクリック

❷ [タイトル行] のここをクリック

HINT! コメントを印刷するには

[校閲] タブにある [コメントの挿入] ボタンをクリックすると、付せんのようなメモをワークシート内に挿入できます。挿入したコメントは、標準の設定では印刷されません。コメントを印刷するには、[ページ設定] ダイアログボックスの [シート] タブをクリックし、[コメント] の [シートの末尾] か [画面表示イメージ] を選択して [OK] ボタンをクリックします。通常は [画面表示イメージ] を設定し、プレビューを確認しながらコメントの位置を調整するといいでしょう。

218 できる

③ 1行目（先頭行）を選択する

マウスポインターの形が変わった	➡

[ページ設定] ダイアログボックスが小さくなった ／ 列見出しが入力されている1行目を選択する

❶ 行番号1をクリック ／ 選択した行が点線で囲まれる

点線で囲まれた行がセル番号で表示された ／ ❷ ここをクリック

④ 枠線の設定を行う

[ページ設定] ダイアログボックスが表示された ／ 印刷時のみ、セルに枠線が付くようにする

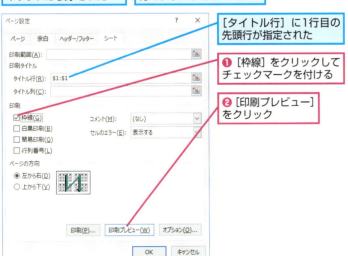

[タイトル行] に1行目の先頭行が指定された

❶ [枠線] をクリックしてチェックマークを付ける

❷ [印刷プレビュー] をクリック

💡 HINT! 行見出しも設定できる

手順2では、[ページ設定] ダイアログボックスの [シート] タブにある [タイトル行] から各ページの先頭行に項目見出しを付けましたが、項目数が多くて横にもページが分かれて印刷されてしまう場合には、行見出しも付けられます。手順4の画面で[印刷タイトル]の [タイトル列] に見出しとなる列を指定すると、各ページの左側に指定した列の内容が印刷されます。

💡 HINT! 行や列の番号を印刷するには

このレッスンでは、セルの枠線を印刷するように設定しましたが、行や列の番号の印刷もできます。手順4の [ページ設定] ダイアログボックスで [シート] タブの [印刷] にある [行列番号] をクリックしてチェックマークを付けると、列番号と行番号が印刷されるように設定できます。

[ページ設定] ダイアログボックスを表示しておく

❶ [シート] タブをクリック

❷ [行列番号] をクリックしてチェックマークを付ける ／ ❸ [OK] をクリック

次のページに続く

219

印刷範囲の設定

❺ 印刷タイトルを確認する

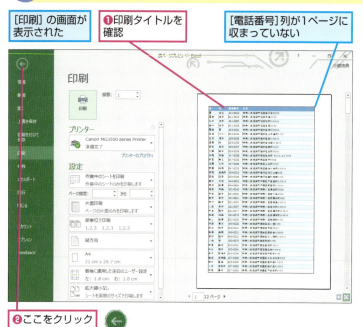

[印刷]の画面が表示された
❶印刷タイトルを確認
[電話番号]列が1ページに収まっていない
❷ここをクリック

❻ 改ページプレビューを表示する

すべての列が1ページに印刷できるように印刷範囲を変更する

❶[表示]タブをクリック

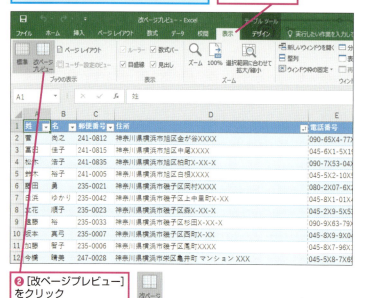

❷[改ページプレビュー]をクリック

HINT! 改ページプレビューの表示を拡大するには

改ページプレビューの表示を拡大/縮小するには、[表示]タブの[ズーム]にあるボタンをクリックして拡大率を変更するか、画面右下にあるズームスライダーを利用します。

●[ズーム]の利用

◆[ズーム]　◆[100%]

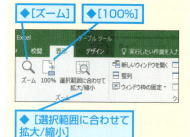

◆[選択範囲に合わせて拡大/縮小]

●ズームスライダーの利用

◆ズームスライダー

HINT! [標準ビュー]でも改ページを確認できる

印刷範囲を設定すると[標準ビュー]に印刷範囲を示す枠線が表示されます。また、印刷範囲を解除したり、何も設定をしていない状態で印刷プレビューを表示すると、自動的に印刷範囲を示す破線の枠が表示されます。これらの印刷範囲を示す枠線は、自分で設定した場合とExcelが自動で設定した場合で種類が異なります。自分で設定したときは実線、自動で設定されたときは破線で表示されます。

7 改ページプレビューを確認する

改ページプレビューが表示された

印刷されるページの区切りが青い点線で表示されていることを確認

青い点線を境にして、それぞれほかのページに印刷される

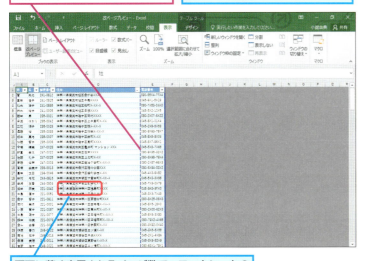

画面に薄く表示されるページ数で、ワークシートのどの部分が何ページ目になるかが分かる

8 印刷範囲を変更する

ページの区切りを示す点線をドラッグして、印刷範囲を変更する

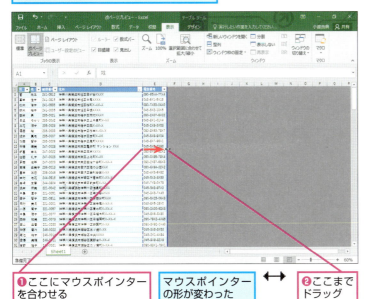

❶ ここにマウスポインターを合わせる

マウスポインターの形が変わった

❷ ここまでドラッグ

💡HINT! ページレイアウトビューでも確認できる

印刷レイアウトは、ページレイアウトビューでも確認できます。[表示] タブの [ページレイアウト] ボタンをクリックすると、表示が印刷イメージに変わります。なお、ウィンドウ枠が固定されていると解除されます。

❶ [表示] タブをクリック

❷ [ページレイアウト] をクリック

ウィンドウ枠の固定解除に関するメッセージが表示された

❸ [OK] をクリック

ページレイアウトビューに切り替わった

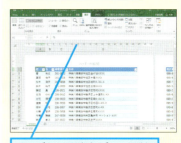

ページレイアウトビューでは、ルーラーの目盛りがセンチメートル単位で表示される

⚠ 間違った場合は？

手順8で間違って印刷範囲を設定したときは、印刷範囲の青い点線や実線をドラッグして、ページ範囲を設定し直します。

次のページに続く

66 印刷タイトル、改ページプレビュー

できる | 221

⑨ 印刷範囲が広がった

青い実線の部分までページ範囲が広がり、点線が消えた

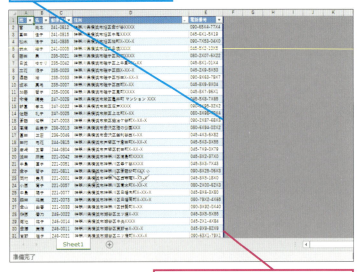

⑩ 印刷範囲を確認する

レッスン㉛を参考に[印刷]の画面を表示しておく

❶ 印刷範囲が広がり、すべての見出しが表示されたことを確認

❷ [ページに合わせる]をクリック

設定したページ数で印刷するには

このレッスンでは、改ページプレビューでページ範囲を変更して横1ページに収めましたが、横や縦のページ数を指定して、印刷範囲がそのページ数に収まるように縮小率を設定することもできます。ページ数を指定して横1ページに収めるには、[ページレイアウト]タブで[横:]を[1ページ]に設定します。

ここでは住所録を1ページに収めて印刷する

❶ [ページレイアウト]タブをクリック

❷ [横:]のここをクリック　❸ [1ページ]をクリック

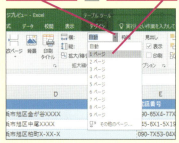

住所録が1ページに収まるように、自動的に縮小率が設定される

改ページプレビューの表示を元に戻すには

改ページプレビューを終了して元の表示に戻すには、[表示]タブにある[標準]ボタンをクリックします。または、画面右下のステータスバーにある[標準]ボタン（▦）をクリックしても元の表示に戻せます。

[標準]をクリック　編集画面が標準ビューに切り替わる

11 2ページ目を表示する

印刷プレビューの表示が拡大された

次のページを表示する　❶［次のページ］をクリック

2ページ目に印刷タイトルが表示された　❷印刷タイトルを確認

レッスン㉟を参考に印刷することができる

確認が完了したら、❸をクリックして［印刷］の画面を閉じておく

前ページの2つ目のHINT!を参考に、改ページプレビューを終了しておく

HINT!　［印刷］の画面に余白を表示できる

手順11の［印刷］の画面で、右下の［余白の表示］ボタン（）をクリックすれば、印刷プレビューに余白を表示できます。マウスでドラッグすると、余白を広げたり狭めたりできて便利です。なお、余白の設定はレッスン㉝でも紹介しています。

［余白の表示］をクリックすれば、［印刷］の画面に余白を表示できる

間違った場合は？

印刷タイトルの設定を間違ったときは、［ページ設定］ダイアログボックスで範囲を選択し直します。印刷タイトルの設定を解除するには、手順4の画面で［タイトル行］のセル参照を削除して空白にします。

Point
複数ページで印刷するときは見出しを付けよう

住所録のように大きな表を印刷すると、複数のページに分かれて印刷されてしまいます。先頭行にある見出しは1ページ目の先頭だけにしか印刷されず、2ページ目以降では項目の内容が分かりにくくなってしまいます。各ページに印刷タイトルを付けて印刷すれば、複数ページに分かれた各ページに見出しが印刷されるので、どのページを見ても、項目が何を表しているのかがすぐに分かります。
また、改ページプレビューなどで横幅を1ページに収まるように設定すると、自動で表が縮小されて印刷されます。大きい表を印刷するときのテクニックとして覚えておくといいでしょう。

レッスン 67 データを自動で入力するには

フラッシュフィル

複数のセルのデータをまとめて1つのセルに入力するときは、フラッシュフィルの機能で自動入力すると便利です。ここでは、姓と名をまとめて名前を自動入力します。

 このレッスンは動画で見られます　操作を動画でチェック！ ※詳しくは23ページへ

▶キーワード

| フラッシュフィル | p.310 |

レッスンで使う練習用ファイル
フラッシュフィル.xlsx

1 [名前]列に1つ目のデータを入力する

[姓]列と[名]列を参考に[名前]列に名前を入力する
❶「菅尚之」と入力
❷ Enter キーを押す

HINT! フラッシュフィルは続けて入力しないと自動で実行されない

このレッスンで行っているように、フラッシュフィルは2行目のセルにデータの入力を開始すると自動で実行されます。2行目を入力する前にほかの操作を行うと、フラッシュフィルは自動で実行されません。フラッシュフィルを自動で実行させるには、1行目と2行目を続けて入力する必要があります。

HINT! フラッシュフィルが自動で実行されないときは

フラッシュフィルは複数のセルの値を連結するときには自動で実行されますが、名前から姓だけを切り出すといった、ほかのセルのデータから一部分を抽出する作業では、自動で実行されないことがあります。このようなときは、1件目のデータを入力した後に、以下の手順でフラッシュフィルを実行しましょう。

2 [名前]列に2つ目のデータを入力する

2つ目のデータを入力する
❶「冨田」と入力
自動的に名前が入力された

[名前]列の4行目以降に[姓]列と[名]列が連結された入力候補が自動的に表示された

❷ Enter キーを2回押す

❶1件目のデータが入力されたセルをクリック
❷[ホーム]タブをクリック

❸[フィル]をクリック
❹[フラッシュフィル]をクリック

データベースを作成する　第9章

224 できる

❸ 入力したデータを反映する

3列目以降に自動で
データが入力された

❶［フラッシュフィルオプション］
をクリック

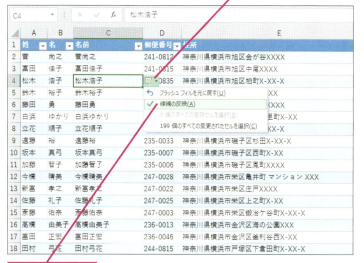

❷［候補の反映］を
クリック

❹ 自動でデータが入力された

入力候補が反映され、残りのセルに
データが自動で入力された

［フラッシュフィルオプション］が
表示されなくなった

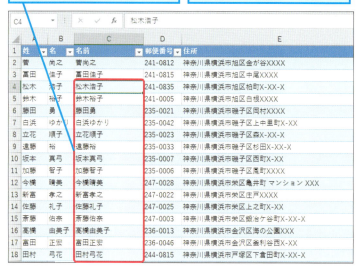

HINT! フラッシュフィルの候補を反映させないときは

セルにデータを入力していると、フラッシュフィルが自動で実行されて候補が表示されることがあります。表示された候補を無視したいときは［フラッシュフィルオプション］ボタンの［フラッシュフィルを元に戻す］で候補を消してフラッシュフィルを取り消せます。また、入力中に Esc キーを押しても候補を消せます。

フラッシュフィルを実行しておく

❶［フラッシュフィルオプション］
をクリック

❷［フラッシュフィルを
元に戻す］をクリック

間違った場合は？

手順2で間違った項目を選んでしまったときは、クイックアクセスツールバーの［元へ戻す］ボタン（）をクリックし、手順2の操作をやり直しましょう。

Point

入力パターンを解析し、自動でデータが入力される

ほかのソフトウェアで作ったデータをExcelで編集するときに、データの結合や分割、書式整理などが必要になることがあります。関数を使えば簡単にできますが、入力の手間と時間がかかります。このようなときはフラッシュフィルを使えば、簡単に素早く作業できます。フラッシュフィルは、入力内容を周囲のセルと比較して一定のパターンを認識し、自動でデータを入力する機能です。また、フラッシュフィルは［ホーム］タブの［フィル］ボタンの一覧から［フラッシュフィル］を選んでも実行できます。

この章のまとめ

●テーブルにすればデータ操作が楽になる

この章では「住所録」を使ったデータベースの操作を紹介しました。Excelでデータベースを扱うには、テーブルという機能を使います。表をテーブルに変換すると、データを並べ替える、目的のデータを素早く抽出する、といったデータ操作が簡単にできるようになります。

Excelでデータベースを扱う上で十分に理解しておきたいのは、データ操作は行を単位として扱われるということです。例えば、名刺から住所録を作るときには、1枚の名刺に書かれている一人分のデータはすべて同じ行に入力するようにします。これは、Excelで並べ替えや抽出などを行うと、すべて行を単位として処理されるからです。例えば、住所ごとに名刺を入力したデータを並べ替えたときに、一番上に並ぶ人のデータは、名前などすべての項目が一番上に並びます。これを十分に理解しておくことが大切です。

またExcelは、大きな表を縮小して印刷したり、各ページに見出しを付けて印刷したりすることができます。ウィンドウ枠は簡単に固定できるので、見出しやタイトル部分を固定するときに便利です。さらに、フラッシュフィルを使えば、入力済みのデータを基に新たなデータを入力するときに素早く作業ができます。

データ操作や印刷、便利な入力方法などテーブルの機能をフルに使って、Excelでデータベースを使いこなしましょう。

Excelでデータベースを作成・管理する

データのソートやフィルターの機能を使いこなして、数多くのデータをExcelで効率的に管理する

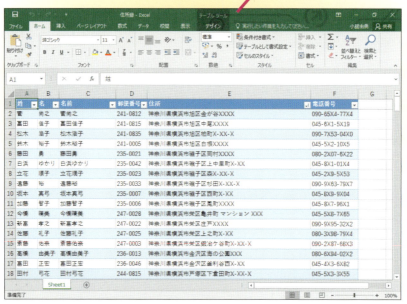

練習問題

1

練習用ファイルの［第9章_練習問題.xlsx］を開いて、表をテーブルに変換してみましょう。

●ヒント　表をテーブルに変換するには［挿入］タブを利用します。

2

練習問題1でテーブルに変換したデータから［名前］が「新倉　ひろ子」のデータを抽出してください。

●ヒント　抽出項目を設定する画面で［すべて選択］のチェックマークをはずすのがポイントです。

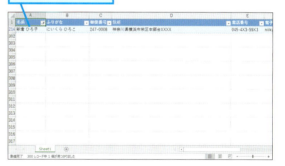

答えは次のページ

解　答

テーブルに変換する表の
セルを1つ選択する

❶表内のセルを
クリック

表内の任意のセルをクリックします。[挿入] タブの [テーブル] ボタンをクリックして、表をテーブルに変換しましょう。

❷ [挿入] タブを
クリック

[テーブルの作成] ダイアログ
ボックスが表示された

❹テーブルのデータ範囲が指定
されていることを確認

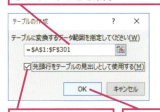

❸ [テーブル] を
クリック

❺ここをクリックし
てチェックマークを
付ける

❻ [OK] を
クリック

❶[名前]列のフィ
ルターボタンをク
リック

❷ [すべて選択] をクリッ
クしてすべてのチェック
マークをはずす

[名前] 列のフィルターボタン（▼）をクリックして表示された一覧にある [(すべて選択)] をクリックして、チェックマークをはずします。次に [新倉 ひろ子] をクリックし、チェックマークを付けてから [OK] ボタンをクリックします。

❸ここを下にドラッグ
してスクロール

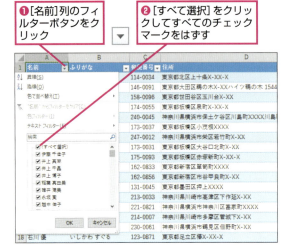

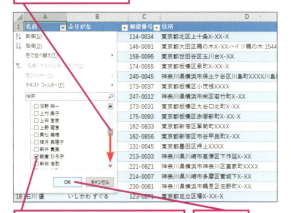

❹表示するデータの項目をクリック
してチェックマークを付ける

❺ [OK] を
クリック

データベースを作成する　第9章

228　できる

第10章 もっとExcelを使いこなす

この章では、これまでの章で紹介できなかったワークシートやブックの操作に関する便利な機能をいくつか紹介します。覚えておくと、Excelをさらに快適に活用できるようになるでしょう。

●この章の内容
- ⑱ シート上の自由な位置に文字を入力するには ········ 230
- ⑲ 表やグラフのデザインをまとめて変更するには ···· 232
- ⑳ テンプレートを利用するには ······························ 236
- ㉑ 配色とフォントを変更するには ···························· 238
- ㉒ 2つのブックを並べて比較するには ···················· 240
- ㉓ よく使う機能をタブに登録するには ···················· 242
- ㉔ よく使う機能のボタンを表示するには ·················· 246
- ㉕ ブックの安全性を高めるには ···························· 248
- ㉖ 新しいバージョンでブックを保存するには ··········· 252
- ㉗ ブックをPDF形式で保存するには ······················ 254

レッスン 68 シート上の自由な位置に文字を入力するには

テキストボックス

表やグラフを補足する文章を入力するときは、「テキストボックス」を使うと便利です。ここでは、ワークシートにテキストボックスを挿入して文章を入力します。

1 テキストボックスを挿入する

ここでは、横書きのテキストボックスを作成する

❶[挿入]タブをクリック
❷[テキスト]をクリック

❸[テキストボックス]をクリック

画面解像度が高いときは、操作2で[テキストボックス]の下をクリックする

マウスポインターの形が変わった

❹ここにマウスポインターを合わせる

❺ここまでドラッグ

2 テキストボックスに文章を入力する

テキストボックスが作成された

文章を入力

▶キーワード

テキストボックス	p.308
ハンドル	p.309
フォント	p.309

📄 **レッスンで使う練習用ファイル**
テキストボックス.xlsx

💡HINT! テキストボックスを透明にするには

表の中にテキストボックスを挿入すると、下にあるデータが隠れて見えなくなってしまいます。このようなときは、以下の手順でテキストボックスを透明にすれば、テキストボックスの下にあるデータを確認できます。

テキストボックスを選択しておく

❶[描画ツール]の[書式]タブをクリック

❷[図形の塗りつぶし]をクリック
❸[塗りつぶしなし]をクリック

塗りつぶしの色がなくなり、テキストボックスが透明になる

⚠ 間違った場合は？

手順2でテキストボックスのサイズを間違った大きさにしてしまったときは、テキストボックスの枠線をクリックして選択し、ハンドル（○）をドラッグして大きさを変更します。

③ テキストボックスを選択する

| テキストボックスに文章が入力された | テキストボックスの位置を変更する |

❶ テキストボックスの枠線にマウスポインターを合わせる
マウスポインターの形が変わった

❷ そのままクリック

④ テキストボックスを移動する

テキストボックスを選択できた　　ここまでドラッグ

⑤ テキストボックスを移動できた

テキストボックスが移動した
ハンドルをドラッグすると、テキストボックスのサイズを変更できる

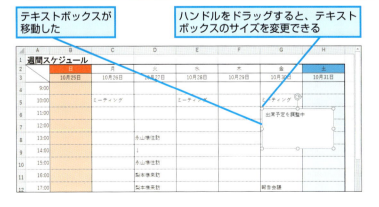

HINT! テキストボックス内の文字の書式を変更するには

テキストボックス内の文字の書式は、セルの書式と同様に、[ホーム]タブの[フォント]や[配置]にあるボタンで設定します。テキストボックスにある一部の文字に書式を設定するときは、テキストボックス内にカーソル（|）がある状態で文字をドラッグして選択してから、書式を設定します。テキストボックス全体の文字に書式を設定するには、テキストボックスの枠線をクリックしてカーソル（|）を消し、テキストボックス自体を選択してから書式を設定しましょう。

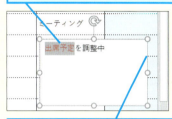

テキストボックスの文字をドラッグして選択し、リボンやミニツールバーで書式を設定できる

テキストボックスの枠線をクリックすると、書式をまとめて変更できる

Point セル以外の場所に文字を入力できる

セルの中には多くの文字を入力できますが、文字がセルに収まらない場合、列の幅や行の高さを調整するのが大変です。表の中にメモや備考を残すときは、「テキストボックス」を使うと便利です。テキストボックスは図形の1つなので、位置や大きさを自由に変更できる上、文章中の改行も自由にできます。表やグラフに説明文などを付け加えたいときに役立ちます。注目をさせたい内容であれば、前ページのHINT!を参考にしてテキストボックスに塗りつぶしの色を設定しましょう。逆にほかの要素の上に重ねるときは、[塗りつぶしなし]に設定して透明にするといいでしょう。

レッスン 69

表やグラフのデザインを
まとめて変更するには

テーマ、配色、グラフスタイル

[テーマ]を選択してブック全体のデザインを設定してみましょう。続いて[配色]で好みの色に変更します。セルの背景色やフォントもまとめて変更されます。

ブック全体のスタイルの変更

1 [テーマ]の一覧を表示する

❶ [ページレイアウト]
タブをクリック

❷ [テーマ]を
クリック

2 好みのテーマを選択する

[テーマ]の一覧から、好みの
テーマを選択する

[インテグラル]を
クリック

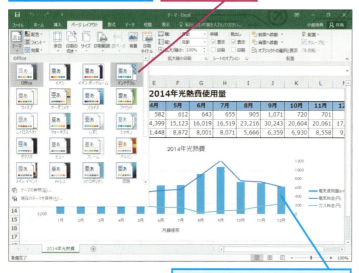

テーマのデザインにマウスポインター
を合わせると、一時的に設定後の状態
を確認できる

▶キーワード

グラフ	p.303
グラフエリア	p.303
セル	p.306
タブ	p.307
テーマ	p.308
フォント	p.309
ブック	p.310
ワークシート	p.311

 レッスンで使う練習用ファイル
テーマ.xlsx

 「テーマ」って何？

「テーマ」とは、ブック全体で使用する色やフォントなどを特定のパターンとしてあらかじめ組み合わせて定義したものです。手順2のようにテーマを選ぶだけで、色やフォントなど複数の書式が変更されます。新規に作成したブックは、[Office]というテーマが標準で設定されていることを覚えておきましょう。なお、テーマを変更すると、ワークシートで利用している文字の大きさやフォントの種類も変わります。文字がセルからはみ出してしまったときは、レッスン⓲を参考に列の幅を調整しておきましょう。

 間違った場合は？

手順2で選択する[テーマ]を間違えたときは、手順1からやり直します。

❸ [配色]の一覧を表示する

[インテグラル]のテーマが設定された　続けて、配色を変更する

[配色]をクリック

❹ 好みの配色を選択する

[配色]の一覧から、好みの配色を選択する　[黄]をクリック

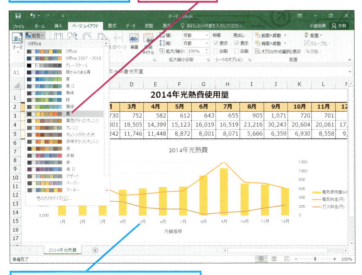

配色にマウスポインターを合わせると、一時的に設定後の状態を確認できる

 配色だけを変更するには

「テーマ」は配色とフォント、効果がセットになっているので、配色だけ変更したいときに「テーマ」を変更するとフォントや効果も合わせて変更されてしまいます。設定したフォントや効果を変更したくないときは、配色だけを変更するといいでしょう。配色のみを変更するには、手順3、4の操作のみを行ってください。

 テーマを変更すると [テーマの色]の表示が変わる

フォントの色やセルの背景色を選択するときに表示される色の一覧は、テーマを変更すると切り替わります。ただし、テーマで切り替わるのは[テーマの色]にある色だけです。テーマの変更でフォントやセルの背景色を変更したくないときは[標準の色]や[その他の色]に表示される色を使いましょう。逆にテーマと連動してフォントやセルの背景色を自動的に変更したいときは、[標準の色]や[その他の色]にある色を使わないようにしましょう。

◆[Office]のテーマを適用したときの色の一覧

◆[インテグラル]のテーマを適用したときの色の一覧

次のページに続く

グラフスタイルの変更

5 [グラフツール]を表示する

| [黄]の配色が設定された | 続けて、グラフのデザインを変更する | グラフエリアをクリック |

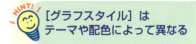

**[グラフスタイル]は
テーマや配色によって異なる**

手順7で利用する[グラフスタイル]に表示されるスタイルは、選択しているテーマや配色によって異なります。好みのスタイルがない場合は、テーマや配色を選択し直してください。

◆[Office]の配色を適用したときの[グラフスタイル]

◆[インテグラル]の配色を適用したときの[グラフスタイル]

6 [グラフスタイル]の一覧を表示する

| [グラフツール]が表示された | ❶[グラフツール]の[デザイン]タブをクリック | ❷[グラフスタイル]のここをクリック |

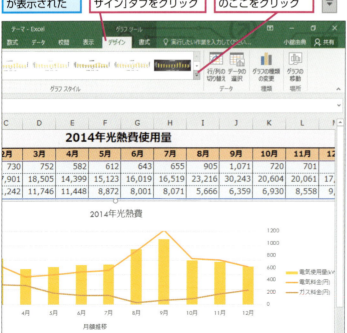

グラフの色を簡単に変更するには

[グラフスタイル]にある[色の変更]ボタンを利用すれば、グラフの色を簡単に変更できます。手順5のようにグラフエリアをクリックし、[色の変更]ボタンをクリックして表示される色の一覧から好みの色を選びましょう。まとめて凡例や系列の要素の色を変更できます。なお、[色の変更]ボタンに表示される色は、[テーマ]や[配色]の設定によって変わります。

間違った場合は?

手順6で違うタブをクリックしてしまった場合は、もう一度[グラフツール]の[デザイン]タブをクリックし直しましょう。

7 好みのスタイルを選択する

[グラフスタイル]の一覧から好みのスタイルを選択する

手順4で選択した配色によって[グラフスタイル]に表示されるスタイルは異なる

[スタイル8]をクリック

スタイルにマウスポインターを合わせると、一時的に設定後の状態を確認できる

8 表とグラフのデザインを確認する

グラフのスタイルが変更された

セルをクリックして、グラフエリアの選択を解除しておく

HINT! 棒の色を1本だけ変更するには

棒グラフの中に目立たせたい値があるときは、その値を示している棒だけ色を変えることもできます。グラフの中で1本の棒だけ色を変えるときは、棒を1回クリックして系列をすべて選択した後、さらに同じ棒を1回クリックして選択します。[グラフツール]の[書式]タブにある[図形の塗りつぶし]ボタンの▼をクリックして色の一覧を表示し、目的の色をクリックして棒の色を変更しましょう。

❶グラフの棒をクリック　❷色を変える棒をクリック

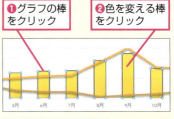

グラフの棒が1本だけ選択された

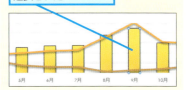

Point [テーマ]や[配色]でスタイルを一度に変更できる

このレッスンでは、[テーマ]を変えることで、表やグラフのデザインを一度に変更できることを解説しました。表の書式を設定するときに、テーマで定義されているパターンを使うと、テーマを変更するだけで、特定のフォントや色を直接指定することなく一度に変更できます。
テーマでは「赤」「青」のような色の指定ではなく「濃色」「淡色」「アクセント」という色の組み合わせや「見出し」「本文」というフォントの組み合わせで設定されています。[セルのスタイル]もこの組み合わせで設定されているので、[テーマ]を変えることで、まとめて変更できるのです。

レッスン 70

テンプレートを利用するには

テンプレート

新たに表を作成するとき、「ひな形」になるものがあると作業が楽になります。このレッスンでは、「テンプレート」というひな形を利用する方法を紹介します。

1 テンプレートを検索する

Excelを起動して、スタート画面を表示しておく

インターネットに接続した状態で家計簿のひな形を検索する

❶「家計簿」と入力　❷［検索の開始］をクリック

カテゴリーをクリックしてもテンプレートを検索できる

2 テンプレートを選択する

検索結果が表示された

❶ここを下にドラッグしてスクロール

❷［シンプルな月間家計簿］をクリック

▶ キーワード

Office.com	p.300
上書き保存	p.302
テンプレート	p.308

「テンプレート」って何？

テンプレートとは、あらかじめ表の体裁が整えられているひな形のことです。表のレイアウトやセルの書式、数式などが用途に合わせてあらかじめ設定されているので、見出しなどを書き換えてデータを入力するだけで見栄えのする表を簡単に作れます。スタート画面や［新規］の画面には、Excelと一緒にパソコンにインストールされているテンプレートとインターネット上のOffice.comにあるテンプレートが表示されます。Office.comにあるテンプレートは無料で利用できますが、不定期に追加や削除が行われるので、同じテンプレートが見当たらない場合もあります。

Execlを起動した後でテンプレートの一覧を表示するには

このレッスンでは、Excelを起動したときのスタート画面からテンプレートを利用しています。すでにExcelを起動しているときは、［ファイル］タブから［新規］をクリックして［新規］の画面を表示します。

 間違った場合は？

手順1で入力するキーワードを間違えて検索してしまった場合は、もう一度キーワードを入力し、検索をやり直します。

③ テンプレートをダウンロードする

[万年カレンダー（縦型）]の詳細が表示された　　[作成]をクリック　　ここをクリックすると、ほかのテンプレートを表示できる

④ テンプレートがダウンロードできた

選択したテンプレートのファイルが表示された

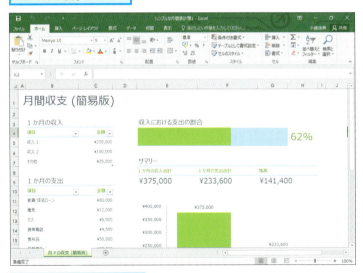

レッスン⑬を参考に名前を付けて保存しておく

さまざまなテンプレートが用意されている

テンプレートは、さまざまなジャンルのものが多数用意されています。手順1の方法でキーワードを入力して、目的に合ったテンプレートを探してみましょう。なお、キーワードの検索後に[ホーム]をクリックすると、手順1の画面を表示できます。

テンプレートの一覧は日々更新される

Office.com経由で公開されるテンプレートは、日々更新されます。気になるテンプレートは、ダウンロードして保存しておくといいでしょう。MicrosoftアカウントでOfficeにサインインしているときは、一度ダウンロードしたテンプレートがスタート画面の先頭に表示されます。

一度ダウンロードしたテンプレートは上位に表示される

Point

見栄えのする表をひな形を使って素早く作成する

Excelの操作に慣れていなくても、テンプレートを使えば、レイアウトや数式などが設定済みの表を簡単に作成できます。また、操作に慣れていても複雑なレイアウトの表を作成するには手間がかかりますが、テンプレートを利用すると簡単です。設定が難しそうな表や、経理、財務など一般的に決まったフォームの表を作るときは、ベースになりそうなテンプレートを探してみるといいでしょう。

レッスン 71

配色とフォントを変更するには

テーマのフォント

ワークシートの体裁を少し変更するだけで簡単にオリジナルの表を作成できます。このレッスンでは、練習用ファイルに設定されている配色とフォントを変更します。

1 [配色] の一覧を表示する

ここではテーマの配色をまとめて変更する

❶ [ページレイアウト] タブをクリック

❷ [配色] をクリック

2 好みの配色を選択する

[配色] の一覧から、好みの配色を選択する

[Office 2007 - 2010] をクリック

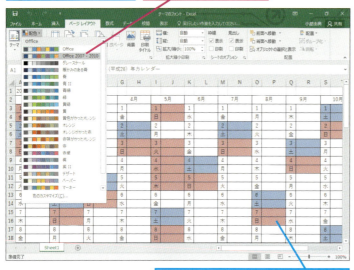

配色にマウスポインターを合わせると、一時的に設定後の状態を確認できる

▶ キーワード

ダイアログボックス	p.307
テーマ	p.308
テンプレート	p.308
フォント	p.309
ワークシート	p.311

📄 レッスンで使う練習用ファイル
テーマのフォント.xlsx

 テンプレートにテーマが設定されている場合がある

レッスン⓰で紹介したテンプレートには、あらかじめ何らかのテーマが設定されていることがあります。テーマには [配色] や [フォント] の組み合わせが設定されていますが、このレッスンでは、練習用ファイルにあらかじめ設定されているテーマの [配色] や [フォント] の設定を変更します。同様の手順で、テンプレートのテーマも変更できます。

 [配色] のパターンは追加できる

[配色] にある [色のカスタマイズ] をクリックすると表示される [新しい配色パターンの作成] ダイアログボックスには、さまざまな色合いのパターンが [濃色] [淡色] [アクセント] として定義されています。[濃色] [淡色] [アクセント] に定義されているパターンは、作成や追加ができます。

 間違った場合は?

手順2で間違った [配色] を選択してしまった場合は、もう一度手順1から操作して [配色] を選び直しましょう。

❸ [フォント]の一覧を表示する

| ワークシートの配色が変更された | 続けてテーマのフォントを変更する |

[フォント]をクリック

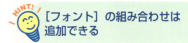

❹ フォントを選択する

[フォント]の一覧が表示された　[Corbel HGゴシックM]をクリック

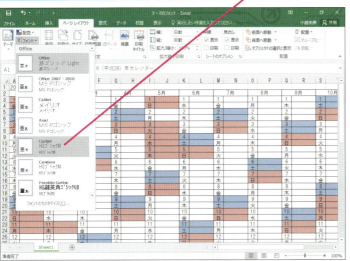

❺ テーマのフォントを変更できた

フォントが全体的に変更された

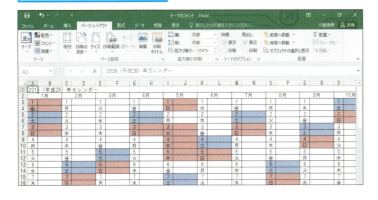

HINT! [フォント]の組み合わせは追加できる

[フォント]ボタンの一覧から[フォントのカスタマイズ]をクリックすると表示される[新しいテーマのフォントパターンの作成]ダイアログボックスでは、[見出し][本文]に独自の組み合わせのフォントを設定して新しいフォントパターンとして追加できます。

手順4を参考に[フォント]の一覧を表示しておく

❶ [フォントのカスタマイズ]をクリック

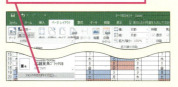

[新しいテーマのフォントパターンの作成]ダイアログボックスが表示された

❷ ここをクリックしてフォントを4つ選択

❸ フォントパターンの名前を入力　❹ [保存]をクリック

フォントパターンが保存される

Point 配色やフォントを変更すればオリジナルの表が簡単に作れる

ワークシートは、レイアウトや書式を自由に変更できます。テンプレートから作成した表などが好みのデザインでないときは、[配色]と[フォント]を変更して自分好みのデザインに仕上げるといいでしょう。もちろん、列の幅や項目名、タイトルを変えて、より使いやすい表にすることも簡単です。

71 テーマのフォント

できる 239

レッスン 72

2つのブックを並べて比較するには

並べて比較

2つのブックを見比べて確認するとき、並べて表示すれば作業がはかどります。このレッスンでは、2つのブックを1画面に並べて表示する方法を解説します。

▶このレッスンは動画で見られます　操作を動画でチェック！※詳しくは23ページへ

▶キーワード

ダイアログボックス	p.307
ブック	p.310
リボン	p.311

レッスンで使う練習用ファイル
2014年光熱費.xlsx
2013年光熱費.xlsx

1 2つのブックを並べて表示する

レッスン⑮を参考に、［2014年光熱費.xlsx］と［2013年光熱費.xlsx］をそれぞれ表示しておく

❶［表示］タブをクリック
❷［並べて比較］をクリック

HINT!
ブックの表示中に別のブックを開くには

Excelが起動済みの場合は、以下の手順でブックを開いても構いません。［最近使ったアイテム］や［OneDrive］、［このPC］からブックのある場所を指定して目的のブックを開きましょう。

❶［ファイル］タブをクリック
❷［開く］をクリック

［最近使ったブック］に履歴があれば、アイコンをクリックして開いてもいい

保存場所を選択してブックを開く

2 並べて表示されたことを確認する

2つのブックを並べて表示できた

[Ctrl]＋[F1]キーを押すとリボンを非表示にできる

❶ここを下にドラッグしてスクロール

❷2つのブックが並べて表示され、同時にスクロールすることを確認

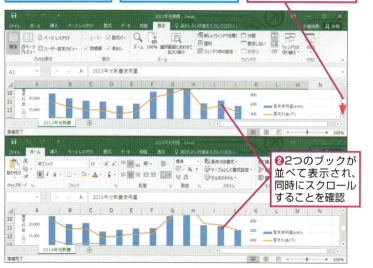

⚠ 間違った場合は?

手順1で［並べて比較］ボタンがクリックできないときは、ブックが複数開かれていません。レッスン⑮や上のHINT!を参考にして、比較するブックを開いておきます。

テクニック ブックを左右に並べて表示できる

［並べて比較］ボタンで2つのブックを並べると、標準では手順2の画面のように上下に並んで表示されます。ブックを左右に並べて表示するには、以下の手順を実行して［ウィンドウの整列］ダイアログボックスで設定を変更しましょう。上下の位置に戻すには［ウィンドウの位置を元に戻す］ボタン（）をクリックします。

❶ ［表示］タブをクリック
❷ ［整列］をクリック

ここでは2つのブックを左右に並べて表示する

❸ ［左右に並べて表示］をクリック
❹ ［OK］をクリック

2つのブックが左右に並べて表示される

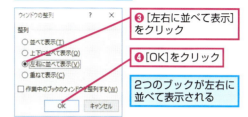

72 並べて比較

3 表示を元に戻す

1つのブックだけ表示される状態に戻す

［並べて比較］をクリック

1つのブックだけが表示された

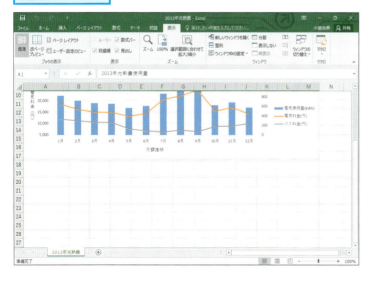

HINT! リボンの機能でウィンドウを切り替えるには

複数のブックを開いているとき、タスクバーのボタンを使わずにExcelのウィンドウを切り替えられます。［表示］タブの［ウィンドウの切り替え］ボタンをクリックして、一覧からブックを選択しましょう。

Point 比較する表の体裁は同じにしておく

Excelは同時に複数のブックを開けます。複数のブックを開くと、ブックごとにExcelのウィンドウが開きます。［並べて比較］を使うと2つのウィンドウが1つの画面に並んで表示され、スクロールを同期してそれぞれのブックの内容を比較できます。ただし、表の体裁が大きく異なっていると、スクロールを同期しても、同じ位置を比較できません。比較する表は、同じ体裁にしておきましょう。また、まったく関連性のないブックの場合はあまり比較する意味がありません。

レッスン 73

よく使う機能をタブに登録するには
リボンのユーザー設定

自分がよく使う機能はリボンに追加しておくと便利です。タブを切り替える手間が省ける上、目的の機能がどこにあるか迷わないのでお薦めです。

▶キーワード

クイックアクセスツールバー	p.303
ダイアログボックス	p.307
タブ	p.307
リボン	p.311

① [Excelのオプション] ダイアログボックスを表示する

Excelを起動しておく

❶[ファイル]タブをクリック

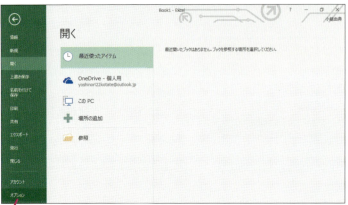

❷[オプション]をクリック

② 新しいタブを追加する

[Excelのオプション] ダイアログボックスが表示された

❶[リボンのユーザー設定]をクリック

❷[新しいタブ]をクリック

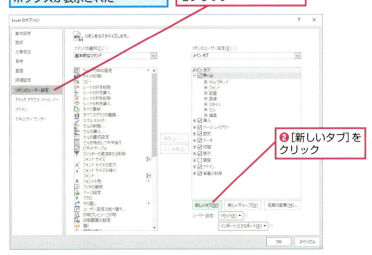

HINT! [Excelのオプション] ダイアログボックスをすぐに表示するには

以下の手順を実行すれば、ブックの表示中に[Excelのオプション] ダイアログボックスを表示できます。手順2と同じように[リボンのユーザー設定]をすぐにクリックしましょう。なお、詳しい操作はレッスン❹を参照してください。

❶[クイックアクセスツールバーのユーザー設定]をクリック

❷[その他のコマンド]をクリック

HINT! リボンにどの機能を追加したらいいの？

まずは自分がExcelでよく使う機能を考えてみましょう。一般的に、印刷や画面表示に関する機能を利用することが多いかと思います。いつも使うボタンを1つのタブに集めておくだけでも作業の効率が上がるので、試してみてください。

242 できる

3 タブの名前を変更する

新しいタブが追加された

❶ ［新しいタブ（ユーザー設定）］をクリック

❷ ［名前の変更］をクリック

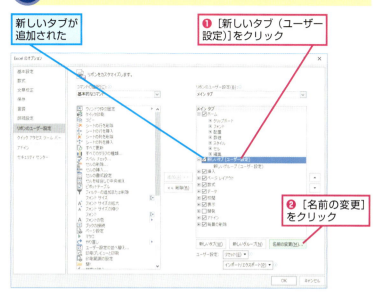

4 タブの名前を入力する

［名前の変更］ダイアログボックスが表示された

ここで入力した名前がタブに表示される

❶ タブの名前を入力

❷ ［OK］をクリック

5 グループの名前を変更する

タブの名前が変更された

❶ ［新しいグループ（ユーザー設定）］をクリック

❷ ［名前の変更］をクリック

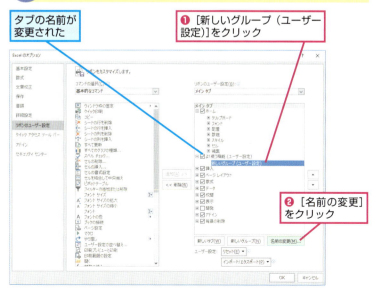

HINT! 既存のリボンにもボタンを追加できる

新しいタブを作成しなくても、既存のリボンにグループを追加すれば、新しいボタンを追加できます。Excelのタブは、目的別に分類されているため、2003以前のバージョンのExcelを利用してきた方は、戸惑うこともあるかもしれません。自分が使いやすいようにカスタマイズするといいでしょう。

❶ ボタンを追加するタブをクリック

❷ ［新しいグループ］をクリック

新しいグループが追加された

❸ ［名前の変更］をクリックしてグループ名を変更

手順5～8を参考に機能を追加できる

間違った場合は?

手順4で入力するタブの名前を間違えてしまったときは、もう一度［名前の変更］ボタンをクリックして、タブの名前を付け直します。

次のページに続く

リボンのユーザー設定

243

⑥ グループ名を入力する

[名前の変更]ダイアログボックスが表示された

ここで入力した名前がグループ名に表示される

❶「印刷」と入力

❷[OK]をクリック

⑦ 機能を追加する

グループ名が変更された

作成した[印刷]グループに機能を追加する

❶[印刷(ユーザー設定)]をクリック

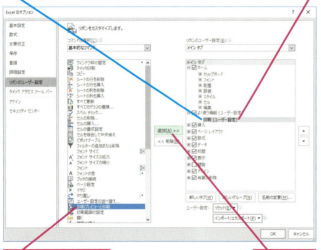

❷[印刷プレビューと印刷]をクリック

❸[追加]をクリック

💡 HINT! 追加したタブを削除するには

追加したタブはいつでも削除できます。以下の手順を参考に削除してください。ただし、削除したタブは元に戻せません。もう一度、タブの作成とボタンの登録を行う必要があります。

❶追加したタブを右クリック

❷[削除]をクリック

追加したタブが削除された

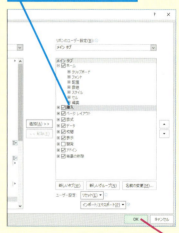

❸[OK]をクリック

⚠️ 間違った場合は?

手順7で間違った機能を追加してしまった場合は、[削除]ボタンをクリックして追加した機能を削除し、もう一度手順7の操作をやり直しましょう。

8 機能の追加を完了する

機能が追加された

[OK]をクリック

9 新しく追加したタブを確認する

[Excelのオプション]ダイアログボックスが閉じた

手順4で設定した名前がタブに表示されている

❶[よく使う機能]タブをクリック

❷手順6で設定したグループ名が表示されていることを確認

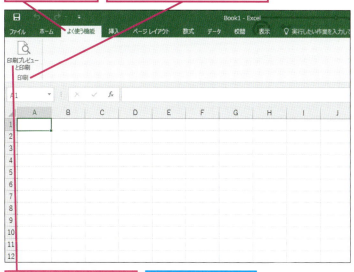

❸手順7で追加した機能が表示されていることを確認

新しいタブによく使う機能を追加できた

HINT! タブの順番を入れ替えるには

新しく作成するタブは、特に何も指定しないと[ホーム]タブの右側に追加されます。手順7や手順8の画面で、以下のように操作すれば、タブを挿入する位置を変更できます。

❶順番を入れ替えるタブ名をクリック

❷[下へ]をクリック

選択したタブが[挿入]タブの下（リボンでは[挿入]タブの右)に移動した

❸[OK]をクリック

Point

よく使う機能を追加して作業効率を上げよう

リボンには機能が目的別に分かるようにタブに分類されていて便利ですが、使いたい機能にたどり着くまでタブの切り替えが面倒なこともあります。また、いつも使う機能を自分専用のタブを作成してまとめておくと作業効率が上がります。このレッスンを参考に、タブに機能を追加すれば、素早く目的の操作を実行できるようになります。

レッスン 74

よく使う機能のボタンを表示するには

クイックアクセスツールバーのユーザー設定

使う機会の多いコマンドは、クイックアクセスツールバーに追加しておくと便利です。ここでは［印刷プレビュー（全画面表示）］のボタンを追加してみます。

1 クイックアクセスツールバーに機能を追加する

ここでは、［印刷プレビュー（全画面表示）］のボタンが常に左上に表示されるように設定する

❶［クイックアクセスツールバーのユーザー設定］をクリック

❷［その他のコマンド］をクリック

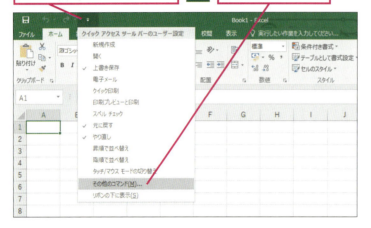

2 追加する機能のグループを選択する

［Excelのオプション］ダイアログボックスが表示された

❶［コマンドの種類］のここをクリック

❷［リボンにないコマンド］をクリック

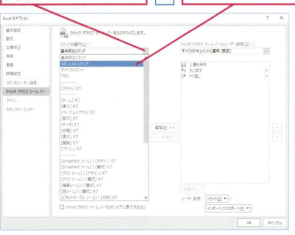

▶キーワード

印刷プレビュー	p.301
クイックアクセスツールバー	p.303
ダイアログボックス	p.307
リボン	p.311

HINT!「クイックアクセスツールバー」って何？

リボンの上にコマンドボタンが並んでいる領域がクイックアクセスツールバーです。クイックアクセスツールバーには、選択されているリボンのタブとは関係なく、常に同じコマンドボタンが表示されます。このレッスンで解説しているように、よく利用する機能のボタンをここに配置しておくとExcelを素早く操作できます。

◆クイックアクセスツールバー

間違った場合は？

手順3で追加する機能を間違ってしまった場合は、手順4の画面で［削除］ボタンをクリックして、手順2から操作をやり直してください。

③ 追加する機能を選択する

リボンに表示されていない、Excelの機能が一覧で表示された

❶ ここを下にドラッグしてスクロール
❷ ［印刷プレビュー（全画面表示）］をクリック
❸ ［追加］をクリック

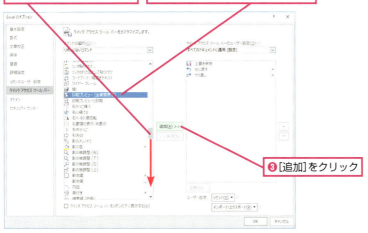

HINT! リボンにない機能も追加できる

手順2の［Excelのオプション］ダイアログボックスの［コマンドの選択］では、追加機能を絞り込んで選択できます。［すべてのコマンド］を選択すれば、Excelで利用できるすべてのコマンドが表示されます。なお、コマンドは記号、数字、アルファベット、かな、漢字の順に表示されます。

［コマンドの種類］のここをクリックして［すべてのコマンド］を選択

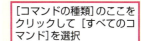

Excelで利用できるすべての機能が表示された

④ 機能の追加を確定する

追加した機能が右側に表示された

［OK］をクリック

Point
よく使う機能のボタンを追加しよう

クイックアクセスツールバーには、タブを切り替えても常に同じボタンが表示されます。そのため、よく使う機能のボタンを登録しておけば、いつでも素早くその機能を使用できます。このレッスンで解説しているようにクイックアクセスツールバーには簡単にボタンを追加できます。自分の作業スタイルに合わせて、頻繁に使う機能のボタンをクイックアクセスツールバーに追加しておきましょう。

⑤ クイックアクセスツールバーに機能が追加された

ボタンをクリックすれば、その機能を実行できる

レッスン 75 ブックの安全性を高めるには

ブックの保護

作成したブックをほかの人に勝手に見られないように、保存時にパスワードを付けて暗号化できます。ここでは、ブックにパスワードを設定する方法を解説します。

ブックを暗号化

1 [ドキュメントの暗号化]ダイアログボックスを表示する

ここでは新しいブックを暗号化して保存する

❶[ファイル]タブをクリック

❷[情報]をクリック　❸[ブックの保護]をクリック

❹[パスワードを使用して暗号化]をクリック

2 パスワードを入力する

[ドキュメントの暗号化]ダイアログボックスが表示された

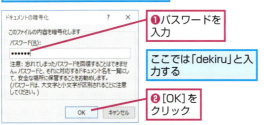

❶パスワードを入力

ここでは「dekiru」と入力する

❷[OK]をクリック

▶キーワード

暗号化	p.301
ブック	p.310
保護	p.310

HINT! そのほかのブックの保護方法

[ブックの保護]ボタンの一覧には、暗号化以外にもさまざまなブックを保護する項目が用意されています。知っていると便利なものをいくつか紹介します。

●ブックを保護する方法

保護方法	特徴
最終版にする	完成した表を最終版として保護して、不注意などで内容を書き換えられないようにブックを読み取り専用にする
現在のシートの保護	選択されているワークシートとロックされたセルの内容を保護し、セルの選択や書式設定などの操作を制限できる。特定のセルのみ入力を許可して、ほかのセルを保護できる
ブック構成の保護	ブックに含まれるワークシートの移動や削除・追加・コピーなどのブックの構成を変更する操作ができなくなる。ワークシートの保護と組み合わせることでブック全体の編集操作を制限できる

間違った場合は?

手順2と手順3で入力したパスワードが違うと、[先に入力したパスワードと一致しません]というメッセージが表示されます。手順2で入力したパスワードを再度入力してください。パスワードを思い出せないときは、[キャンセル]ボタンをクリックし、最初から操作をやり直しましょう。

❸ もう一度パスワードを入力する

確認のため、手順2で入力したパスワードを再度入力する

❶ パスワードを入力
❷ [OK]をクリック
パスワードが設定された

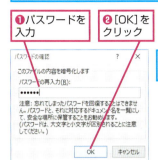

❹ Excelを終了する

文書にパスワードが設定された
文書にパスワードを設定できたのでExcelを終了する
❶ [閉じる]をクリック

ブックの保存を確認するメッセージが表示された
文書を保存する
❷ [保存]をクリック
文書を暗号化できた

ここでは [ドキュメント] フォルダーに保存する
❸ [保存]をクリック

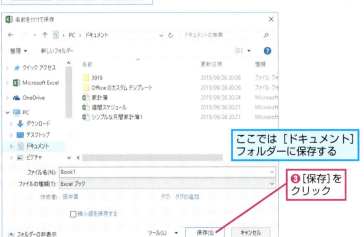

パスワードを忘れないように気を付けよう

暗号化したブックを開くには、必ずパスワードが必要になります。設定したパスワードを後から調べる方法がないので、忘れないように注意してください。どうしても忘れそうなときは、パスワードをそのまま記録するのではなく、他人に推測されないようなヒントを残しておくといいでしょう。

パスワードに利用できる文字数とは

パスワードには、半角の英文字（A〜Z、a〜z）、数字（0〜9）と記号（「!」「$」「#」「%」など）が使えます。なお、英文字の「A」〜「Z」と「a」〜「z」は区別されるので注意してください。入力中のパスワードは画面に表示されないので、小文字のつもりで大文字を入力しないように、Caps Lockキーの状態をよく確認しましょう。

セキュリティを考慮した文字数にする

パスワードには最長で255文字まで入力できますが、長すぎると間違いやすくなります。しかし、短いパスワードは推測されやすいので、6〜7文字程度の長さにしましょう。英大文字、英小文字、数字、記号の4種類を組み合わせて、7文字以上にすれば、より強固なパスワードになります。

他人に見られたくないときにパスワードを設定する

重要なブックは、パスワードを設定して保護しておきましょう。特にブックをメールに添付するときや、USBメモリーなどにコピーして持ち歩くときなどは、保護しておくことが大切です。パスワードで保護をしておけば、不測の事態にあったときでも、第三者に内容を見られることがないので安心です。

次のページに続く

75 ブックの保護

できる 249

暗号化したブックの表示

5 [ドキュメント]フォルダーを表示する

ブックを保存した[ドキュメント]フォルダーを表示する

❶[エクスプローラー]をクリック

エクスプローラーが起動した

❷[PC]をクリック

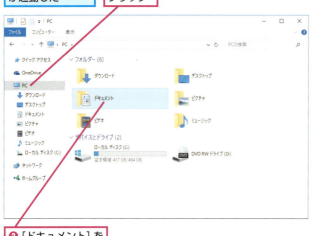

❸[ドキュメント]をダブルクリック

6 暗号化したブックを開く

ここでは、手順4で保存した暗号化を設定済みのファイルを開く

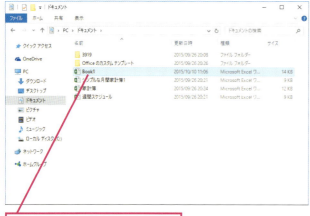

パスワードが設定されたファイルをダブルクリック

 パスワードを解除するには

暗号化されたブックのパスワードは、後から解除できます。パスワードを解除するブックを開いて、手順1を参考に[ドキュメントの暗号化]ダイアログボックスを開きます。[パスワード]欄のパスワードを削除して空欄にして[OK]ボタンをクリックすれば、パスワードが解除されます。

❶[ファイル]タブをクリック　❷[ブックの保護]をクリック

❸[パスワードを使用して暗号化]をクリック

[ドキュメントの暗号化]ダイアログボックスが表示された

❹パスワードの文字を削除

❺[OK]をクリック　パスワードが解除される

 間違った場合は?

手順7で入力したパスワードが間違っているというメッセージが表示されたときは、入力したパスワードの大文字や小文字を間違っていないか確認して、パスワードを入力し直します。パスワードは大文字と小文字を区別するので注意しましょう。

テクニック ワークシートやブックの編集を制限できる

ブックを開いて編集した後に、ほかのユーザーによるワークシートやブックの編集を制限したいことがあるでしょう。そのようなときは、手順1の[ブックの保護]ボタンの一覧から[現在のシートの保護]や[ブック構成の保護]を選びます。セルの選択や書式の変更、行や列の挿入や削除、さらにワークシートの追加や削除などの操作を制限できます。

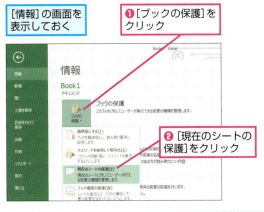

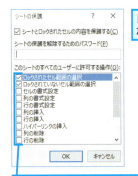

7 パスワードを入力する

[パスワード]ダイアログボックスが表示された

ここではブックに設定済みの「dekiru」というパスワードを入力する

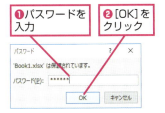

パスワードを変更するには

パスワードを変更するときは、[ドキュメントの暗号化]ダイアログボックスで入力し直します。前ページのHINT!を参考に、[ドキュメントの暗号化]ダイアログボックスを開き、表示されたパスワードを削除してから新しいパスワードを入力します。

8 ブックが開いた

暗号化したブックを開くことができた

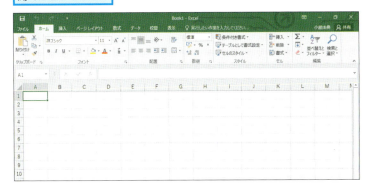

Point
パスワードを設定してブックを保護する

ブックにパスワードを設定して暗号化することで、第三者に内容を見られたり、編集されたりすることを防げます。ただし、設定したパスワードを後から確認する方法はありません。パスワードを解除するにも一度ブックを開く必要があるので、パスワードは絶対に忘れないようにしましょう。だからといって、パスワードを他人の目に付く場所に書き残しておいては、パスワードの意味がありません。日ごろから厳重に管理するように心がけましょう。

レッスン 76

新しいバージョンでブックを保存するには

ファイルの種類

Excel 2016は2003以前のExcelで作成したブックも開けます。ここでは2003以前のExcelで作成したブックを新しいバージョンで保存する方法を解説します。

1 [名前を付けて保存] ダイアログボックスを表示する

[Excel 97-2003ブック] 形式のブックを開いておく

❶[ファイル] タブをクリック

❷[名前を付けて保存]をクリック

❸[このPC]をクリック

❹[参照]をクリック

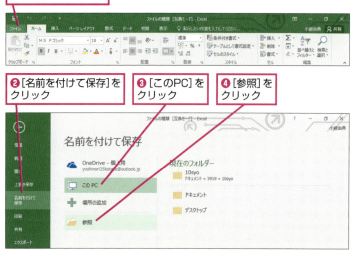

2 ブックを [Excelブック] 形式で保存する

[名前を付けて保存]ダイアログボックスが表示された

❶「2014年光熱費使用量」と入力

❷[ファイルの種類]をクリックして[Excelブック]を選択

❸[保存]をクリック

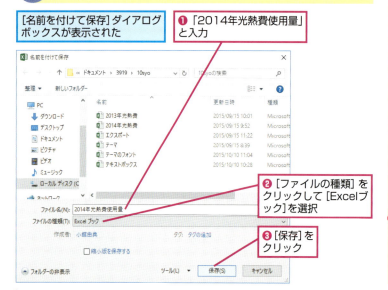

▶キーワード

名前を付けて保存	p.309
ブック	p.310

 レッスンで使う練習用ファイル
ファイルの種類.xls

 ブックの形式によってアイコンと拡張子が異なる

Excel 2007/2010/2013/2016でブックを作成すると、ブックは[Excelブック]形式（拡張子は[*.xlsx]）となります。一方、Excel 2003以前のバージョンで作成したブックは、[Excel 97-2003ブック]形式（拡張子は[*.xls]）となります。[Excelブック]形式と[Excel 97-2003ブック]形式ではアイコンの形が異なるので、違いをよく確認しておきましょう。このレッスンでは、[Excel 97-2003ブック]形式のブックを[Excelブック]形式のブックに変換して保存します。

●Excel 97-2003ブック形式のアイコン

●Excel ブック形式のアイコン

 間違った場合は？

保存するファイルの種類やファイル名を間違ったときは、もう一度正しい設定で保存し直してください。

テクニック 古いバージョンでブックを保存する

Excel 2003を使っている人にExcel 2016で作成したブックを渡す必要があるときは、[Excel 97-2003ブック]形式でブックを保存します。ただし、[Excel 97-2003ブック]で保存しても、Excel 2003ではExcel 2007以降に搭載された機能や書式は利用できません。[互換性チェック]のダイアログボックスの[概要]に「機能の大幅の損失」が表示された場合は、一部の機能が削除されることに注意してください。

手順1〜2を参考に、[名前を付けて保存]ダイアログボックスを表示しておく

❶ ここをクリックして「ファイルの種類 (excel2003)」と入力

❷ [ファイルの種類]をクリックして[Excel 97-2003ブック]を選択

❸ [保存]をクリック

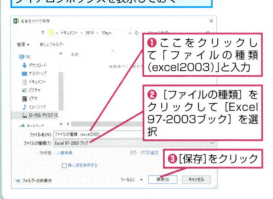

❹ 古いバージョンと互換性がない個所を確認

❺ [続行]をクリック

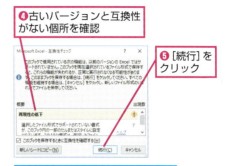

[Excel 97-2003ブック]形式で保存される

3 ファイル名を確認する

ブックを新しいバージョンで保存できた

入力したファイル名が表示され、ファイルが保存されたことを確認

HINT! 新しいバージョンで保存して問題はないの？

新しいバージョンで保存しても編集したブックの内容は変わりません。さらに、保存形式が変わると拡張子も変わり別のファイルとして保存されます。元のファイルが残るので以前のバージョンが必要になったときも安心です。

Point [ファイルの種類]で保存するファイル形式を指定する

Excel 2016のブック形式は[Excelブック]です。2003以前の[Excel 97-2003ブック]も[Excelブック]と同様に開いて作業ができますが[互換モード]で開かれます。[互換モード]のブックでは2007以降に搭載された関数や書式など便利な機能を利用できないので[Excelブック]で保存し直しましょう。このレッスンで紹介したように、[名前を付けて保存]ダイアログボックスの[ファイルの種類]で[Excelブック]にして保存すれば、ファイルサイズが小さくなるというメリットもあります。

レッスン 77

ブックをPDF形式で保存するには

エクスポート

Excelは、ブックをPDF形式やXPS形式で保存できます。PDFファイルなら、Excelがインストールされていないパソコンでもさまざまなアプリで閲覧できます。

1 [PDFまたはXPS形式で発行]ダイアログボックスを表示する

ブックをPDF形式で保存する

❶[ファイル]タブをクリック

❷[エクスポート]をクリック

❸[PDF/XPSドキュメントの作成]をクリック

❹[PDF/XPSの作成]をクリック

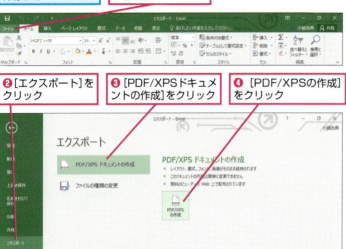

2 ブックをPDF形式で保存する

[PDFまたはXPS形式で発行]ダイアログボックスが表示された

❶[ドキュメント]をクリック

❷[ファイルの種類]が[PDF]になっていることを確認

❸[発行後にファイルを開く]にチェックマークが付いていることを確認

❹[発行]をクリック

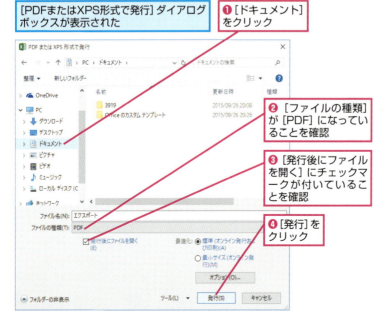

▶キーワード

Microsoft Edge	p.300
PDF形式	p.300
操作アシスト	p.307
名前を付けて保存	p.309
ブック	p.310

レッスンで使う練習用ファイル
エクスポート.xlsx

HINT!
[操作アシスト]で素早くExcelを操作できる

リボンのタブは機能ごとに操作がまとまっているので分かりやすいですが、目的のコマンドにたどり着くまでの操作が面倒なときがあります。[操作アシスト]を使うと、コマンドを素早く検索して実行することができます。例えば、タイトルバーの右下にある[実行したい作業を入力してください]に「PDF」と入力すると、PDFに関連するコマンドへのショートカットの一覧が表示されます。ショートカットの一覧にある[他の形式で保存]-[PDFまたはXPF]の順にクリックするだけで手順2のダイアログボックスが表示されます。

HINT!
保存するPDFの品質やページ範囲を設定できる

手順2の[PDFまたはXPS形式で発行]ダイアログボックスにある[オプション]ボタンをクリックすると、PDFとして保存するときの詳細を設定できます。主な設定内容は、PDFに保存するページ範囲や保存するワークシート範囲です。また、PDFのオプションとしてISO(国際標準規格)で制定されている「PDF/A」(電子文書の長期保存を目的とした規格)の選択も可能です。

③ PDFを確認する

| ここではMicrosoft Edge でPDFを開く | ❶[Microsoft Edge] をクリック | ❷[OK]を クリック |

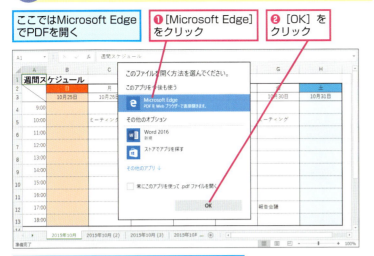

PDFを開くソフトウェアが決まっているときは、
上記の確認画面は表示されない

| Microsoft Edgeが起動した | 専用のPDF閲覧ソフトがインストールされていれば、そのソフトウェアでPDFが表示される | ❸Excelで作成した文書が正しく表示されているか確認 |

④ Microsoft Edgeを終了する

| PDFを確認できた | | [閉じる]をクリック |

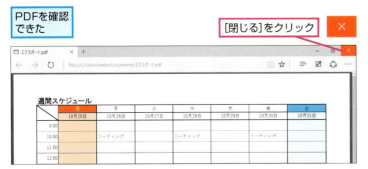

Windows 7でPDFを開くには専用の閲覧ソフトが便利

Windows 7でPDF形式のファイルを開いて内容を確認するには、パソコンに「Adobe Acrobat Reader DC」などのソフトウェアがインストールされている必要があります。「Adobe Reader」は以下のURLから無料でダウンロードできるので、パソコンにインストールしておきましょう。

▼Adobe Acrobat Reader DCのダウンロードページ
http://get.adobe.com/jp/reader/

[名前を付けて保存]でもPDFを保存できる

このレッスンでは、[ファイル]タブの[エクスポート]からPDF形式で保存しましたが、[名前を付けて保存]を選択してもPDF形式で保存ができます。レッスン⑬を参考にして[名前を付けて保存]ダイアログボックスを開き、[ファイルの種類]から[PDF]を選択しましょう。

Point

PDF形式で保存して文書を活用しよう

PDFはアドビシステムズが開発した電子文書の形式で、印刷イメージを電子化したファイルにしたものです。ブックをPDF形式で保存すれば、Excelで印刷したものと変わらない印刷イメージとしてファイルに保存できるので、Excelがインストールされていないパソコンでも、画面上に表示したり、印刷したりできます。Excelで作成した表やグラフも、PDF形式のファイルとして保存できるので便利です。

この章のまとめ

●Excelを自分のものにしよう

この章では、これまでのレッスンで紹介できなかったExcelの機能の中で、覚えておくと便利な機能を紹介しました。テキストボックスは、セル枠に関係なく文字を書き込めます。［テーマ］を使えば、表やグラフの体裁をまとめて変更するのに便利です。また、テンプレートの利用方法やブックの暗号化、PDF保存について解説しました。特に便利なのは、リボンやクイックアクセスツールバーのカスタマイズです。Excelのリボンには、目的に応じた機能が項目ごとに用意されていますが、操作に慣れてくると、よく使う機能を素早く使いたいと感じるはずです。そのようなときはリボンやクイックアクセスツールバーに、よく使う機能のボタンを追加してみましょう。このように少しずつ自分の使い方に合わせて、Excelを使いやすいように整えることも大切です。

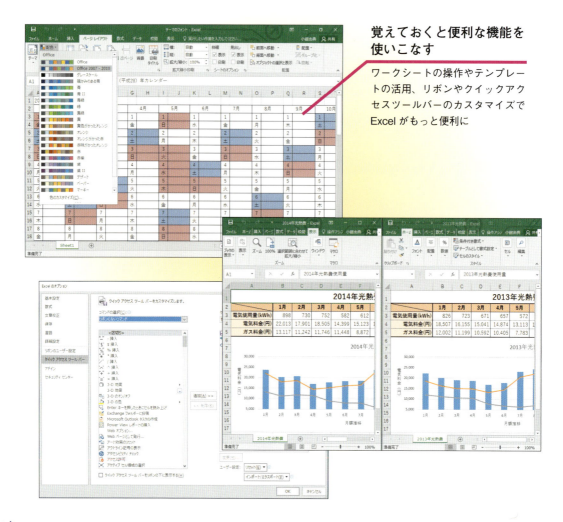

覚えておくと便利な機能を使いこなす

ワークシートの操作やテンプレートの活用、リボンやクイックアクセスツールバーのカスタマイズでExcelがもっと便利に

練習問題

1

テンプレートの［毎日の作業スケジュール］をダウンロードして開いてください。Excelが起動済みのときは、［ファイル］タブをクリックしてから［新規］をクリックして［新規］の画面を表示してから操作します。

●ヒント　目的のテンプレートは、Excelのスタート画面や［新規］の画面で検索します。ここでは「スケジュール」をキーワードにテンプレートを検索します。

スケジュールのテンプレートをダウンロードする

2

クイックアクセスツールバーに［セルの結合］ボタンを追加してください。

●ヒント　コマンドの追加は［クイックアクセスツールバーのユーザー設定］で設定します。また、追加する機能は［Excelのオプション］ダイアログボックスで［すべてのコマンド］から探すといいでしょう。

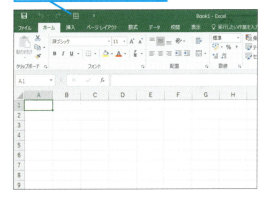

クイックアクセスツールバーに［セルの結合］を追加する

答えは次のページ

解答

1

Excelを起動しておく

①「スケジュール」と入力
②[検索の開始]をクリック

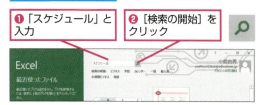

Excelのスタート画面を表示し、検索ボックスに「スケジュール」を入力してテンプレートを検索します。検索結果から[毎日の作業スケジュール]を選択してクリックしましょう。次に[作成]ボタンをクリックすると、ダウンロードが実行され、テンプレートが開きます。

スケジュールのテンプレートが検索された
③[毎日の作業スケジュール]をクリック

④[作成]をクリック
[毎日の作業スケジュール]のテンプレートが表示される

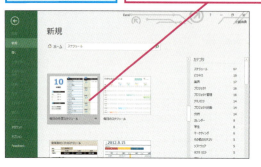
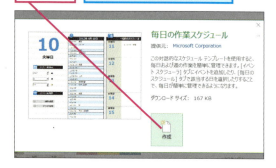

2

①[クイックアクセスツールバーのユーザー設定]をクリック
②[その他のコマンド]をクリック

[クイックアクセスツールバーのユーザー設定]の[その他のコマンド]をクリックします。次に[コマンドの選択]で[すべてのコマンド]を選択して、リストから[セルの結合]を探して選択します。[追加]ボタンをクリックしてボタンを追加しましょう。

③[コマンドの種類]のここをクリックして[すべてのコマンド]を選択
④ここを下にドラッグしてスクロール

機能が追加された
⑦[OK]をクリック

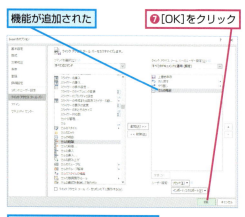

⑤[セルの結合]をクリック
⑥[追加]をクリック

クイックアクセスツールバーにボタンが追加される

第**11**章

Excelをクラウドで使いこなす

インターネット上で提供されているクラウドサービスを利用すれば、Excelで作成した表を外出先で編集したり、複数の人と共有して作業を進めたりすることができます。さらにスマートフォンを使った簡単な作業も可能になります。この章では、WindowsやOfficeといったマイクロソフト製品との親和性が高いOneDriveを活用して、Webブラウザーでデータを開く方法を紹介します。

●この章の内容
- ❼❽ 作成したブックをクラウドで活用しよう·······260
- ❼❾ ブックをOneDriveに保存するには················262
- ❽⓪ OneDriveに保存したブックを開くには·········264
- ❽① Webブラウザーを使って
  ブックを開くには ··266
- ❽② スマートフォンを使ってブックを開くには····268
- ❽③ ブックを共有するには ·································272
- ❽④ 共有されたブックを開くには·······················276
- ❽⑤ 共有されたブックを編集するには················278

レッスン 78

作成したブックをクラウドで活用しよう

クラウドの仕組み

OneDriveを使うと、外出先でブックを編集したり、複数の人と共有したりできます。このレッスンでは、クラウドサービスのOneDriveでできることを解説します。

クラウドって何？

クラウドとは、インターネット上で提供されているさまざまなサービスの総称です。この章で解説するOneDriveは、マイクロソフトが提供しているクラウドサービスで、インターネット上にファイルを保存できるストレージサービスです。OneDriveにブックを保存しておくと、外出先から編集したり、複数の人と共有して共同で作業することもできます。さらに、スマートフォンからもブックの閲覧や編集ができます。また、Office Onlineを使えばWebブラウザー上でブックの閲覧や編集が可能になります。

▶キーワード	
Excel Online	p.300
Microsoftアカウント	p.300
Office.com	p.300
OneDrive	p.300
共有	p.303
クラウド	p.303
ブック	p.310

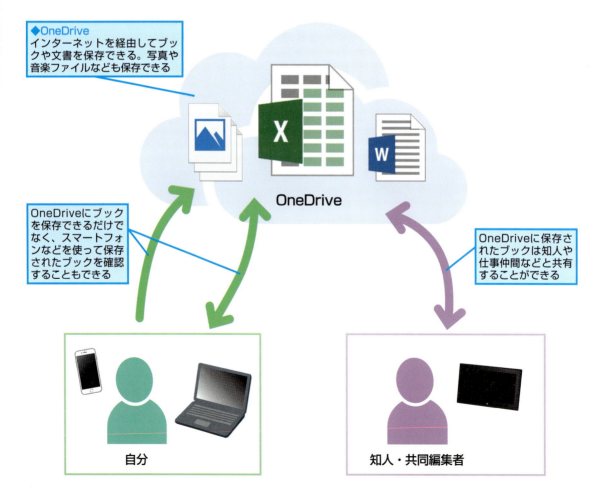

MicrosoftアカウントとOneDrive

OneDriveを使うには、Microsoftアカウントが必要です。すでにMicrosoftアカウントを持っていれば、OneDriveをすぐに利用できます。なお、Windows 10にMicrosoftアカウントでサインインしていれば、設定されているアカウントがそのまま利用できるので、特別な操作は必要ありません。

OneDriveを開く4つの方法

WindowsでOneDriveを開くには、下の画面にある4つの方法があります。なお、インターネット上で提供されているサービスを利用するとき、登録済みのIDやパスワードを入力してサービスを利用可能な状態にすることを「サインイン」や「ログイン」と呼びます。あらかじめサインインを実行しておけば、すぐにOneDriveを開けます。

HINT! Microsoftアカウントって何？

Microsoftアカウントとは、マイクロソフトが提供するサービスを利用するための専用のIDとパスワードのことです。IDは「○△□●◇@outlook.jp」などのメールアドレスになっており、マイクロソフトが提供するメールサービスやアプリを利用できます。

HINT! 通知領域からOneDriveの状態を確認するには

通知領域の［隠れているインジケーターを表示します］ボタン（）をクリックし、［OneDrive］（ ）を選択するとOneDriveの状況を確認できます。

●Excelから開く

［開く］の画面で［OneDrive］をクリックする

●エクスプローラーから開く

エクスプローラーを起動して［OneDrive］をクリックする

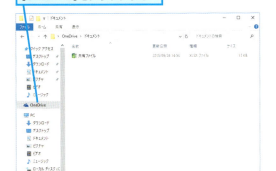

●Webブラウザーから開く

Microsoft EdgeなどのWebブラウザーでOneDriveのWebページを表示する

●スマートフォンやタブレットから開く

モバイルアプリを利用して、OneDriveにあるブックを開く

レッスン 79

ブックをOneDriveに保存するには
OneDriveへの保存

サインインが完了していればExcelで作成したブックをOneDriveに保存するのは、とても簡単です。Excelから直接OneDriveにブックを保存してみましょう。

1 [名前を付けて保存]ダイアログボックスを表示する

❶[ファイル]タブをクリック

❷[名前を付けて保存]をクリック
❸[OneDrive]をクリック
❹[参照]をクリック

2 保存するOneDriveのフォルダーを選択する

[名前を付けて保存]ダイアログボックスが表示された

ここでは[ドキュメント]フォルダーを選択する

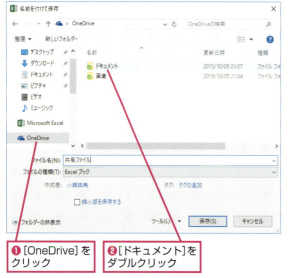

❶[OneDrive]をクリック
❷[ドキュメント]をダブルクリック

▶ キーワード

Microsoftアカウント	p.300
OneDrive	p.300
ブック	p.310

レッスンで使う練習用ファイル
共有ファイル.xlsx

フォルダーを使い分けよう

OneDriveにはあらかじめ[ドキュメント]と[画像]のフォルダーが用意されています。保存したファイルを見つけやすいように[ドキュメント]はExcelのブックやWordの文書などのファイル、[画像]には自分で撮影した写真を保存するなど、内容に応じて使い分けると便利です。また新しいフォルダーも自由に作成できるので、管理しやすいようにフォルダーを使い分けましょう。なお、フォルダーの作成方法については、275ページのテクニックを参照してください。

オフラインでもOneDriveにあるブックを編集できる

OneDriveの初期設定では、パソコンとOneDriveとの自動同期が有効になっています。インターネットに接続していなくても、フォルダーウィンドウの[OneDrive]からファイルを開いて編集が可能です。パソコンをインターネットに接続すると、自動でファイルの同期が実行されます。

間違った場合は？

手順2で別のフォルダーをダブルクリックしてしまったときは、左上の[戻る]ボタン（←）をクリックして[ドキュメント]を選択し直します。

③ ファイルを保存する

[ドキュメント]フォルダーが表示された

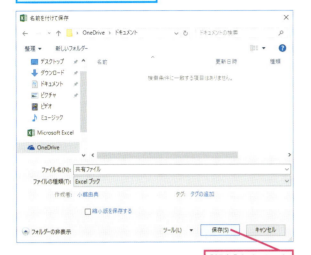

[保存]をクリック

④ OneDriveに保存された

OneDriveにブックがアップロードされる

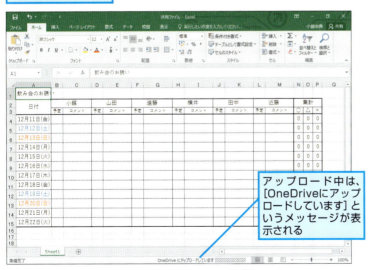

アップロード中は、[OneDriveにアップロードしています]というメッセージが表示される

ブックがOneDriveに保存された

アップロードが完了するとメッセージが消える

OneDriveに保存できないファイルとは

OneDriveには、1つで10Gバイトを超えるファイルを保存できません。動画ファイルなど、大きなサイズのファイルを保存するときには注意してください。また、著作権や第3者のプライバシーを侵害するものや社会通念上不適切な内容のファイルなど、マイクロソフトが定める倫理規定に反したものは保存できません。詳しくは、下記のWebページを確認してください。

▼倫理規定のWebページ
http://www.microsoft.com/ja-jp/servicesagreement/

OneDriveはインターネットへの接続が必要

OneDriveはインターネット上のサービスなので、利用するにはインターネットへの接続が必要です。インターネットに接続されていないと、Excelからブックを保存できません。手順1で「ネットワーク接続がありません」というメッセージが表示されたときは、インターネットに接続されているかを確認しましょう。

Point

OneDriveがクラウドのスタート

このレッスンでは、作成済みのブックをExcelからOneDriveに保存する方法を解説しました。会社のパソコンで作成したブックを外出先のノートパソコンで編集したり、ブックを共有して共同作業を行ったりするなど、クラウドを活用するための最初の一歩がOneDriveです。インターネットが利用できる環境なら、パソコンのハードディスクと同じように、ブックの保存や閲覧・編集が簡単にできます。

できる | 263

レッスン 80

OneDriveに保存したブックを開くには

OneDriveから開く

OneDriveに保存したブックは、パソコンに保存したブックと同様に、簡単に開けます。このレッスンではOneDriveにあるブックをExcelで開く方法を解説します。

このレッスンは動画で見られます　**操作を動画でチェック！**　※詳しくは23ページへ

▶キーワード

OneDrive	p.300
フォルダー	p.309
ブック	p.310

第11章　Excelをクラウドで使いこなす

1 [開く]の画面を表示する

レッスン❷を参考にExcelを起動しておく

[他のブックを開く]をクリック

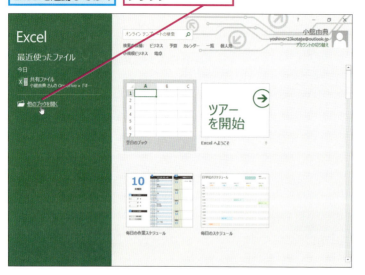

HINT! フォルダーウィンドウからOneDriveのファイルを開くには

Windows 10/8.1のエクスプローラーにはOneDriveと同期されている[OneDrive]フォルダーがあります。レッスン⓯で解説したように、このフォルダーにあるブックをダブルクリックすればOneDriveに保存されたブックを開けます。なお、[OneDrive]フォルダーのファイルはPCのディスク上に保存されていますが、ネットワークを介して常にOneDriveとリンクしています。[OneDrive]フォルダー内のファイルやフォルダーを削除すると、OneDriveにあるファイルやフォルダーが削除されるので注意してください。

レッスン⓯を参考に、フォルダーウィンドウを表示しておく

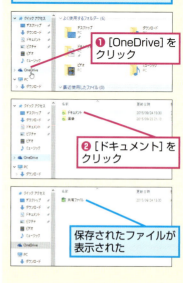

❶[OneDrive]をクリック

❷[ドキュメント]をクリック

保存されたファイルが表示された

2 OneDriveのフォルダーを開く

[開く]の画面が表示された

❶[OneDrive]をクリック

❷[ドキュメント]をクリック

③ OneDriveにあるブックを表示する

OneDriveの［ドキュメント］フォルダーにあるブックが表示された

ファイルをダブルクリック

④ OneDriveにあるブックが表示された

編集画面にブックが表示された

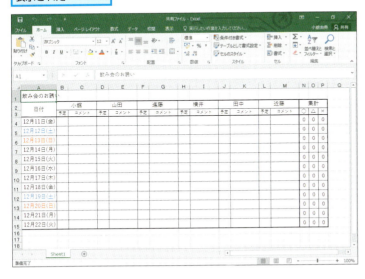

HINT! OneDriveをタスクバーから表示するには

タスクバーからエクスプローラーのOneDriveのリンクを素早く開くことができます。［隠れているインジケーターを表示します］ボタン（ ）をクリックするとOneDriveのアイコンが表示されます。アイコンをクリックするとOneDriveとの同期状況を確認する画面が表示されます。

❶［隠れているインジケーターを表示します］をクリック

❷［OneDrive］をクリック

OneDriveとの同期状況が表示された

❸［OneDriveフォルダーを開く］をクリック

フォルダーウィンドウにOneDriveのフォルダーが表示される

Point パソコンにあるファイルと同じ感覚で操作できる

OneDriveに保存されたブックであっても、特別な操作は必要ありません。パソコンに保存されているブックを扱うように操作ができます。このレッスンではブックを開く手順までを解説していますが、ブックの編集作業もこれまで解説した手順と同様に行えます。またブックの保存も同じで、OneDriveに保存してあるブックだからといって特別な操作は必要ありません。

レッスン 81

Webブラウザーを使ってブックを開くには
Excel Online

OneDriveに保存したブックは、Webブラウザー上で使えるExcel Onlineを使えばExcelがインストールされていないパソコンやスマートフォンでも作業できます。

▶キーワード

Excel Online	p.300
Microsoft Edge	p.300
Microsoftアカウント	p.300
ブック	p.310

1 OneDriveのWebページを表示する

Microsoft Edgeを起動しておく

▼OneDriveのWebページ
http://onedrive.live.com/

❶ここにOneDriveのURLを入力

❷Enterキーを押す

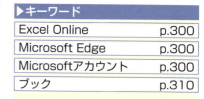

HINT! サインインの画面が表示されたときは

Windows 10やWindows 8.1にMicrosoftアカウントでサインインしていない状態でOneDriveのサイトにアクセスすると、手順2の画面が表示されずにOneDriveのトップページが表示されます。このようなときは、下の手順のようにMicrosoftアカウントでサインインします。

❶[サインイン]をクリック

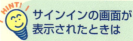

❷Microsoftアカウントのメールアドレスを入力

❸[次へ]をクリック

❹パスワードを入力

❺[サインイン]をクリック

2 OneDriveのフォルダーを開く

OneDriveのWebページが表示された

ここでは、レッスン㊴でOneDriveの[ドキュメント]フォルダーに保存したブックを開く

[ドキュメント]をクリック

第11章 Excelをクラウドで使いこなす

③ ファイルを表示する

［ドキュメント］フォルダーにある
ファイルが表示された

ファイルを
クリック

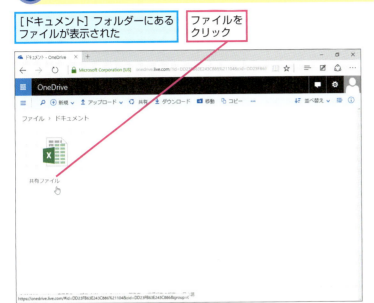

④ OneDriveにあるファイルが表示された

Excel Onlineが起動し、新しいタブに
ファイルが表示された

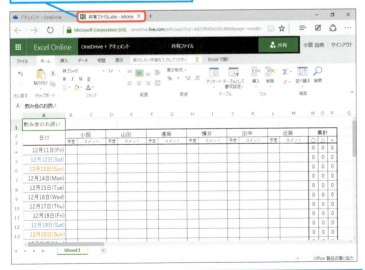

OneDriveのフォルダー一覧
を表示するには、画面左上の
［OneDrive］をクリックする

ブックを閉じるときは、タブの右にある
［タブを閉じる］ボタンをクリックするか、
Webブラウザーを終了する

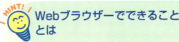

Webブラウザーでできることとは

WebブラウザーでExcel Onlineを使えば複数の人とブックを共有して作業ができるので便利です。共有については、レッスン㊿で詳しく解説しています。また、これまで本書で紹介した機能は、印刷に関するもの以外はExcelとほぼ同じように使うことができます。なお、レッスン㊸で紹介した「TODAY()」や「NOW()」はパソコンの時刻を参照していますが、Excel Onlineではサーバーの時刻を参照します。

間違った場合は？

OneDriveに複数のブックが保存されているとき、手順3で間違ったブックを開いてしまったときはWebブラウザーの［戻る］ボタンをクリックして前の画面に戻ります。

Point

Excelがなくてもブックを確認できる

Webブラウザー上のExcel Onlineを使えば、普段持ち歩いているノートパソコンなどにExcelがインストールされていなくても、インターネットに接続できる環境があればすぐにExcelを使って作業ができます。よく使うブックはOneDriveに保存しておけばどこでも作業できるので便利です。ただし、社外秘のデータなど、外部に持ち出せないブックについては念のため、OneDriveには保存しないようにしましょう。なお、このレッスンではMicrosoft Edgeを使用していますが、Internet ExplorerやFirefox、Google Chromeなど、ほかのWebブラウザーでも同じように利用できます。

レッスン 82

スマートフォンを使ってブックを開くには
モバイルアプリ

OneDriveにブックを保存しておくと、Officeのモバイルアプリでスマートフォンやタブレットから確認できます。ここではiPhone版のExcelで解説します。

1 [Excel] アプリを起動する

付録1を参考にスマートフォンに[Excel]アプリをインストールしておく

[Excel]をタップ

2 保存場所の一覧を表示する

[Excel]アプリが起動した

[開く]をタップ

▶キーワード

Microsoftアカウント	p.300
OneDrive	p.300
セル	p.306
テンプレート	p.308
フォルダー	p.309
ブック	p.310
リボン	p.311

 機能の紹介画面が表示されたときは

[Excel]アプリの新規起動時やアップデート後に[Excel]アプリを起動したときは、新機能などの紹介画面が表示されます。その場合は、画面右上の[完了]をタップして手順2の画面を表示しましょう。

 サインインを実行するとブックが編集可能になる

[Excel]アプリでは、Microsoftアカウントでサインインを実行しないとOneDriveにあるブックの編集ができません。付録1の方法でサインインを実行していないときは、手順2で[アカウント]-[サインイン]の順にタップし、サインインを実行してください。

 新しいブックを作成するには

サインインが完了していれば、ExcelのモバイルアプリでOneDriveにあるブックを編集できます。新しいブックを作成するときは、手順2で[空白のブック]をタップします。また、画面に表示されているテンプレートを利用してブックを作成してもいいでしょう。

第11章 Excelをクラウドで使いこなす

③ OneDriveのフォルダーを開く

[場所]の画面が表示された

❶ [OneDrive] を
タップ

OneDriveのフォルダーが
表示された

❷ [ドキュメント] を
タップ

④ ブックを表示する

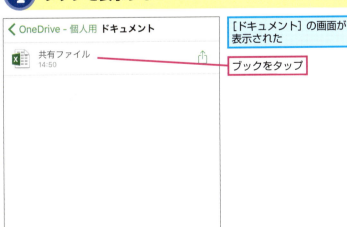

[ドキュメント] の画面が
表示された

ブックをタップ

💡HINT! Androidスマートフォンで ブックを開くには

Androidスマートフォンやandroidタブレットでブックを開くときは、[Excel]アプリの起動後に[開く]をタップします。[ドキュメントの画面]が表示されたら、[OneDrive]をタップしてOneDriveのフォルダーにあるブックを開きましょう。

Androidスマートフォンで [Excel]
アプリを起動しておく

[開く]をタップ

[OneDrive]をタップして
OneDriveのフォルダーを
表示する

💡HINT! アプリを最新版に アップデートしておこう

スマートフォンやタブレットで利用できる[Excel]アプリは、無料でアップデートが可能です。アップデートの通知が表示されたときは、早めにアップデートを実行しておきましょう。なお、アプリの容量が大きい場合は、Wi-Fi接続でないとアップデートを実行できません。

⚠ 間違った場合は？

手順3でフォルダーを選択するとき、間違えてほかのフォルダーを選択してしまったときは、左上にある[戻る]をタップして前の画面に戻り、正しいフォルダーを選択し直します。

次のページに続く

82 モバイルアプリ

できる 269

⑤ OneDriveにあるブックが表示された

OneDriveに保存されたブックが表示された

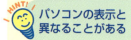 **パソコンの表示と異なることがある**

モバイルアプリのExcelでは、パソコンのExcelとブックの表示が異なることがあります。スマートフォンなどモバイル機器では、画面の大きさや表示するフォントがパソコンと違うためです。スマートフォンで表示が違うように見えてもパソコンで開けば元のように表示されるので、安心してください。

 間違った場合は?

手順5でブックを開いて後で間違っていたことに気づいたときは、次ページの手順6を参考にしてブックを閉じてからもう一度正しいブックを開き直します。

☝ テクニック 外出先でもファイルを編集できる

このレッスンではスマートフォンでブックを開いて内容を確認していますが、スマートフォンでもブックの編集はできます。例えば、セルの値を入力したり入力済みの値を編集したりするときは、下の手順のように対象となるセルをダブルタップしてセルを編集モードに切り替えます。また、次ページのHINT!で紹介しているようにリボンのコマンドも利用できます。

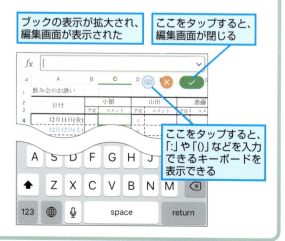

セルをダブルタップ

ブックの表示が拡大され、編集画面が表示された

ここをタップすると、編集画面が閉じる

ここをタップすると、「:」や「()」などを入力できるキーボードを表示できる

⑥ ブックを閉じる

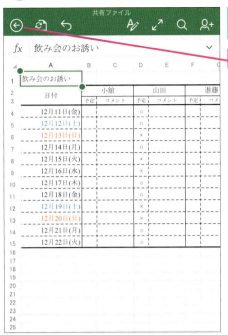

ここではそのままブックを閉じる

ここをタップ

⑦ ブックが閉じた

ブックが閉じ、[ドキュメント] の画面が表示された

タブを表示するには

スマートフォンはパソコンに比べて画面が小さいですが、スマートフォンでもリボンのコマンドを利用できます。下の手順のように画面の上にある 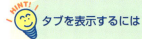 をタップすると、画面の下にメニューが表示されます。

ここをタップ

リボンのメニューが表示された

ここをタップすると、タブを切り替えられる

ここをタップすると、リボンのメニューが非表示になる

Point

スマートフォンで簡単にブックを確認できる

このレッスンではiPhoneを使ってOneDriveに保存してあるブックを開く方法を紹介しました。マイクロソフトが無料で提供しているモバイルアプリを使えばスマートフォンやタブレットでブックを開いて確認できるだけでなく編集作業もすることができます。ブックをOneDriveに保存しておけば、いつでもスマートフォンでExcelを使って作業ができるので便利です。

レッスン 83

ブックを共有するには

共有

ブックに共有の設定をすれば、ほかの人とブックを共同で編集できます。ここではOneDriveに保存したブックをExcelから共有する方法を解説します。

1 [共有] 作業ウィンドウを表示する

レッスン⑳を参考に、OneDriveに保存したブックをExcelで開いておく

[共有] をクリック

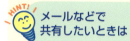

▶キーワード

OneDrive	p.300
共有	p.303
フォルダー	p.309

> **HINT!**
> **メールなどで共有したいときは**
>
> このレッスンではExcelから直接メールアドレスを指定して共有の情報を伝えていますが、メールを使って伝えることもできます。下の手順のように[共有のリンクを取得]をクリックすると共有するブックへのリンク先のURLが生成されます。生成されたURLをメールで伝えれば一度に複数の人に共有情報を伝えられます。

[共有リンクを取得]をクリック

2 共有相手のメールアドレスを入力する

[ユーザーの招待] に共有相手のメールアドレスを入力する

共有相手のメールアドレスを入力

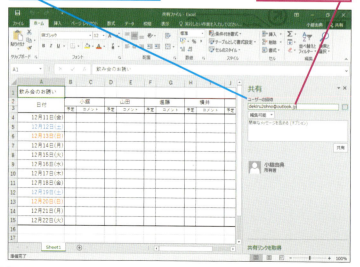

[編集リンクの作成]をクリックすると、相手がブックを編集できる共有リンクが作成される

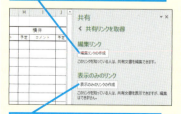

[表示のみのリンクの作成]をクリックすると、相手がブックの表示のみが可能な共有リンクが作成される

[コピー]をクリックしてメールの本文などに貼り付ける

第11章 Excelをクラウドで使いこなす

272 できる

> **テクニック** Webブラウザーを使ってブックを共有する

このレッスンではExcelから共有の情報を送っていますが、OneDriveのWebページからWebブラウザー上で同じように共有の情報を伝えることができます。下の手順にあるようにWebブラウザーでOneDriveのWebページを開き、共有したいブックを選択してから共有の設定を行います。なお、Webブラウザーから共有しても共有先の相手にはExcelから共有したときと同じ情報が送られます。

レッスン㉛を参考にWebブラウザーで
OneDriveのWebページを表示しておく

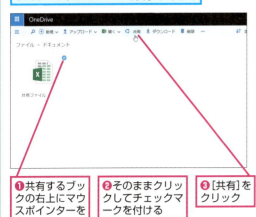

❶共有するブックの右上にマウスポインターを合わせる
❷そのままクリックしてチェックマークを付ける
❸[共有]をクリック

[共有]の画面が表示された
❹共有相手のメールアドレスを入力

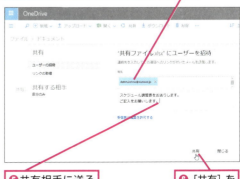

❺共有相手に送るメッセージを入力
❻[共有]をクリック

共有がブロックされたときは、[ご自身のアカウント情報を確認]をクリックし、携帯電話のメールアドレスを入力してから確認コードを入力する

③ ブックを共有する

共有相手のメールアドレスが入力された

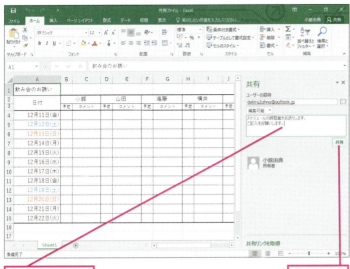

❶共有相手に送るメッセージを入力
❷[共有]をクリック

> **HINT!** 共有相手がブックを編集できないようにするには
>
> 共有したブックを編集されては困るようなときは、ブックを編集できないように設定しましょう。手順3で[共有]ボタンをクリックする前に、以下の操作を参考に[編集可能]から[表示可能]に変更してから[共有]ボタンをクリックします。[表示可能]の場合、共有相手はブックを編集できません。
>
> ここをクリック
>
>
>
> [表示可能]をクリックすると、共有相手は文書を編集できない

次のページに続く

83
共有

273

④ ブックの共有が完了した

共有相手が表示され、ブックが共有された

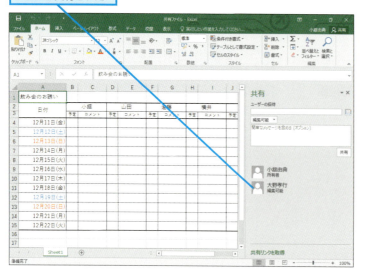

⑤ [共有] 作業ウィンドウを閉じる

[閉じる] をクリック

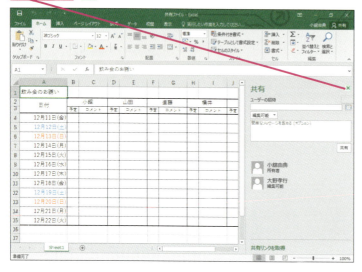

💡HINT! 共有を解除するには

ブックの共有は簡単に解除できます。共有を解除するOneDrive上のブックをExcelで開き、手順1の方法で[共有]作業ウィンドウを開きます。次に、共有を解除する相手を右クリックして表示されたメニューから[ユーザーの削除]をクリックすれば共有が解除されます。なお、[権限を表示可能に変更]か[権限を編集可能に変更]をクリックすると、共有の権限を変更できます。

共有相手を右クリック

[ユーザーの削除]をクリックすると、共有を解除できる

⚠ 間違った場合は?

相手に編集をしてもらうブックを[表示可能]の権限で共有してしまったときは、上のHINT!を参考に共有の権限を変更します。

Point

OneDriveなら共有も簡単

ブックをOneDriveに保存しておけば、ほかの人とデータを共有できます。ブックをメールに添付してもほかの人にブックを見てもらえますが、修正したデータのやりとりが煩雑です。ブックを共有しておけばブックが複数にならず、どのデータが最新か分からなくなることもありません。このレッスンでは、Excelから共有の設定と通知を実行しますが、共有相手には共有先のURL情報がメールで届きます。

テクニック　複数のブックはフォルダーで共有しよう

OneDriveで複数のファイルを共有したいときは、フォルダーを作成してからファイルを保存し、フォルダーに共有の設定を行いましょう。このテクニックでは、OneDriveのWebページを表示してフォルダーを作成する方法と共有フォルダーの設定・通知方法を紹介します。

手順4で共有相手のメールアドレスを入力しますが、この画面で共有フォルダーの権限を設定できます。共有フォルダーにあるファイルを相手が編集できるようにするには［受信者に編集を許可する］、閲覧のみを許可するには［受信者は表示のみ可能］を選択しましょう。

1 新しいフォルダーを作成する

レッスン㉛を参考に、OneDriveのWebページを表示しておく

❶［新規］をクリック

❷［フォルダー］をクリック

2 フォルダー名を付ける

フォルダー名の入力画面が表示された

❶ フォルダー名を入力

❷［作成］をクリック

3 フォルダーを共有する

作成したフォルダーを共有する

❶ ここにマウスポインターを合わせる

❷ そのままクリックしてチェックマークを付ける

❸［共有］をクリック

4 あて先とメッセージを入力する

ここでは、メールで共有のお知らせを通知する

［リンクの取得］をクリックすれば、共有フォルダーのURLが作成される

❶ 共有相手のメールアドレスを入力

❷ 共有相手に送るメッセージを入力

ここをクリックすると、共有の権限を変更できる

❸［共有］をクリック

5 共有の設定が完了した

共有相手の名前と共有設定が表示された

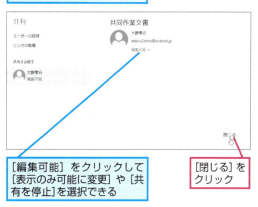

［編集可能］をクリックして［表示のみ可能に変更］や［共有を停止］を選択できる

［閉じる］をクリック

レッスン 84

共有されたブックを開くには

共有されたブック

OneDriveで共有されたファイルの情報はメールで通知されます。ここではWindows 10の［メール］アプリを使って共有されたブックを開きます。

1 ［メール］アプリを起動する

ここでは、小舘さんが共有したブックを大野さんが開く例で操作を解説する

ここでは、Windows 10の［メール］アプリを利用する

［スタート］メニューを表示しておく

［メール］をクリック

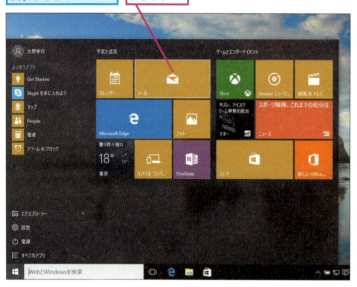

2 ［メール］アプリの画面が表示された

［ようこそ］の画面が表示されたときは、［使ってみる］をクリックし、［アカウント］の画面で［開始］をクリックする

ブックの共有に関するメールが小舘さんから届いた

▶キーワード

Microsoftアカウント	p.300
OneDrive	p.300
インストール	p.301
共有	p.303
ブック	p.310

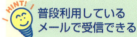
普段利用しているメールで受信できる

このレッスンでは、Windows 10の［メール］アプリを使って共有通知メールを受け取っています。Windows 8.1やWindows 7などWindows 10以外のパソコンでも、普段使っているメールソフトやWebメールを使って、同じように通知メールを受信できます。メールの環境によっては、送信者のメールアドレスがMicrosoftアカウントの場合、セキュリティ対策でブロックされる場合があるので、メールが受信できない場合には、システム管理者などに確認してみましょう。

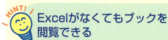
Excelがなくてもブックを閲覧できる

OneDriveにあるブックは、標準の設定では手順4のようにWebブラウザー上で表示されます。パソコンにExcelがインストールされていなくてもデータを確認できるので便利です。Webブラウザーでの操作については、次のレッスン⑮で解説します。

 間違った場合は?

間違ってほかのメールを開いてしまったときには、左側の一覧から、正しいメールをクリックしましょう。

③ 共有されたブックを表示する

通知メールに表示されているリンクをクリックして、OneDrive上の共有されたブックを表示する

[OneDriveで表示]をクリック

④ 共有されたブックが表示された

Microsoft Edgeが起動し、OneDrive上に共有されているブックが表示された

Microsoft Edgeの起動と同時にExcel Onlineが起動する

次のレッスンで引き続き操作するので、このまま表示しておく

HINT! Webブラウザーでブックをダウンロードするには

共有されたブックは、パソコンにダウンロードができます。共有されたブックを開いたら、以下の手順で操作しましょう。

❶ここをクリック

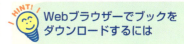

❷[ダウンロード]をクリック

ダウンロードに関する通知が表示された

❸[ダウンロードの表示]をクリック

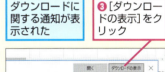

[ダウンロード]の画面にファイルが表示された

❹[フォルダーを開く]をクリック

[ダウンロード]フォルダーが表示される

Point

共有されたブックの情報はメールで通知される

OneDriveで共有されたブックの情報は、メールで通知されます。通知されるのは共有されたブックへのリンク情報です。通知されたリンクをクリックすると、Webブラウザーが起動してブックが表示されます。なお、リンク先がブックの場合はWebブラウザー上でブックが表示されますが、Office以外のファイルやフォルダーへのリンクの場合は、OneDriveのWebページが表示されます。

できる 277

レッスン 85

共有されたブックを編集するには
Excel Onlineで編集

OneDriveにあるブックは、そのままWebブラウザーで閲覧や編集ができます。また必要に応じて、Excelを起動して編集することも可能です。

▶キーワード	
Excel Online	p.300
Microsoftアカウント	p.300
OneDrive	p.300

第11章 Excelをクラウドで使いこなす

1 Microsoftアカウントでサインインする

レッスン㉞を参考に、共有されたブックをWebブラウザーで開いておく

[サインイン]をクリック

Excel Onlineで使えない機能とは

Excel Onlineを使えばWebブラウザー上でブックを編集できます。セルへの入力やフォントの設定はもちろん、関数の挿入やテーブル、グラフの機能も利用できます。ただし、パソコンのExcelとまったく同じ機能が利用できるわけではありません。例えば、パソコンのExcelにある[データ][校閲][ページレイアウト]タブの機能は利用できません。

機能がサポートされていないブックはExcelで編集する

ブックにExcel Onlineで使用できない機能が含まれていると、画面の上部に「サポートされていない機能」というメッセージバーが表示されて、そのままでは編集ができないことがあります。このようなブックは[ブックの編集]の[Excelで編集]をクリックして、パソコンにインストールされたExcelで編集するようにしましょう。

2 Excel Onlineの編集画面を表示する

WebブラウザーでOneDriveにサインインできた

共有されたブックを編集するために、Excel Onlineの編集画面を表示する

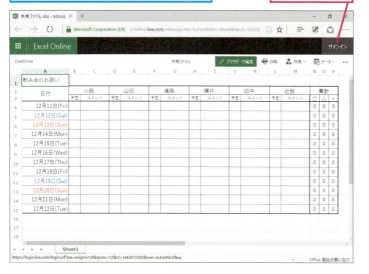

❶[ブックの編集]をクリック

❷[Excel Onlineで編集]をクリック

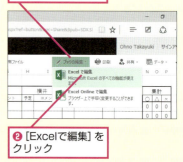

❶[ブックの編集]をクリック

❷[Excelで編集]をクリック

③ Excel Onlineの編集画面が表示された

[ファイル] タブや [ホーム] タブなど、パソコン版のExcelと同様の画面が表示された

リボンやタブを利用してブックの編集や文字の装飾ができる

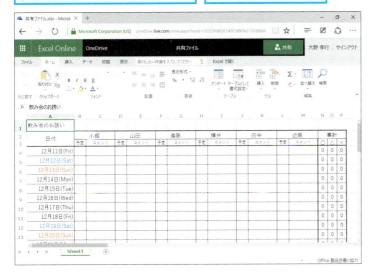

④ スケジュールを入力する

表にスケジュールを入力する

❶ セルD4をクリック

❷ 「○」と入力

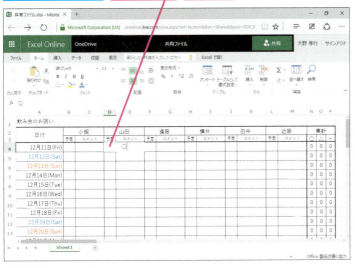

❸ Enter キーを押す

HINT! Excel Online上のブックを印刷するには

Excel Onlineで表示しているブックを印刷するには、以下の手順で操作します。Webブラウザーの印刷機能を使うと、ワークシートをうまく印刷できない場合があります。

❶ [ファイル] タブをクリック

❷ [印刷] をクリック　❸ [印刷] をクリック

印刷範囲を指定する画面が表示された

❹ [シート全体] をクリック

❺ [印刷] をクリック

[印刷] の画面で [印刷] をクリックし、印刷を実行する

HINT! Excel Onlineで画面の表示を拡大するには

Excel Onlineにはズームスライダーや [拡大] ボタン、[縮小] ボタンがありません。以下のようにWebブラウザーの機能を利用して表示を拡大しましょう。Ctrl + + キーを押すと、素早く表示を拡大できます。

❶ [他の操作] をクリック

❷ [拡大] をクリック

次のページに続く

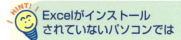

5 集計結果を確認する

セルD4に入力した内容が集計結果に反映されていることを確認する

[集計]列の集計結果を確認

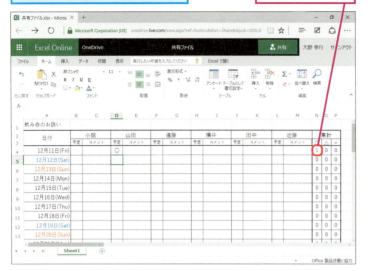

HINT! Excelがインストールされていないパソコンでは

パソコンにExcelがインストールされていなくても、Excel Onlineは利用できます。ただし、手順2の画面の[Excelで編集]をクリックしても、文書がパソコンにダウンロードされるだけで、Excelは起動せずに編集画面も表示されません。ダウンロードしたブックをパソコンで編集するためには、Excelをはじめとしたブックに対応するソフトウェアをインストールする必要があります。

HINT! なぜ、記号を入力して集計ができるの？

このレッスンで利用しているサンプルファイルでは、セルN4～P15にCOUNTIF関数を入力しています。COUNTIF関数とは、特定の条件を満たすデータを数える関数で、あらかじめセルに入力する条件を前もって設定しておきます。手順4では、セルD4に「○」の記号を入力しました。あらかじめ、COUNTIF関数で「『○』が入力されたときは『1』を表示する」という条件を設定しているので、セルN4に「1」が表示されるのです。このように関数を入力したブックも簡単に共有できるので、複数の人を対象にした集計も簡単に実行できます。

6 続けてスケジュールを入力する

続けてセルD5～D15にもスケジュールを入力する

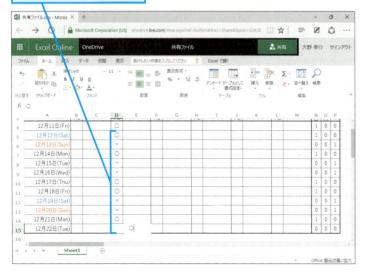

⚠ 間違った場合は？

セルD4～D15には記号を入力しますが、「○」「△」「×」以外の文字を入力してしまったときは、入力をやり直してください。

7 入力が完了した

セルD5〜D15に入力した内容が集計結果に反映されていることを確認する

[集計]列の集計結果を確認

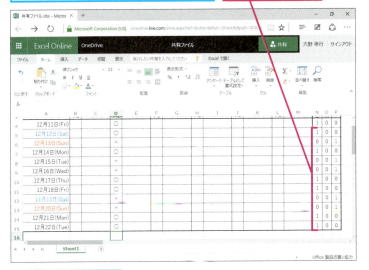

スケジュールの入力が完了した

8 Excel Onlineを閉じる

Excel Onlineは保存の必要がないので、このままWebブラウザーを終了する

[閉じる]をクリック

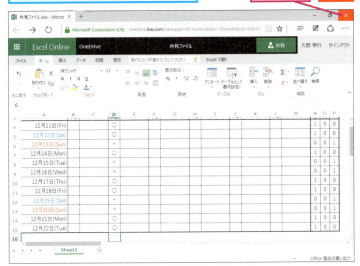

HINT! 共有の状態をExcel Onlineで確認するには

Excel Onlineで[共有]をクリックすると共有しているユーザーの確認ができます。また別のユーザーを新たに共有相手として指定できます。ただし、自分が知っていても、共有済みの相手が知り合いでない場合もあるので、どういった仲間で共有するのかあらかじめメンバー内で決めておきましょう。

[共有]をクリックすると、共有の状況が確認できる上、別な人も共有相手に設定できる

HINT! 相手の状況が画面に表示される

ブックを共有した相手が自分と同時に開いているときは、画面の右上に「編集中です」というメッセージが表示されます。

Point

Excelがなくても Webブラウザーで編集できる

Excel Onlineを使えば、Excelが使えないパソコンでもブックの閲覧や編集ができるので便利です。OneDriveで共有されたブックをExcel Onlineで編集すれば、修正した内容がOneDrive上のブックに反映されます。そのため、共有しているほかの人たちも、常に最新のブックを閲覧したり編集したりすることができます。ただし、Excel Onlineの機能には制限があるので、制限されている機能を使いたいときは、278ページのHINT!を参考にして、パソコンのExcelを利用しましょう。

テクニック　Excel Onlineのアンケートを利用してみよう

Excel Onlineでは、Excel 2016にはないアンケートの作成と集計の機能を利用できます。［新規］ボタンの［Excelアンケート］をクリックすると、［アンケートの編集］の画面が表示されます。以下の手順を参考にアンケートを作成してみましょう。
作成したアンケートのリンクをメールなどで共有したい相手に送信すれば、アンケートに回答してもらうことも可能です。アンケートには、タイトルや質問項目を入力でき、プルダウンメニューや文字入力による回答結果を簡単に集計できます。例えば、このレッスンで紹介したように、ブックを共有した相手にアンケート形式で「○」か「×」かを入力してもらう、といったことができるようになっています。

1 アンケートの作成画面を表示する

OneDriveのWebページを表示しておく

❶［新規］をクリック
❷［Excelアンケート］をクリック

2 アンケートを作成する

アンケートの作成画面が表示された

❶ここにタイトルを入力
❷ここに説明を入力
❸ここをクリック

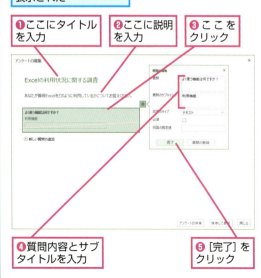

❹質問内容とサブタイトルを入力
❺［完了］をクリック

3 アンケートを共有する

［新しい質問の追加］をクリックして質問事項を追加しておく

［アンケートの共有］をクリック

4 アンケートが共有された

リンクを取得する画面が表示された
❶［リンクの作成］をクリック

リンクが作成された
アンケートが共有できるようになった

❷［完了］をクリック

テクニック　Windows 7ではOneDriveアプリを活用しよう

OneDriveにはデスクトップアプリが用意されています。以下の手順でパソコンにインストールすると、OneDriveがWindows 7の［OneDrive］フォルダーと自動的に同期されて、フォルダーウィンドウからOneDriveのフォルダーにアクセスできるようになります。フォルダーの追加や削除のほか、ファイルのアップロードも、フォルダーウィンドウで実行できます。Webブラウザーを起動してOneDriveのWebページを表示する手間を省けるので便利です。なお、Windows 10/8.1ではOneDriveのデスクトップアプリをインストールする必要がありません。

1 OneDriveアプリをダウンロードする

266ページを参考に、Internet ExplorerでOneDriveのWebページを表示しておく

❶［ダウンロード］をクリック

❷［今すぐダウンロード］をクリック

❸［実行］をクリック

［ユーザーアカウント制御］ダイアログボックスが表示された

❹［はい］をクリック

インストールの進行状況が表示された

2 サインインを実行する

❶［使ってみる］をクリック

❷Microsoftアカウントを入力

❸Microsoftアカウントのパスワードを入力

❹［サインイン］をクリック

3 フォルダーの場所を確認する

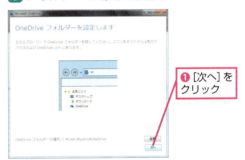

❶［次へ］をクリック

❷同期の設定画面で［次へ］をクリック

❸［完了］をクリック

フォルダーウィンドウに［OneDrive］が表示されるようになった

この章のまとめ

● OneDrive でデータを活用しよう

この章では、OneDrive にブックを保存する方法を紹介しました。ブックを簡単に共有できるので、ブックの受け渡しや複数の人との共同作業もすぐに実行できます。Microsoft アカウントで Office にサインインしていれば、ブックの保存先に OneDrive を選ぶだけで利用できます。また、OneDrive に保存したブックは、Web ブラウザーさえあれば、Excel Online を使って、どこからでも閲覧したり編集したりすること

ができます。たとえ Excel がインストールされていないパソコンでも、データの編集や加工ができます。
OneDrive は、Microsoft アカウントさえあれば、すぐに使い始められます。まだ取得していないのであれば、すぐに取得して OneDrive を利用してみましょう。OneDrive をうまく活用すれば、データの利用範囲がさらに広がります。

ブックを共有できる

OneDrive と連携すれば、Excel で作成したブックを複数のユーザーで閲覧したり編集したりすることができる

練習問題

1

［共有ファイル.xlsx］の練習用ファイルを開いて、OneDriveに「第11章_練習問題.xlsx」という名前で保存してください。

●ヒント　ファイルをOneDriveに保存するには、［名前を付けて保存］の画面で保存先にOneDriveを選びます。

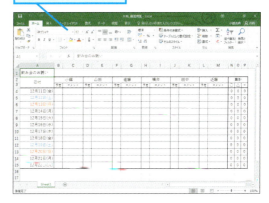

ブックをOneDriveに保存する

2

練習問題1でOneDriveに保存したファイルの共有を設定します。共有の種類は［表示可能］とし、共有相手にメッセージを送ってみましょう。

●ヒント　ブックを共有するには、ExcelでOneDriveにある共有したいブックを開きます。［共有］をクリックすると［共有］作業ウィンドウが開くので、共有する相手のメールアドレスと相手へのメッセージを入力しましょう。ここではブックの閲覧のみを相手に許可するので、［表示可能］の共有権限を設定します。

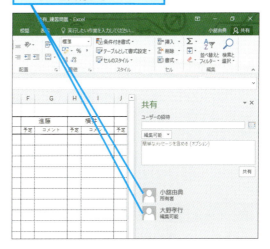

OneDrive上のブックをほかのユーザーと共有する

解答

[ファイル] タブの [名前を付けて保存] の画面から [OneDrive] を選択して、[参照] ボタンをクリックします。次に [名前を付けて保存] ダイアログボックスで名前を入力して [保存] ボタンをクリックしましょう。

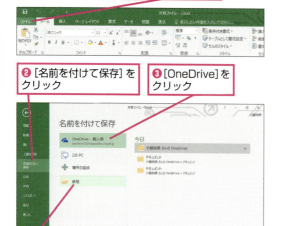

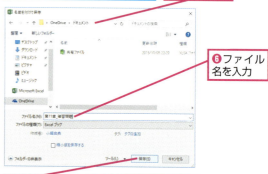

ブックを開いて [共有] をクリックします。次に共有先のメールアドレスを入力して共有の種類を [表示可能] に変更してメッセージを入力したら、[共有] ボタンをクリックします。

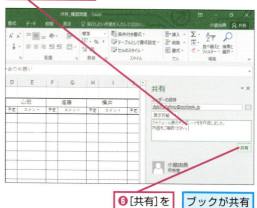

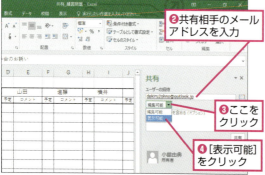

付録1　Officeのモバイルアプリをインストールするには

ExcelのモバイルアプリはマイクロソフトがExcelを無料で提供しているアプリです。Excelのモバイルアプリをスマートフォンやタブレットにインストールしておけば、いつでもどこでもブックを確認したり、編集したりすることができます。ここではiPhoneを例に、Excelのモバイルアプリのインストール方法を解説します。

アプリのインストール

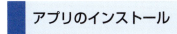
1 [App Store]を起動する

ホーム画面を表示しておく
[App Store]をタップ

2 アプリの検索画面を表示する

[App Store]が起動した
[検索]をタップ

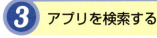
3 アプリを検索する

❶検索ボックスをタップ
❷「excel」と入力
❸[Search]をタップ

4 アプリをインストールする

アプリの検索結果が表示された
❶[入手]をタップ

ボタンが[インストール]に変わった
❷[インストール]をタップ

アプリがインストールされる

次のページに続く

できる　287

アプリの初期設定

5 アプリを起動する

ホーム画面を表示しておく

[Excel]をタップ

6 サインインの画面を表示する

アプリを初めて起動したときは、操作の解説が表示される

❶画面を何度か左にスワイプ

サインインの画面が表示された

❷[サインイン]をタップ

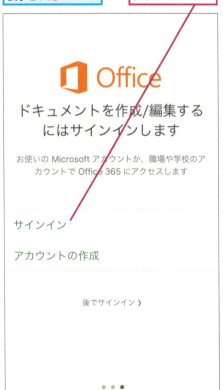

7 メールアドレスを入力する

[サインイン]の画面が表示された

❶Microsoftアカウントのメールアドレスを入力

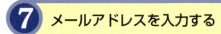

❷[次へ]をタップ

8 パスワードを入力する

入力したMicrosoftアカウントが表示された

❶パスワードを入力

❷[サインイン]をタップ

付録

288 できる

サインインが完了した

[準備が完了しました]の画面が表示された

[作成および編集]をタップ

アプリの初期設定が完了した

初期設定が完了し、[新規]の画面が表示された

HINT!
Androidスマートフォンでアプリをインストールするには

Android版のモバイルアプリは[Playストア]から簡単にインストールすることができます。インストールした後は、ここで解説している手順6以降でサインインしましょう。ただし、手順10の起動画面は269ページのHINT!にあるようにiPhone版とAndroid版では少し異なります。

❶[Playストア]をタップ

❷検索ボックスをタップ　❸「excel」と入力

❹ここをタップ

検索結果が表示された　❺[Microsoft Excel]をタップ

❻[インストール]をタップ

付録

できる **289**

付録2　Officeをアップグレードするには

パソコンにOffice Premiumがプレインストールされていれば簡単な手順でOffice 2013からOffice 2016にアップグレードできます。ここではOfficeをアップグレードする手順を解説します。なお、Office 365 Soloの場合も同様の手順でアップグレードできます。

Microsoft Edgeを起動する

［スタート］メニューを表示しておく

［Microsoft Edge］をクリック

タスクバーのボタンをクリックしてもいい

Microsoft Edgeが起動した

カーソルが表示され、URLが入力できるようになった

2 OfficeのWebページを表示する

▼［マイアカウント］ページ
http://office.com/myaccount/

❶［マイアカウント］ページのURLを入力

❷ Enter キーを押す

HINT! 新規にインストールするには

Office 2016はDVDなどのメディアでは提供されません。新しくOffice 2016を購入するには、店頭でプロダクトキーが記載されたPOSAカードを店頭で購入するか、オンラインでダウンロード版を購入します。新たにOffice 2016をパソコンにインストールするには、購入したPOSAカードなどに記載されているセットアップページをWebブラウザーで開きます。プロダクトキーを入力して［はじめに］をクリックすると、手順3と同じ画面が表示されるので、後はここで解説しているように手順を進めばインストールが完了します。

3 サインインを実行する

Officeのサインインのwebページが表示された

❶Microsoftアカウントのメールアドレスを入力
❷パスワードを入力

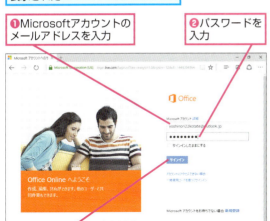

❸[サインイン]をクリック

4 アップグレードをダウンロードする

再インストールのWebページが表示された

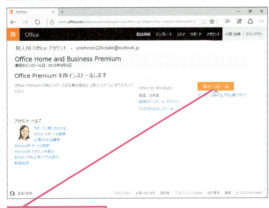

[再インストール]をクリック

[追加のインストールオプション]って何？

初期状態ではOffice 2016の32ビット版がインストールされるようになっています。パソコンにWindows 10/8.1の64ビット版がインストールされている場合は、64ビット版のOffice 2016をインストールすることもできます。64ビット版をインストールしたいときは、以下の手順を参考にインストールします。また、Office 2013をインストールすることも可能です。

再インストールのWebページを表示しておく
[追加のインストールオプション]をクリック

[追加のインストールオプション]のWebページが表示された

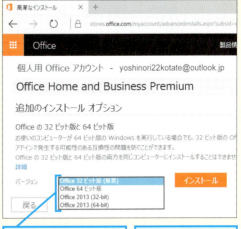

32ビット版と64ビット版のどちらかでOfficeをインストールできる
通常は、32ビット版のOfficeをインストールする

次のページに続く

5 アップグレードを実行する

アップグレードファイルのダウンロードに関する通知が表示された

[実行]をクリック

6 アップグレードが開始された

インストールの画面が表示された

7 アップグレードが完了した

[すべて完了です]と表示され、アップグレードが完了した

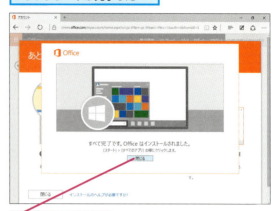

[閉じる]をクリック

8 アップグレードを終了する

手順6の画面が表示された

❶ [閉じる]をクリック

Microsoft Edgeを終了する

❷ [閉じる]をクリック

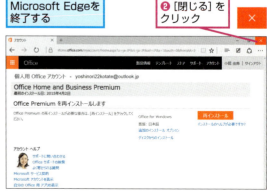

HINT! インストールした後は定期的にアプリの更新を確認しよう

Windowsに定期的に更新プログラムが提供されているように、Officeも定期的に更新プログラムが提供されます。インストール後はWindows Updateで新しい更新プログラムが提供されていないか、定期的にチェックして更新するようにしましょう。

付録3　プリンターを使えるようにするには

パソコンからプリンターに印刷できるようにするには、プリンタードライバーと呼ばれる制御ソフトをインストールする必要があります。インストール方法はプリンターによって異なるので、取扱説明書をよく確認してください。なお、プリンタードライバーはメーカーのWebページでもダウンロードができます。

 必要なものを用意する

ここでは例として、キヤノン製プリンター「PIXUS MG3530」を接続する

ダウンロードしたドライバーを利用するときは、実行ファイルをダブルクリックして手順4を参考に[はい]をクリックする

◆プリンター

◆ドライバー CD-ROM

プリンターの電源は切っておく

◆USBケーブル

ここではプリンタードライバーを付属CD-ROMからインストールするので、プリンターの電源は切っておく

③ プリンタードライバーの CD-ROMを選択する

フォルダーウィンドウを表示しておく

プリンターのインストールプログラムを実行する

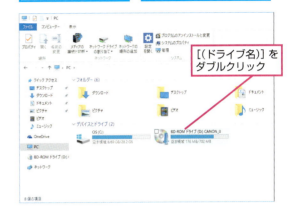

[(ドライブ名)]をダブルクリック

④ インストールの実行を許可する

[ユーザーアカウント制御]ダイアログボックスが表示された

[はい]をクリック

② プリンタードライバーの CD-ROMをセットする

光学ドライブのないパソコンでは、外付けの光学ドライブを接続する

❶パソコンのドライブを開く

❷プリンターに付属しているドライバー CD-ROMをセット

次のページに続く

できる | 293

⑤ プリンタードライバーのインストールを開始する

MG3530のインストール画面が表示された

[次へ]をクリック

⑥ プリンターとの接続方法を選択する

セットアップガイドがコピーされ、プリンターとの接続方法を選択する画面が表示された

ここではUSBケーブルでの接続方法を選択する

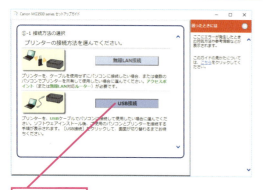

[USB接続]をクリック

⑦ インストールするソフトウェアを選択する

[インストールソフトウェア一覧]の画面が表示された

ここではドライバーのみをインストールする

❶[すべてクリア]をクリック

❷[次へ]をクリック

⑧ 使用許諾契約に同意する

[使用許諾契約]の画面が表示された

❶ここを下にドラッグして内容を確認

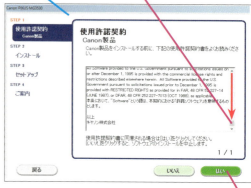

❷[はい]をクリック

HINT! 「ドライバー」って何？

周辺機器をパソコンから使えるようにするための制御ソフトが「ドライバー」です。通常は周辺機器に付属しているCD-ROMなどからインストールを行いますが、パソコンに接続するだけで自動で認識される周辺機器もあります。周辺機器をパソコンに接続する前は、取扱説明書や電子マニュアルなどでドライバーに関する情報を確認しておきましょう。

HINT! [無線LAN接続]と[USB接続]は何が違うの？

無線LAN接続の場合は、USB接続と違ってパソコンとプリンターを物理的に接続する必要がありません。プリンターと無線LANアクセスポイント、無線LANアクセスポイントとノートパソコンで電波が届く範囲なら、離れた場所から印刷ができます。

⑨ 警告のダイアログボックスが表示された場合の対処方法を確認する

警告のメッセージがダイアログボックスで表示された場合の対処方法が表示された

❶内容を確認

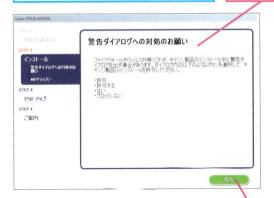

❷［次へ］をクリック

⑩ インストールが開始される

インストールの状況が表示される

ドライバーのインストールが開始された

インストールが完了するまで、しばらく待つ

ドライバーをインターネットからダウンロードしてもいい

プリンタードライバーは、OSのバージョンアップや不具合の修正などによって定期的にアップデートされます。プリンターメーカーのWebページでは、機種と利用するOSごとにプリンタードライバーをダウンロードできるようになっています。キヤノンの場合、下記のWebページから最新のプリンタードライバーをダウンロードできます。

▼CANONソフトウェアダウンロードのWebページ
http://cweb.canon.jp/e-support/software/

⑪ パソコンとプリンターを接続する

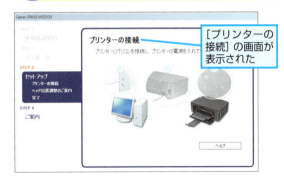

［プリンターの接続］の画面が表示された

パソコンとプリンターをUSBケーブルで接続する

◆USBポート

❶箱状のコネクタをプリンターのUSBポートに接続

❷板状のコネクタをパソコンのUSBポートに接続

❸プリンターの電源を入れる

◆USBポート

⑫ プリンターがパソコンに認識された

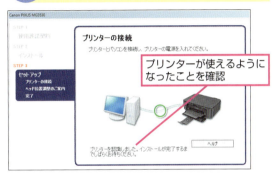

プリンターが使えるようになったことを確認

次のページに続く

13 ヘッド位置調整機能の案内を確認する

[ヘッド調整位置のご案内]の画面が表示された

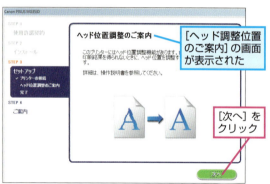

[次へ]をクリック

間違った場合は？

手順12でプリンターが検出されないときは、パソコンとプリンターが正しく接続されていない可能性があります。USBケーブルの接続を確認して、もう一度、プリンターの電源を入れ直しましょう。

14 セットアップを終了する

[セットアップの終了]の画面が表示された

[次へ]をクリック

HINT! [使用状況調査プログラム]って何？

手順15で表示される「使用状況調査プログラム」とは、プリンターに記録されている情報をキヤノンに自動送信するものです。プリンターの記録情報とは、主にプリンターの設置日時やインクの使用状況、プリンターを利用しているOSの情報などです。個人情報は一切送信されず、プリンターの利用者が特定されるようなことはありません。

15 調査プログラムのインストールに関する確認画面が表示された

[使用状況調査プログラム]の画面が表示された

ここでは調査プログラムをインストールせず、操作を進める

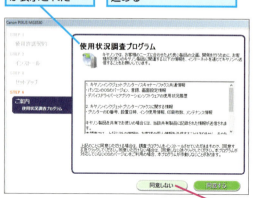

[同意しない]をクリック

16 インストールを終了する

[インストールが完了しました]の画面が表示された

[終了]をクリック

CD-ROMをパソコンのドライブから取り出しておく

プリンターが使えるようになった

付録4　ファイルの拡張子を表示するには

Windowsの標準の設定では、ファイルの種類を表す「.xlsx」や「.xls」などの拡張子がフォルダーウィンドウなどに表示されません。Excel 2016とExcel 2003など、複数のバージョンのExcelファイルを扱う場合、それぞれの違いをファイルのアイコンで区別するのは困難です。ここでは、拡張子を表示するための設定方法を、Windows 10/8.1とWindows 7の場合に分けて紹介していきます。

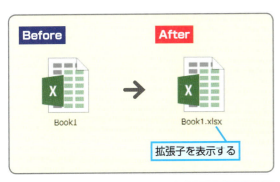

Windows 7で
ファイルの拡張子を表示する

1 [フォルダーオプション] ダイアログボックスを表示する

[ドキュメント] フォルダーを表示しておく

❶ [整理] をクリック

❷ [フォルダーと検索のオプション] をクリック

Windows 10/8.1で
ファイルの拡張子を表示する

レッスン⓯を参考に、フォルダーウィンドウを表示しておく

❶ [表示] タブをクリック

❷ [ファイル名拡張子] をクリックしてチェックマークを付ける

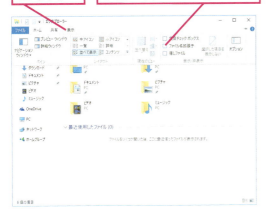

拡張子が表示されるようになる

2 拡張子を表示する設定を行う

[フォルダーオプション] ダイアログボックスが表示された

[表示] タブの内容が表示された

❶ [表示] タブをクリック

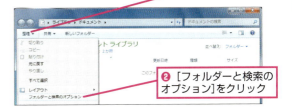

❷ここを下にドラッグしてスクロール

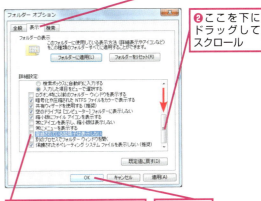

❸ [登録されている拡張子は表示しない] をクリックしてチェックマークをはずす

❹ [OK] をクリック

拡張子が表示されるようになる

 間違った場合は?

手順2で変更した設定が分からなくなってしまったときは、[キャンセル] ボタンをクリックして、[フォルダーオプション] ダイアログボックスを閉じてから操作をやり直します。

付録5　ショートカットキー一覧

さまざまな操作を特定の組み合わせで実行できるキーのことをショートカットキーと言います。ショートカットキーを利用すれば、ExcelやWindowsの操作を効率化できます。

ブックの操作

操作	キー
[印刷] 画面の表示	Ctrl + P ／ Shift + F2
上書き保存	Shift + F12 ／ Ctrl + S
名前を付けて保存	F12
ブックの新規作成	Ctrl + N
ブックを閉じる	Ctrl + F4 ／ Ctrl + W
ブックを開く	Ctrl + F12 ／ Ctrl + O

セルの移動とスクロール

操作	キー
1画面スクロール	Page Down（下）／ Page Up（上）／ Alt + Page Down（右）／ Alt + Page Up（左）／
行頭へ移動	Home
最後のセルへ移動	Ctrl + End
[ジャンプ] ダイアログボックスの表示	Ctrl + G ／ F5
選択範囲内でセルを移動	Enter（次）／ Shift + Enter（前）／ Tab（右）／ Shift + Tab（左）
先頭のセルへ移動	Ctrl + Home
次のブック、またはウィンドウへ移動	Ctrl + F6 ／ Ctrl + Tab
データ範囲、またはワークシートの端のセルへ移動	Ctrl + ↑ ／ Ctrl + ↓ ／ Ctrl + ← ／ Ctrl + →
前のブック、またはウィンドウへ移動	Ctrl + Shift + F6 ／ Ctrl + Shift + Tab
ワークシートの挿入	Alt + Shift + F1
ワークシートを移動	Ctrl + Page Down（右）／ Ctrl + Page Up（左）
ワークシートを分割している場合、ウィンドウ枠を移動	F6（次）／ Shift + F6（前）

行や列の操作

操作	キー
行全体を選択	Shift + space
行の非表示	Ctrl + 9（テンキー不可）
行や列のグループ化を解除	Alt + Shift + ←
[グループ化] ダイアログボックスの表示	Alt + Shift + →
非表示の行を再表示	Ctrl + Shift + 9（テンキー不可）
列全体を選択	Ctrl + space
列の非表示	Ctrl + 0（テンキー不可）

データの入力と編集

操作	キー
アクティブセルと同じ値を選択範囲に一括入力	Ctrl + Enter
カーソルの左側にある文字を削除	Back space
[クイック分析] の表示	Ctrl + Q
空白セルを挿入	Ctrl + Shift + +（テンキー不可）
[検索] タブの表示	Shift + F5 ／ Ctrl + F
コメントの挿入／編集	Shift + F2
新規グラフシートの挿入	F11 ／ Alt + F1
新規ワークシートの挿入	Shift + F11 ／ Alt + Shift + F1
セル内で改行	Alt + Enter
セル内で行末までの文字を削除	Ctrl + Delete
選択範囲の数式と値をクリア	Delete
選択範囲の数式と値をクリア	Delete
選択範囲のセルを削除	Ctrl + -
選択範囲の方向へセルをコピー	Ctrl + D（下）／ Ctrl + R（右）
選択範囲を切り取り	Ctrl + X
選択範囲をコピー	Ctrl + C
[置換] タブの表示	Ctrl + H
直前操作の繰り返し	F4 ／ Ctrl + Y
直前操作の取り消し	Alt + Back space ／ Ctrl + Z
[テーブル作成] ダイアログボックスの表示	Ctrl + T
入力の取り消し	Esc
[ハイパーリンクの挿入] ダイアログボックスの表示	Ctrl + K
貼り付け	Ctrl + V
編集・入力モードの切り替え	F2
文字を全角英数に変換	F9
文字を全角カタカナに変換	F7
文字を半角英数に変換	F10
文字を半角に変換	F8
文字をひらがなに変換	F6

セルの選択

選択の解除	Shift + Back space
選択範囲を1画面拡張	Shift + Page Down （下）／ Shift + Page Up （上）
選択範囲を拡張	Shift + ↑ ／ Shift + ↓ ／ Shift + ← ／ Shift + →
入力の確定／入力を確定後、次のセルを選択	Enter
入力を確定後にセルを選択	Shift + Enter （前）／ Tab （右）／ Shift + Tab （左）
ワークシート全体を選択／データ範囲の選択	Ctrl + A

セルの書式設定

下線の設定／解除	Ctrl + U ／ Ctrl + 4
罫線の削除	Ctrl + Shift + _
［時刻］スタイルを設定	Ctrl + Shift + @
指数書式を設定	Ctrl + Shift + ^
斜体の設定／解除	Ctrl + I ／ Ctrl + 3
［セルの書式設定］ダイアログボックスの表示	Ctrl + 1 （テンキー不可）
［外枠］罫線を設定	Ctrl + Shift + 6
［通貨］スタイルを設定	Ctrl + Shift + 4
取り消し線の設定／解除	Ctrl + 5 （テンキー不可）
［日付］スタイルを設定	Ctrl + Shift + 3
標準書式を設定	Ctrl + Shift + ~
［パーセント］スタイルを設定	Ctrl + Shift + 5
太字の設定／解除	Ctrl + B ／ Ctrl + 2

数式の入力と編集

1つ上のセルの値をアクティブセルへコピー	Ctrl + Shift + ”
1つ上のセルの数式をアクティブセルへコピー	Ctrl + Shift + ’
SUM関数を挿入	Alt + Shift + -
［関数の挿入］ダイアログボックスの表示	Shift + F3
［関数の引数］ダイアログボックスの表示	（関数の入力後に）Ctrl + A
現在の時刻を挿入	Ctrl + :
現在の日付を挿入	Ctrl + ;
数式を配列数式として入力	Ctrl + Shift + Enter
相対／絶対／複合参照の切り替え	F4
開いているブックの再計算	F9

Windows全般の操作

アドレスバーの選択	Alt + D
エクスプローラーを表示	⊞ + E
仮想デスクトップの新規作成	⊞ + Ctrl + D
仮想デスクトップを閉じる	⊞ + Ctrl + F4
共有チャームの表示	⊞ + H
現在の操作の取り消し	Esc
コマンドのクイックリンクの表示	⊞ + X
コンピューターの簡単操作センター	⊞ + U
ショートカットメニューの表示	Shift + F10
新規タスクビュー	⊞ + Tab
ズームイン／ズームアウト	⊞ + + ／ -
［スタート］メニューの表示	⊞ ／ Ctrl + Esc
セカンドスクリーンの表示	⊞ + P
接続チャームの表示	⊞ + K
［設定］の画面の表示	⊞ + I
設定の検索	⊞ + W
タスクバーのボタンを選択	⊞ + T
デスクトップの表示	⊞ + D
名前の変更	F2
表示の更新	F5 ／ Ctrl + R
ファイルの検索	⊞ + F ／ F3
［ファイル名を指定して実行］の画面を表示	⊞ + R
ロック画面の表示	⊞ + L

デスクトップでの操作

ウィンドウをすべて最小化	⊞ + M
ウィンドウの切り替え	Alt + Tab
ウィンドウの最小化	⊞ + ↓
ウィンドウの最大化	⊞ + ↑
ウィンドウを上下に拡大	⊞ + Shift + ↑
画面の右側にウィンドウを固定	⊞ + →
画面の左側にウィンドウを固定	⊞ + ←
最小化したウィンドウの復元	⊞ + Shift + M
作業中のウィンドウ以外をすべて最小化	⊞ + Home
リボンの表示／非表示	Ctrl + F1

付録

できる | 299

用語集

#DIV/0!
数式で「0」で割り算をしたときに表示されるエラーメッセージ。参照先のセルが空の場合でも同じエラーが表示される。
→エラー、数式、セル

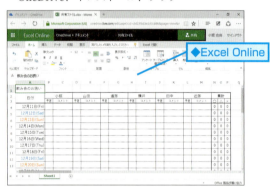

Excel Online（エクセル オンライン）
OneDrive上に保存されたブックをWebブラウザー上で編集できる無料のオンラインアプリ。パソコンにExcelがインストールされていなくても利用できる。
→OneDrive、インストール、ブック

Microsoft Edge（マイクロソフトエッジ）
マイクロソフトが提供するWindows 10の新しいWebブラウザー。表示しているWebページにキーボードやマウスで直接書き込みをしてメモを残すことができる。

Microsoft Office（マイクロソフト オフィス）
マイクロソフトが開発しているオフィス統合ソフトウェア。WordやExcel、Outlookなどがセットになっている。
→ソフトウェア

Microsoftアカウント（マイクロソフトアカウント）
OneDriveなど、マイクロソフトが提供するさまざまなオンラインサービスを利用するときに必要な認証用のユーザーID。以前は「Windows Live ID」と呼ばれていた。Microsoftアカウントは無料で取得できる。
→OneDrive

Office.com（オフィスドットコム）
マイクロソフトが運営しているOffice製品の公式サイト。Officeに関するサポート情報や製品情報を確認できる。Excelの画面からOffice.comにあるテンプレートを無料でダウンロードできる。
→テンプレート

▼Office.comのWebページ
http://office.microsoft.com/

OneDrive（ワンドライブ）
マイクロソフトが提供しているオンラインストレージサービス。無料プランでは、15GBまで利用できるが、スマートフォン用の［OneDrive］アプリで写真のバックアップ機能を有効にすることで、利用できる容量を増やせる。

OS（オーエス）
オペレーティングシステムの略。パソコンを使うための基本のソフトウェアで、Windows 10やWindows 8.1、Windows 7もOSの1つ。
→ソフトウェア

PDF形式（ピィーディーエフケイシキ）
「Portable Document Format」の略で、アドビシステムズによって開発された電子文書のファイル形式。現在では、国際標準化機構（ISO）によって管理され、ISO 32000-1として標準化されている。Excelのブックを PDF形式で保存すれば、さまざまな環境でデータを確認できる。
→ブック

SUM関数（サムカンスウ）
引数で指定された数値やセル範囲の合計を求める関数。［ホーム］タブにある［合計］ボタンや［数式］タブにある［オートSUM］ボタンをクリックすると、自動で入力できる。
→オートSUM、関数、数式、セル範囲、引数

TODAY関数（トゥデイカンスウ）
現在の日付を求める関数。引数はなく、Excelは、シリアル値を基準に現在の日付を求める。
→関数、シリアル値、引数

Windows Update（ウィンドウズ アップデート）
Windowsを最新の状態にするためのオンラインサービス。インターネットに接続された状態であれば、OSの不具合を解消するプログラムやセキュリティに関する更新プログラムなど、重要な更新が自動的に行われる。
→OS

アイコン

ファイルやフォルダー、ショートカットなどを画像で表したもの。アイコンをダブルクリックするとソフトウェアやフォルダーが開く。
→ソフトウェア、フォルダー、ブック

アイコンセット

セルの値の大小を示すアイコンを表示する機能。選択範囲の値を3つから5つに区分して、アイコンの形や色、方向で値の大小を把握できる。同様に値の大小や推移をセルに表示できる機能に、データバーとスパークラインがある。
→アイコン、スパークライン、セル、データバー

アクティブセル

ワークシートで、入力や修正などの処理対象になっているセル。アクティブセルはワークシートに1つだけあり、緑色の太枠で表示される。アクティブセルのセル番号は、Excelの画面左上にある名前ボックスに表示される。名前ボックスに「B2」などと入力してもアクティブセルを移動できる。
→セル、ワークシート

アップデート

ソフトウェアなどを最新の状態に更新すること。マイクロソフトの製品は、Windows UpdateやMicrosoft Updateを実行して最新の更新プログラムをダウンロードできる。
→Microsoft Update、Windows Update、ソフトウェア

アンインストール

ソフトウェアをパソコンから削除して使えなくすること。アンインストールを実行するには、コントロールパネルの［プログラムのアンインストール］をクリックする。アンインストールしたソフトウェアをもう一度使うときは、再インストールを行う必要がある。
→インストール、ソフトウェア

暗号化

ブックの保存時にパスワードを設定し、パスワードを知らないユーザーがブックを開けないようにする機能。
→ブック

印刷

ワークシートやグラフを、プリンターを使って紙に出力する機能。［印刷］の画面で印刷結果や印刷対象のデータを確認してから印刷を実行する。
→グラフ、プリンター、ワークシート

印刷プレビュー

印刷結果を画面に表示する機能。Excelの画面では問題がなくても、印刷プレビューでセルの文字や数字が印刷されないケースを確認できる。
→セル

インストール

ハードウェアやソフトウェアをパソコンで使えるように組み込むこと。「Officeプリインストールモデル」など、Excelがインストール済みのパソコンも多い。インストールによって、パソコンにソフトウェアの実行ファイルや設定ファイルが組み込まれる。
→ソフトウェア

インデント

セル内の文字を字下げする機能。空白を入力せずに文字を右に移動できる。
→セル

上書き保存
データを変更した後にブックに付けたファイル名を変えず、同じファイルにそのままデータを保存すること。ファイルを書き換えたくないときは、［名前を付けて保存］の機能を実行する。新規に作成したファイルを初めて保存するときは、［名前を付けて保存］ダイアログボックスが開く。
→ダイアログボックス、名前を付けて保存、ブック

エラー
正しくない数式を入力したときや、間違った操作を行ったときの状態。エラーが発生すると、セルやダイアログボックスにエラーメッセージが表示される。
→数式、セル、ダイアログボックス

演算子
数式の中で使う、計算などの処理の種類を指定する記号のこと。Excelの演算子には、算術演算子、比較演算子、文字列演算子、参照演算子の4種類がある。例えば、数学の四則演算に使う「＋」「－」「×」「÷」が算術演算子。コンピューターでは「＋」「-」「*」「/」で表す。
→数式

オートSUM（オートサム）
数値が入力されたセル範囲を自動で選択し、合計を求める機能。［数式］タブにある［オートSUM］ボタンのプルダウンメニューで平均などの関数も入力できる。
→関数、数式、セル範囲

オートコンプリート
セルに文字を入力していて、同じ列のセルに入力済みの文字と先頭が一致すると、自動的に同じ文字が表示される機能。
→セル、列

オートフィル
アクティブセルのフィルハンドル（■）をドラッグして連続データと見なされる日付や曜日を入力できる機能。連続データと見なされない場合はフィルハンドルをドラッグしたセルまで同じデータがコピーされる。
→アクティブセル、コピー、セル、ドラッグ、
　フィルハンドル

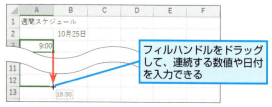

カーソル
入力位置を示す印のこと。セルやテキストボックスに文字が入力できる状態になっているとき、点滅する縦棒（｜）が表示される。
→セル、テキストボックス

改ページプレビュー
印刷範囲が青い線で表示されるExcelの画面表示モード。青い枠線や点線をドラッグして印刷するページ範囲や改ページの位置を設定できる。
→印刷

カスタマイズ
ユーザーが、ソフトウェアを使いやすくするために画面やメニュー、ウィンドウなどに変更を加えること。Excelのタブやクイックアクセスツールバーにボタンを追加することもカスタマイズの1つ。
→クイックアクセスツールバー、ソフトウェア、タブ

関数
計算方法が定義してある命令の数式。関数を使えば、複雑な計算や手間の掛かる計算を簡単に実行できる。例えば、計算に必要なセル範囲の数値などを与えると、その計算結果が表示される。セルA1～A30までの合計を求める場合、「A1+A2+……+A30」と記述するのはとても手間がかかるが、SUM関数なら「=SUM(A1:A30)」と入力するだけで同じ結果が得られる。
→SUM関数、数式、セル範囲

行
ワークシートの横方向へのセルの並び。Excel 2016のワークシートには、横に16,384個のセルが並んでいる。
→セル、ワークシート

行番号
ワークシートで行の位置を表す数字。「1」から「1,048,576」までの行番号がある。Excelでは上から3行目、左から2列目の位置を「セルB3」と表す。
→行、セル、ワークシート

共有
複数の人でファイルやフォルダーを閲覧・編集できるようにすること。ファイルを共有することで共同作業が行え、フォルダーを共有すればファイルの受け渡しができる。OneDriveにあるファイルやフォルダーは、簡単な操作で共有が可能。
→OneDrive、フォルダー

切り取り
選択したセルのデータや図形などを、クリップボードに一時的に記憶する操作。貼り付けを実行すると、セルのデータや図形が削除される。
→クリップボード、セル、貼り付け

クイックアクセスツールバー
リボンの上にあるツールバー。標準では、［上書き保存］［元に戻す］［やり直す］の3つのボタンが表示される。日常的によく使うボタンを追加できる。
→上書き保存、元に戻す、リボン

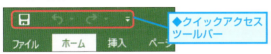
◆クイックアクセスツールバー

［クイック分析］ボタン
セル範囲を選択したときに右下に表示されるボタン。選択したデータに応じて条件付き書式やグラフ、合計などの項目が表示される。
→グラフ、条件付き書式、セル範囲

◆［クイック分析］ボタン

クラウド
クラウドコンピューティングの略で、インターネット上で提供されるさまざまなサービスの総称や形態のこと。Webブラウザー上で利用するメールサービスやストレージサービスなど、さまざまなサービスを利用できる。

グラフ
表のデータを視覚的に分かりやすく表現した図。Excelでは、表のデータを棒グラフや円グラフ、折れ線グラフなど、さまざまな種類のグラフにできる。

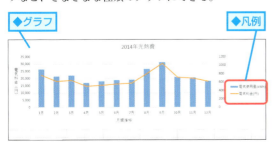
◆グラフ ◆凡例

グラフエリア
グラフが表示されている領域のこと。グラフエリアには、グラフの図形や軸、タイトル、凡例など、グラフ全体のすべての要素が含まれる。グラフ全体を移動したり、コピーしたりするときは必ず［グラフエリア］と表示される位置をクリックする。
→グラフ、コピー、軸

グラフタイトル
グラフエリアに表示されるグラフの題名。何を表しているグラフなのかが分かるように、グラフの上などの目立つ位置に表示する。
→グラフ、グラフエリア

［グラフツール］タブ
グラフ操作に関する［デザイン］［書式］の2つのタブが集まったリボンのタブグループ。グラフエリアをクリックしたとき、リボンに表示される。
→グラフ、グラフエリア、タブ、リボン

◆［グラフツール］タブ

クリア
セルの値や数式、書式などを消す操作。［ホーム］タブにある［クリア］ボタンの一覧から消す内容を選択できる。セルにあるデータの値や書式のみを消す、すべて消すなど、目的に応じて利用できる。例えば、数値が入力されているセルに書式が設定されている場合、書式のみを消すことができる。
→書式、数式、セル、タブ

クリップボード
コピーや切り取りを行った内容が一時的に記憶される場所のこと。Officeのクリップボードには24個まで一時的にデータを記憶でき、Officeソフトウェア間でデータをやりとりできる。Excelで［クリップボード］作業ウィンドウを表示すると、クリップボードに記憶されたデータを確認できる。
→切り取り、コピー、作業ウィンドウ、ソフトウェア

罫線
表の周囲や中を縦横に区切る線のこと。項目名とデータを区切れば、表が見やすくなる。

◆罫線

用語集

できる 303

系列
グラフの凡例に表示されている、関連するデータの集まり。棒グラフでは、1つ1つの棒が系列となる。
→グラフ

桁区切りスタイル
数値を3けたごとに「,」(カンマ)を付けて位取りをする表示形式。「¥」などの通貨記号は付かない。
→表示形式

コピー
選択したセルのデータや図形などをクリップボードに一時的に保存する操作。切り取りと違い、貼り付け後も元の内容は残る。
→切り取り、クリップボード、セル、貼り付け

コメント
セルにメモ書きをするための機能。各セルに1つずつ挿入できる。
→セル

最小化
ウィンドウを非表示にしてソフトウェアやフォルダーのボタンだけをタスクバーに表示すること。
→ソフトウェア、フォルダー

タスクバーのボタンからソフトウェアやウィンドウを表示できる　◆タスクバー

再変換
セルに入力してある単語や文章を変換し直すIME(日本語入力システム)の機能。
→セル

作業ウィンドウ
Excelで特定の作業を行うときに、画面の右や左側に表示されるさまざまな作業をするためのウィンドウ。Excelには、[クリップボード]作業ウィンドウや[クリップアート]作業ウィンドウがある。
→クリップボード

◆[クリップボード]作業ウィンドウ

シート見出し
ワークシートの名前を表示するタブ。ワークシートが複数あるときに、クリックでワークシートの表示を切り替えられる。シート見出しをダブルクリックすればワークシートの名前を変更できる。
→タブ、ワークシート

◆シート見出し

軸
グラフの値を示す領域のこと。通常グラフには縦軸と横軸がある。
→グラフ

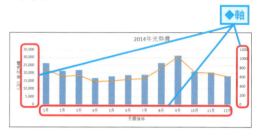

◆軸

軸ラベル
グラフの縦軸や横軸の内容を明記する領域。
→グラフ、軸

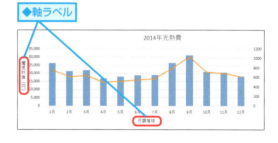

◆軸ラベル

終了
パソコンやソフトウェアを終わらせること。
→ソフトウェア

ショートカットキー
マウスを動かすことなく、操作ができるキーの組み合わせのこと。例えば、ExcelではCtrlキーを押しながらOキーを押すと、[ファイルを開く]ダイアログボックスを表示できる。
→ダイアログボックス

ショートカットメニュー
右クリックすると表示されるメニューのこと。右クリックする位置によって表示されるメニューの内容が異なる。コンテキストメニューとも呼ばれる。

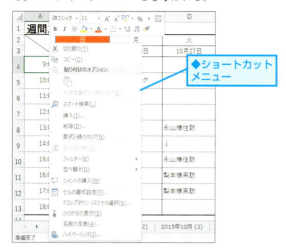

◆ショートカットメニュー

条件付き書式
条件によってセルの書式を変えることができる機能。数値の大小や上位、下位、日付などの条件によってセルを目立たせられる。
→書式、セル

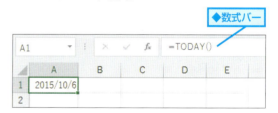

◆条件付き書式

書式
セルの文字や表、グラフなどに設定できる装飾のこと。文字のサイズや太さ、色、フォントなどもすべて書式に含まれる。
→グラフ、セル、フォント

書式のクリア
セルに設定されている書式のみを削除する機能。セルに入力されているデータは削除されない。
→クリア、書式、セル

書式のコピー
セルに設定されている書式を、別のセルに複写すること。書式のみを別のセルに適用したいときに利用する。セルのデータはコピーされない。
→書式、セル

シリアル値
Excelで日付や時刻を管理する値のこと。1900年1月1日を「1」として、それ以降の日付や時刻を連続する数値で表す。時刻は小数点以下の値で管理している。例えばセルに「10/25」と入力すると、「2015年10月25日の日付」と判断し、「42302」というシリアル値で管理する。
→セル

ズームスライダー
表示画面の拡大・縮小をマウスでドラッグして調整できるスライダー。ステータスバーの右端にある。
→ステータスバー

◆ステータスバー　◆ズームスライダー

数式
計算をするためにセルに入力する計算式のこと。最初に等号の「=」を付けて入力する。
→セル、等号

数式バー
アクティブセルに入力されている数式が表示される領域。セルに文字や数値が入力されているときは、同じデータが表示される。数式やデータの入力もできる。
→アクティブセル、数式、セル

◆数式バー

スクロールバー
ウィンドウの右端や下端にあるバーのこと。スクロールバーを上下や左右にドラッグすれば、ウィンドウ内の隠れている部分を表示できる。

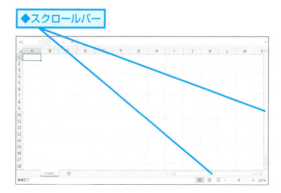

◆スクロールバー

スタート画面
Excelを起動したとき最初に表示される画面。Excelのスタート画面では、新規ブックを作成したり、Office.comで提供されているテンプレートをダウンロードしたりすることができる。
→テンプレート、ブック

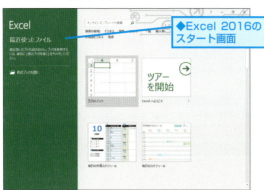
◆Excel 2016のスタート画面

ステータスバー
Excelの画面下端にある領域のこと。Excelの状態や、表示モードの切り替えボタン、表示画面の拡大や縮小ができるズームスライダーが配置されている。
→ズームスライダー

スパークライン
セルの中に表示できる小さなグラフ。数値だけでは分かりにくいデータの変化を簡単に表現できる。
→グラフ、セル

絶対参照
セルの参照方法の1つで、常に特定のセルを参照する方法。セル参照の列番号と行番号の前に「$」の記号を付けて、「$A$1」のように表記する。
→行番号、セル、セル参照、列番号

◆絶対参照
「A」と「1」の前にそれぞれ「$」を入れるとセルを絶対参照で参照できる

 →

セル
ワークシートにある1つ1つのマス目。Excelでデータや数式を入力する場所。
→数式、ワークシート

セル参照
数式でほかのセルを参照して計算するときにデータのあるセルの位置を表すこと。通常は、列番号のアルファベットと行番号の数字を組み合わせる。
→行番号、数式、セル、列番号

セルの結合
複数のセルをまとめて大きな1つのセルにすること。複数のセルにそれぞれデータが入力されている場合は、セル範囲の左上以外のデータを削除していいか、セルの結合時に確認のメッセージが表示される。
→セル、セル範囲

セルの書式設定
セルやセルにあるデータの表示方法を指定するもの。セル内のデータの見せ方や、表示するフォントの種類、フォントサイズ、セルの塗りつぶし色や罫線、配置などが設定できる。
→罫線、セル、フォント、フォントサイズ

セルのスタイル
背景色や文字の色、フォントなどが組み合わされた書式の一覧を表示できるボタン。一覧から選ぶだけでセルの書式を簡単に設定できる。ただし、個別に設定していた書式は消えてしまう。
→書式、セル、フォント

◆スタイル

セル範囲
「セルA1～C5」や「(A1:C5)」のように、「複数のセルを含む範囲」をセル範囲と呼ぶ。計算式や関数の中でセル範囲を指定すると、その範囲に入力されているデータを指定したことになる。
→関数、セル

選択ハンドル
グラフや図形の枠の四隅にあるサイズや形を変えるためのつまみ。いくつかの小さな点や四角で表示される。
→グラフ

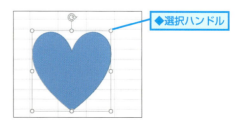
◆選択ハンドル

操作アシスト
Excelの操作コマンドを入力すると、該当するコマンドの一覧がメニューに表示される機能。リボンのタブから検索することなく素早くコマンドを選択できる。「表」や「罫線」「印刷」といった短いキーワードを入力するといい。
→タブ、リボン

相対参照
セルの参照方法の1つで、セル参照が入力されているセルを起点として、相対的な位置のセルを参照する方法。相対参照で指定されている数式や関数を別のセルにコピーすると、コピー先のセルを起点としたセル参照に自動的に書き換わる。セルの参照先を固定したいときは絶対参照や複合参照を利用する。
→関数、コピー、数式、絶対参照、セル、セル参照、複合参照

ソフトウェア
コンピューターを何かの目的のために動かすプログラムのこと。コンピューターなどの物理的な機械装置の総称であるハードウェアに対し、OSやプログラム、アプリなどのことを総称してソフトウェアと呼ぶ。
→OS

第2軸
1つのグラフで2つの異なる単位のデータを一緒に表示するときに、主となる軸と反対側にある軸。
→グラフ、軸

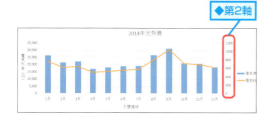
◆第2軸

ダイアログボックス
Excelで対話的な操作が必要なときに開く設定画面。セルの書式設定や保存の実行時に表示される。
→書式、セル、セルの書式設定

◆ダイアログボックス

タイトルバー
Excelの画面やフォルダーウィンドウの上端にあるバーのこと。Excelでは、「Book1」「Book2」などのファイル名がタイトルバーに表示される。

タイル
アプリやWebページ、フォルダーを開くための四角いボタン状のアイコン。Windows 10の[スタート]メニューやWindows 8.1のスタート画面に表示される。配置される順番やサイズの大小はカスタマイズできる。
→アイコン、フォルダー

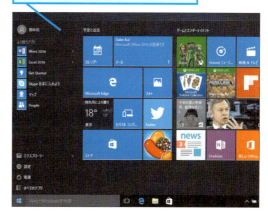
◆Windows 10の[スタート]メニュー

タッチモード
画面を指先などで直接触れるタッチ操作用の表示モード。タッチモードにするとタッチ操作がしやすくなるように、リボンにある項目の間隔が広くなる。一方、通常の表示モードのことを「マウスモード」という。
→リボン

◆タッチモード

タブ
1つのダイアログボックスなどで関連する複数の画面を切り替えるときのつまみ。いくつも画面を開かずに、同じ属性の異なる内容を設定するときに使われている。Excel 2016では、リボン上で機能を分類するタブを採用している。
→ダイアログボックス、リボン

ダブルクリック
マウスのボタンを素早く2回続けて押す操作。

通貨表示形式
セルの数値データを金額として表示する表示形式。設定すると、通貨記号と位取りの「,」(カンマ) が付く。データに小数点以下の値があると、小数点以下が四捨五入して表示されるが、セル内のデータは変わらない。
→セル、表示形式

データバー
セルの中に値の大きさに合わせたバーを表示する機能。選択範囲にあるセルの値を相対的なバーの長さで表す。
→セル

データベース
関連する同じ項目を持ったデータの集まり。Excelではテーブルとして管理する。1行目は列見出しとして項目を入力して書式を設定する、空の行を入れずにデータを入力するなどのルールがある。
→行、書式、テーブル

データラベル
グラフのデータ要素に表示する説明書き。グラフのデータ系列を素早く識別できるようにするために、データ要素の値や系列名、項目名を表示できる。
→グラフ、系列

テーブル
Excelで並べ替えや条件による集計と抽出ができる専用の表のこと。連続した行と列にデータを入力する。
→行、列

テーマ
フォントや配色、図形の効果などの書式をまとめて変更できる機能。セルや表、グラフのフォントや配色を統一感のあるデザインに設定できる。[標準の色]に設定されている個所は変わらない。テーマを変更すると列番号や行番号など、ブック全体の書式も変更される。
→行番号、グラフ、書式、セル、フォント、ブック、列番号

テキストボックス
文字を入力するための図形。セルの位置や大きさに依存せず、ワークシート内の自由な位置に文字を入力できる。
→ワークシート

デスクトップ
Windowsの起動時に最初に表示される領域のこと。Windows 8では、スタート画面で[デスクトップ]のタイルをクリックすると表示できる。Excel 2016では、ほとんどの操作をデスクトップ上で行う。デスクトップにブックを保存できるが、アイコンでいっぱいになって使いにくくなることがあるので、あまりお薦めできない。
→アイコン、タイル、ブック

テンプレート
特定の表などを作成するのに適した、ひな形のブックのこと。
→ブック

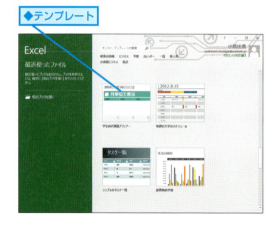

等号
「=」の記号のこと。セルの先頭にあるときは代入演算子となり、続いて入力する内容が数式と判断される。数式の途中にあると、等号の両辺が等しいかを判断する論理演算子となる。
→セル、数式

ドラッグ
マウスの左ボタンを押したまま移動して、目的の場所で左ボタンを離すこと。セル範囲の選択やオートフィル、グラフやテキストボックスのハンドルを動かすときはドラッグで操作する。
→オートフィル、グラフ、セル範囲、テキストボックス、ハンドル

名前を付けて保存
ブックに新しい名前を付けてファイルに保存すること。既存のファイルを編集しているときに別の名前を付けて保存すれば、以前のファイルはそのまま残る。
→ブック

入力モード
セルに新しいデータを入力できる状態のこと。入力モードの状態で、セルに何らかのデータが入力されていたときは、セルの内容が上書きされる。セルに入力されたデータの一部を編集したいときは、編集モードに切り替えて作業する。
→セル、編集モード

パーセントスタイル
セルの値をパーセンテージ（%）で表示する表示形式。設定すると、数値が100倍されて「%」が付く。
→セル、表示形式

貼り付け
コピーや切り取りなどでクリップボードに保存されている内容を、指定したセルに入力する操作。
→切り取り、クリップボード、コピー、セル

ハンドル
画像や図形、グラフ、テキストボックスなどのオブジェクトを操作するためのつまみのこと。オブジェクトのサイズを変更できる選択ハンドルや回転に利用する回転ハンドルなどがある。
→グラフ、選択ハンドル、テキストボックス

引数
関数で計算するために必要な値のこと。特定のセルやセル範囲が引数として利用される。関数の種類によって必要な引数は異なる。TODAY関数やNOW関数では引数が不要だが、「()」は必要。
→TODAY関数、関数、セル、セル範囲

表示形式
セルに入力したデータをセルに表示する見せ方のこと。表示形式を変えてもセルの内容は変わらない。例えば、数値「1234」を通貨表示形式に設定すると「¥1,234」と表示されるが、セルの内容そのものは「1234」のまま。
→セル、通貨表示形式

フィルター
テーブルやデータ範囲から特定の条件に合ったデータを抽出する機能。列見出しがある表で［データ］タブの［フィルター］ボタンをクリックすると、列見出しにフィルターボタンが表示される。フィルターボタンをクリックすると、列内のデータを基準にしてデータを並べ替えられるほか、数値や文字、色などを条件にしてデータを抽出できる。表をテーブルに変換したときもフィルターが有効になり、列見出しにフィルターボタンが表示される。
→テーブル、列

列見出しのフィルターボタンでデータの抽出や並べ替えができる

フィルハンドル
アクティブセルの右下に表示される小さな緑色の四角。マウスポインターをフィルハンドルに合わせてドラッグすると、連続データや数式のコピーができる。
→アクティブセル、コピー、数式、マウスポインター

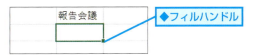

フォルダー
ファイルを分類したり整理するための入れ物。ファイルと同じように名前を付けて管理する。

フォント
文字の形状。［MS明朝］［MSゴシック］など、さまざまな種類がある。Excelでは、Officeに付属のフォントとWindowsに搭載されているフォントを利用できる。Excel 2016から標準のフォントが「MSゴシック」から「游ゴシック」に変更された。

フォントサイズ
フォントの大きさ。ポイントという単位で表す。1ポイントは1/72インチ。Excelの初期設定では、新しいブックを作成したときにセルのフォントが11ポイントとなっている。
→セル、フォント、ブック

複合参照
セル参照で、行または列のどちらかが絶対参照で、もう一方が相対参照のセル参照のこと。「A$1」のように絶対参照になっている側にだけ「$」の記号が付く。
→行、絶対参照、セル参照、相対参照、列

行列のどちらかが片方が相対参照、もう一方が絶対参照なのが複合参照

H$13 行のみ絶対参照
$H13 列のみ絶対参照

ブック
Excelで作成するファイルや保存したファイルの呼び名。複数のワークシートを作成し、1つのファイルでワークシートを管理することを1冊の本を束ねるように見立てたことから、ブックと呼ばれている。
→ワークシート

フッター
ページ下部の余白にある特別な領域。ページ番号やページ数、日付、ファイル名などを入力できる。複数のページがあるときにページ数を入力すれば、自動で「1」や「2」などのページ数が余白に印刷される。
→余白

フラッシュフィル
入力したデータの規則性を認識して、自動でデータが入力される機能。データの入力中に隣接するセル範囲との関係性が認識されると、残りの入力セルに自動的にデータが入力される。
→セル、セル範囲

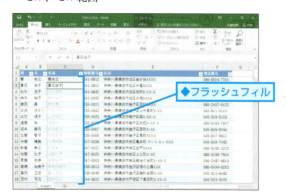

◆フラッシュフィル

プリンター
データを紙に出力する印刷装置のこと。ワークシートの内容やグラフを紙に出力するときに必要となる。
→印刷、グラフ、ワークシート

ページレイアウトビュー
Excelの画面表示モードの1つ。[表示]タブの[ページレイアウト]ボタンをクリックすると表示される。紙に印刷したときのイメージで表示され、余白にヘッダーやフッターが表示されるのが特徴。ヘッダーやフッターの挿入時にもページレイアウトビューでワークシートが表示される。
→タブ、フッター、ヘッダー、余白、ワークシート

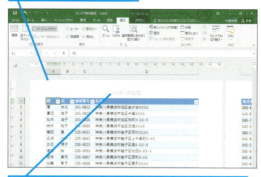

◆ページレイアウトビュー

[クリックしてヘッダーを追加]をクリックすると、ヘッダーの内容を編集できる

ヘッダー
ページ上部の余白にある特別な領域。フッターと同じく、ページ番号やページ数などを入力できる。ブックが保存されているフォルダー名やブックの名前を入力すると便利。
→フォルダー、ブック、余白

編集モード
セルに入力済みのデータを修正できる状態のこと。セルをダブルクリックするか、F2 キーを押すと、編集モードに切り替わる。
→セル

保護
誤ってデータの書き換えや削除が行われないようにブックの編集などの操作を禁止すること。
→ブック

マウスポインター
操作する対象を指し示すもの。マウスの動きに合わせて画面上を移動する。操作対象や画面の表示位置によってマウスポインターの形が変わる。

目盛
グラフの値を読み取るために縦軸や横軸に表示される印。グラフの作成時に自動的に設定された目盛りの間隔や単位は、後から変更できる。
→グラフ、軸

元に戻す
ワークシート上で行った操作を取り消して、操作を行う前の状態に戻す機能。操作を間違えたときにクイックアクセスツールバーの［元に戻す］ボタンをクリックする。
→クイックアクセスツールバー、ワークシート

ユーザー定義書式
ユーザーが独自に定義できる表示形式。表示形式の設定に必要な記号を組み合わせて、日付や時間、数値、金額などのデータを任意の表示形式に変更できる。
→表示形式

余白
ワークシートの内容やグラフを紙に印刷するとき、紙の周囲にある何も印刷されない白い領域のことを指す。余白の幅は変更できるが、プリンターの印刷可能範囲を超える幅は設定できない。
→印刷、グラフ、プリンター、ワークシート

ライセンス認証
マイクロソフトがソフトウェアの不正コピー防止のために導入している仕組み。Officeのインストール時などに実行する。インターネットに接続されていれば、プロダクトキーを入力するだけでライセンス認証が完了する。
→OS、インストール、ソフトウェア

リアルタイムプレビュー
セルのスタイルやテーマなどの項目にマウスポインターを合わせると、一時的に操作結果が表示される機能。操作を確定する前に、どのような結果になるかを確認できる。
→セル、セルのスタイル、テーマ、マウスポインター

リボン
Excelを操作するボタンを一連のタブに整理して表示した領域。作業の種類ごとに分類されたタブごとに機能のボタンや項目が表示される。
→タブ

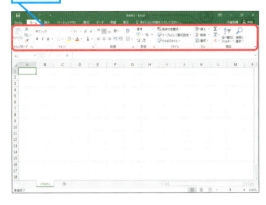

列
ワークシートの縦方向へのセルの並び。Excel 2016では、縦に1,048,576個のセルが並んでいる。
→セル、ワークシート

列番号
ワークシート内で列の位置を表すアルファベット。1列目を「A」で表し、「Z」の次は「AA」「AB」と増える。Excelのワークシートには、「A」から「XFD」までの列番号がある。左から2列目、上から3行目の位置をExcelでは「セルB3」と表す。
→列、ワークシート

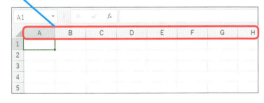

ワークシート
Excelで作業を行うための場所。1つのワークシートには、16,384列×1,048,576行のセルがある。パソコンの画面には、巨大なワークシートのごく一部だけが表示されている。
→セル

索 引

記号・数字

#DIV/0!	144, 300

アルファベット

Adobe Acrobat Reader DC	255
Android	269
モバイルアプリ	289
AVERAGE関数	155
COUNTIF関数	280
COUNT関数	155
Excel	28
アプリの初期設定	288
インストール	28
オプション	242
画面構成	38
起動	30
終了	37, 87
新機能	6
スタート画面	31
モバイルアプリ	268, 287
[Excel 97-2003ブック] 形式	252
互換性チェック	253
Excel Online	266, 278, 300
Excelアンケート	282
印刷	279
終了	281
Excelアンケート	282
[Excelブック] 形式	252
IME	61
MAX関数	155
Microsoft Edge	255, 300
Microsoft Office	300
Microsoftアカウント	31, 261, 300
サインイン	31, 278
MIN関数	155
NOW関数	153
Office	
POSAカード	290
アップグレード	290
インストール	290
更新プログラム	292
種類	24
パッケージ製品	25
モバイルアプリ	287
Office 365 Solo	25
Office Home & Business	25
Office Personal	25
Office Premium	24, 290
Office Professional	24
Office.com	236, 300

OneDrive	29, 260, 300
Windows 7	283
アップロード	263
サインイン	266
表示	265, 266
フォルダーの作成	275
OS	300
PDF	254
PDF形式	300
POSAカード	290
ROUNDDOWN関数	155
ROUNDUP関数	155
ROUND関数	155
SUM関数	300, 137
TODAY関数	300, 152
Windows Update	300

ア

アイコン	301
アイコンセット	174, 301
アクティブセル	40, 301
アップデート	301
アンインストール	301
暗号化	301
印刷	116, 128, 301
Excel Online	279
印刷タイトル	218
改ページプレビュー	220
拡大/縮小	123
グラフ	202
シートを1ページに印刷	203
フッター	126
ヘッダー	126
用紙の向き	123
余白	124
白黒印刷	121
印刷プレビュー	119, 301
余白	223
インストール	301
インデント	301
ウィンドウ枠の固定	216
解除	217
上書き保存	302
エラー	302
演算子	302
オートSUM	136, 302
オートコンプリート	58, 302
ドロップダウンリストから選択	60
無効	59

312 できる

オートフィル―――――――――――56, 302	グラフタイトル ·········· 195
数式 ·········· 142	グラフデータの範囲········· 200
オートフィルオプション――――――56	グラフの種類の変更 ········· 190
オートフィルターオプション――――215	グラフ要素 ········· 193
おすすめグラフ――――――――――186	グラフ要素を追加 ········· 196
	系列 ········· 190
カ	系列の追加 ········· 200
カーソル――――――――――――302	作成 ········· 186
改ページプレビュー――――220, 222, 302	軸の書式設定 ········· 198
拡張子――――――――――252, 297	軸ラベル ········· 192, 196
カスタマイズ――――――――――302	種類 ········· 186
関数――――――――29, 134, 302	消去 ········· 187
AVERAGE関数 ········· 155	第2軸 ········· 192
COUNT関数 ········· 155	データラベル ········· 196
MAX関数 ········· 155	プロットエリア ········· 191
MIN関数 ········· 155	目盛 ········· 198
NOW関数 ········· 153	要素 ········· 188, 190
ROUNDDOWN ········· 155	グラフエリア――――――――188, 303
ROUNDUP関数 ········· 155	グラフスタイル――――――――234
ROUND関数 ········· 155	グラフタイトル――――――――303
TODAY関数 ········· 152	クリア――――――――――――303
オートSUM ········· 136	クリップボード――――――――303
検索 ········· 155	罫線――――――――――102, 303
起動	色 ········· 107
Windows 7 ········· 34	削除 ········· 103
Windows 8 ········· 30	斜線 ········· 108
Windows 8.1 ········· 32	種類 ········· 107
ショートカットアイコン ········· 34	系列――――――――――――303
スタート画面にピン留めする ········· 32	桁区切りスタイル――――――165, 303
タスクバーに表示する ········· 34	検索――――――――――――214
タスクバーにピン留めする ········· 33	コピー――――――――――――303
Windows 10 ········· 30	書式 ········· 170
行―――――――――――――302	数式 ········· 142, 144, 146
挿入 ········· 76	セル ········· 72
挿入オプション ········· 77	ワークシート ········· 84
高さの変更 ········· 78	コメント――――――――――303
行番号――――――――――38, 302	
共有――――――――――――303	**サ**
切り取り――――――――――303	最小化――――――――――――303
クイックアクセスツールバー――86, 303	再変換――――――――――――303
追加 ········· 246	サインイン――――――――31, 261
［クイックツール］タブ―――――303	作業ウィンドウ―――――――――303
クイック分析――――――――――178	シート見出し――――――38, 82, 303
［クイック分析］ボタン――――178, 303	シート見出しの色 ········· 85
クラウド――――――――――303	軸――――――――――――303
グラフ――――――――29, 184, 303	軸ラベル――――――――――303
移動 ········· 188	終了――――――――――――303
印刷 ········· 202	条件付き書式――――――――172, 305
おすすめグラフ ········· 186	アイコンセット ········· 174
折れ線 ········· 186	クイック分析 ········· 179
拡大 ········· 189	データバー ········· 174
クイックレイアウト ········· 194	ルールのクリア ········· 173
グラフスタイル ········· 197, 234	ショートカットキー――――――298, 303

できる | 313

ショートカットメニュー	305
書式	92, 305
クリア	179
桁区切りスタイル	164
コピー	170
条件付き書式	172
テキストボックス	230
通貨表示形式	164
パーセントスタイル	166
ユーザー定義書式	168
書式のクリア	305
書式のコピー	305
シリアル値	305
数式	134, 305
コピー	142
入力	136
数式バー	305
ズームスライダー	38, 305
スクロールバー	38, 305
スタート画面	31, 306
ステータスバー	38, 48, 306
スパークライン	176, 306
スマートフォン	268, 287
OneDrive	269
絶対参照	146, 306
セル	38, 40, 68, 306
折り返して全体を表示する	105
切り取り	74
罫線	102
結合	162
コピー	72
削除	80
字下げ	99
セルを結合して中央揃え	110
挿入	80
縦書き	105
並べ替え	213
塗りつぶしの色	100
配置	96
表示形式	160
フォント	94
セル参照	140, 306
エラー	144
修正	150
絶対参照	146
相対参照	146
複合参照	149
切り替え	146
セルの結合	306
セルの書式設定	306
セルのスタイル	306
セル範囲	306
選択ハンドル	306

操作アシスト	38, 307
相対参照	146, 307
挿入	
関数	152
行	76
グラフ	184
セル	80
テキストボックス	230
挿入オプション	77
ソフトウェア	307

タ

第2軸	307
ダイアログボックス	307
タイトルバー	38, 307
タイル	307
タッチモード	307
タブ	307
ダブルクリック	307
タブレット	268, 287
通貨表示形式	164, 308
データバー	174, 308
データベース	208, 308
データラベル	308
テーブル	208, 210, 308
クイックスタイル	211
並べ替え	212
テーマ	308
テキストボックス	308
デスクトップ	308
テンプレート	236, 308
ダウンロード	237
テーマ	238
等号	309
ドラッグ	309

ナ

名前を付けて保存	309
並べ替え	212
入力	44
オートコンプリート	58
オートフィル	56
漢字変換	52
時刻	54
数式	136
日付	54
フラッシュフィル	224
入力モード	46, 52, 309

ハ

パーセントスタイル	166, 309
貼り付け	309
貼り付けのオプション	75

ハンドル	309
引数	154, 309
表示形式	160, 309
通貨表示形式	164
パーセントスタイル	166
ユーザー定義書式	168
標準ビュー	220
フィルター	214, 309
フィルターボタン	211, 212
フィルハンドル	56, 309
フォルダー	309
フォント	94, 309
配色	238
フォントサイズ	94, 310
フォントの色	100
複合参照	149, 310
ブック	40, 310
OneDriveへの保存	262
PDF形式	254
暗号化	248
印刷	128
上書き保存	86
エクスポート	254
共有	272
共有されたブック	276
共有の解除	274
最近使ったアイテム	71
作成	36
左右に並べて表示	241
テーマ	232
並べて比較	240
配色	233
パスワード	248
開く	70
ブック構成の保護	251
ブックの保護	248
保存	45, 62
ブックの保護	248
フッター	126, 310
フラッシュフィル	224, 310
プリンター	117, 293, 310
プロダクトキー	290
ページレイアウトビュー	221, 310
ヘッダー	126, 310
編集モード	48, 310
保護	310
保存	62
OneDrive	62, 262
PDF形式	254
上書き保存	86
エクスポート	254
名前を付けて保存	62
ファイルの種類	252

マ

マウスポインター	310
目盛	198, 311
元に戻す	311
モバイルアプリ	
App Store	287
アップデート	269
インストール	287, 289

ヤ

ユーザー定義書式	311
ユーザー名	38
余白	311

ラ

ライセンス認証	311
リアルタイムプレビュー	311
リボン	38, 311
新しいグループ	243
新しいタブ	243
非表示	39
リボンのユーザー設定	242
列	311
幅の変更	78
列番号	38, 311, 39

ワ

ワークシート	40, 68, 311
印刷	116, 118
コピー	84
コメントの挿入	218
シートの保護	251
シート見出し	82
シートを1ページに印刷	203
テキストボックス	230

索引

できるサポートのご案内

できるシリーズの書籍の記載内容に関する質問を下記の方法で受け付けております。

電話 | **FAX** | **インターネット** | **封書によるお問い合わせ**

質問の際は以下の情報をお知らせください

① 書籍名・ページ
② 書籍の裏表紙にある**書籍サポート番号**
③ お名前　④ 電話番号
⑤ 質問内容（なるべく詳細に）
⑥ ご使用のパソコンメーカー、機種名、使用OS
⑦ ご住所　⑧ FAX番号　⑨ メールアドレス

※電話の場合、上記の①〜⑤をお聞きします。
　FAXやインターネット、封書での問い合わせについては、各サポートの欄をご覧ください。

※**裏表紙にサポート番号が記載されていない書籍は、サポート対象外です。なにとぞご了承ください。**

回答ができないケースについて（下記のような質問にはお答えしかねますので、あらかじめご了承ください。）

● 書籍の記載内容の範囲を超える質問
　書籍に記載していない操作や機能、ご自分で作成されたデータの扱いなどについてはお答えできない場合があります。
● できるサポート対象外書籍に対する質問
● ハードウェアやソフトウェアの不具合に対する質問
　書籍に記載している動作環境と異なる場合、適切なサポートができない場合があります。
● インターネットやメールの接続設定に関する質問
　プロバイダーや通信事業者、サービスを提供している団体に問い合わせください。

サービスの範囲と内容の変更について

● 該当書籍の奥付に記載されている初版発行日から3年が経過した場合、もしくは該当書籍で紹介している製品やサービスについて提供会社によるサポートが終了した場合は、ご質問にお答えしかねる場合があります。
● なお、都合により「できるサポート」のサービス内容の変更や「できるサポート」のサービスを終了させていただく場合があります。あらかじめご了承ください。

電話サポート　0570-000-078（月〜金 10:00〜18:00、土・日・祝休み）

・ **対象書籍をお手元に用意**いただき、**書籍名**と**書籍サポート番号**、**ページ数**、**レッスン番号**をオペレーターにお知らせください。確認のため、お客さまのお名前と電話番号も確認させていただく場合があります
・ サポートセンターの対応品質向上のため、通話を録音させていただくことをご了承ください
・ 多くの方からの質問を受け付けられるよう、1回の質問受付時間はおよそ15分までとさせていただきます
・ 質問内容によっては、その場ですぐに回答できない場合があることをご了承ください
　※本サービスは無料ですが、**通話料はお客さま負担**となります。あらかじめご了承ください
　※午前中や休日明けは、お問い合わせが混み合う場合があります

FAXサポート　0570-000-079（24時間受付・回答は2営業日以内）

・ 必ず上記①〜⑧までの情報をご記入ください。メールアドレスをお持ちの場合は、メールアドレスも記入してください（A4の用紙サイズを推奨いたします。記入漏れがある場合、お答えしかねる場合がありますので、ご注意ください）
・ 質問の内容によっては、折り返しオペレーターからご連絡をする場合もございます。あらかじめご了承ください
・ FAX用質問用紙を用意しております。下記のWebページからダウンロードしてお使いください
　https://book.impress.co.jp/support/dekiru/

インターネットサポート　https://book.impress.co.jp/support/dekiru/　（24時間受付・回答は2営業日以内）

・ 上記のWebページにある「できるサポートお問い合わせフォーム」に項目をご記入ください
・ お問い合わせの返信メールが届かない場合、迷惑メールフォルダーに仕分けされていないかをご確認ください

封書によるお問い合わせ
（郵便事情によって、回答に数日かかる場合があります）

〒101-0051
東京都千代田区神田神保町一丁目105番地
株式会社インプレス できるサポート質問受付係

・ 必ず上記①〜⑦までの情報をご記入ください。FAXやメールアドレスをお持ちの場合は、ご記入をお願いいたします
　（記入漏れがある場合、お答えしかねる場合がありますので、ご注意ください）
・ 質問の内容によっては、折り返しオペレーターからご連絡をする場合もございます。あらかじめご了承ください

本書を読み終えた方へ
できるシリーズのご案内

シリーズ7000万部突破※1　売上No.1※2 ベストセラー

※1:当社調べ　※2:大手書店チェーン調べ

Office 関連書籍

できるWord 2016
Windows 10/8.1/7対応

田中亘 &
できるシリーズ編集部
定価：本体1,140円＋税

基本的な文書作成はもちろん、写真や図形、表を組み合わせた文書の作り方もマスターできる！　はがき印刷やOneDriveを使った文書の共有も網羅。

できるPowerPoint 2016
Windows 10/8.1/7対応

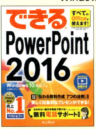

井上香緒里 &
できるシリーズ編集部
定価：本体1,140円＋税

スライド作成の基本を完全マスター。発表時などに役立つテクニックのほか、「見せる資料作り」のノウハウも分かる。この本があればプレゼンの準備は万端！

できるWord&Excel 2016
Windows 10/8.1/7対応

田中亘・小舘由典 &
できるシリーズ編集部
定価：本体1,980円＋税

文書作成と表計算の基本を1冊でマスター！　WordとExcelのデータ連携のほか、OneDriveを活用した文書の作成と共有方法を詳しく解説。

Windows 関連書籍

できるWindows 10 改訂3版

法林岳之・一ヶ谷兼乃・清水理史 &
できるシリーズ編集部
定価：本体1,000円＋税

パソコンの基本操作はもちろん、スマートフォンと連携する便利な使い方も分かる！　紙面の操作を動画で見られるので、初めてでも安心。

できるWindows 10 活用編

清水理史 &
できるシリーズ編集部
定価：本体1,480円＋税

タスクビューや仮想デスクトップなどの新機能はもちろん、Windows 7/8.1からのアップグレードとダウングレードを解説。セキュリティ対策もよく分かる!

できるWindows 10
パーフェクトブック 困った！＆便利ワザ大全 改訂3版

広野忠敏 &
できるシリーズ編集部
定価：本体1,480円＋税

パソコンの基本操作もWindows 10の最新機能の解説も収録。初心者から上級者まで、長く使えて頼りになる圧倒的ボリュームの解説書。

できるゼロからはじめる
パソコン超入門
ウィンドウズ 10対応

法林岳之 &
できるシリーズ編集部
定価：本体1,000円＋税

大きな画面と文字でウィンドウズ 10の操作を丁寧に解説。メールのやりとりや印刷、写真の取り込み方法をすぐにマスターできる！

できる　317

読者アンケートにご協力ください！
https://book.impress.co.jp/books/1115101055

このたびは「できるシリーズ」をご購入いただき、ありがとうございます。
本書はWebサイトにおいて皆さまのご意見・ご感想を承っております。
気になったことやお気に召さなかった点、役に立った点など、
皆さまからのご意見・ご感想をお聞かせいただき、
今後の商品企画・制作に生かしていきたいと考えています。
お手数ですが以下の方法で読者アンケートにご回答ください。
ご協力いただいた方には抽選で毎月プレゼントをお送りします！

※プレゼントの内容については、「CLUB Impress」のWebサイト
　（https://book.impress.co.jp/）をご確認ください。

ご意見・ご感想をお聞かせください！

❶URLを入力して Enter キーを押す
❷[アンケートに答える]をクリック

※Webサイトのデザインやレイアウトは変更になる場合があります。

◆会員登録がお済みの方
会員IDと会員パスワードを入力して、[ログインする]をクリックする

◆会員登録をされていない方
[こちら]をクリックして会員規約に同意してからメールアドレスや希望のパスワードを入力し、登録確認メールのURLをクリックする

本書のご感想をぜひお寄せください　　https://book.impress.co.jp/books/1115101055

「アンケートに答える」をクリックしてアンケートにご協力ください。アンケート回答者の中から、抽選で**商品券（1万円分）**や**図書カード（1,000円分）**などを毎月プレゼント。当選は賞品の発送をもって代えさせていただきます。はじめての方は、「CLUB Impress」へご登録（無料）いただく必要があります。

 本書の内容に関するお問い合わせは、無料電話サポートサービス「できるサポート」をご利用ください。詳しくは316ページをご覧ください。

■著者

小舘由典（こたて よしのり）

株式会社イワイ システム開発部に所属。ExcelやAccessを使ったパソコン向けの業務アプリケーション開発から、UNIX系データベース構築まで幅広く手がける。できるシリーズのExcel関連書籍を長年執筆している。表計算ソフトとの出会いは、1983年にExcelの元祖となるMultiplanに触れたとき。以来Excelとは、1985年発売のMac用初代Excelから現在までの付き合い。
主な著書に『できるExcelマクロ&VBA 2013/2010/2007/2003/2002対応』『できるポケットExcelマクロ&VBA 基本マスターブック 2013/2010/2007対応』『できるWord&Excel 2013 Windows 10/8.1/7対応』（共著）（以上、インプレス）などがある。

STAFF

本文オリジナルデザイン	川戸明子
シリーズロゴデザイン	山岡デザイン事務所<yamaoka@mail.yama.co.jp>
カバーデザイン	株式会社ドリームデザイン
本文イラスト	松原ふみこ・福地祐子
DTP制作	町田有美・田中麻衣子
編集協力	高木大地
	井上　薫・進藤　寛
デザイン制作室	今津幸弘<imazu@impress.co.jp>
	鈴木　薫<suzu-kao@impress.co.jp>
制作担当デスク	柏倉真理子<kasiwa-m@impress.co.jp>
デスク	小野孝行<ono-t@impress.co.jp>
副編集長	大塚雷太<raita@impress.co.jp>
編集長	藤井貴志<fujii-t@impress.co.jp>
オリジナルコンセプト	山下憲治

本書は、できるサポート対応書籍です。本書の内容に関するご質問は、316ページに記載しております「できるサポートのご案内」をよくお読みのうえ、お問い合わせください。
なお、本書発行後に仕様が変更されたハードウェア、ソフトウェア、サービスの内容などに関するご質問にはお答えできない場合があります。また、以下のご質問にはお答えできませんのでご了承ください。
・書籍に掲載している操作以外のご質問
・書籍で取り上げているハードウェア、ソフトウェア、各種サービス以外のご質問
・ハードウェアやソフトウェア、各種サービス自体の不具合に関するご質問
本書の利用によって生じる直接的または間接的被害について、著者ならびに弊社では一切の責任を負いかねます。あらかじめご了承ください。

■落丁・乱丁本などの問い合わせ先
TEL　03-6837-5016　FAX　03-6837-5023
service@impress.co.jp
受付時間　10:00～12:00 ／ 13:00～17:30
　　　　　（土日・祝祭日を除く）
●古書店で購入されたものについてはお取り替えできません。

■書店／販売店の窓口
株式会社インプレス 受注センター
TEL　048-449-8040　FAX　048-449-8041

株式会社インプレス 出版営業部
TEL　03-6837-4635

できるExcel 2016 Windows 10/8.1/7対応

2015年11月1日　初版発行
2018年2月1日　第1版第4刷発行

著　者　小舘由典＆できるシリーズ編集部

発行人　土田米一

編集人　高橋隆志

発行所　株式会社インプレス
　　　　〒101-0051　東京都千代田区神田神保町一丁目105番地
　　　　ホームページ　https://book.impress.co.jp/

本書は著作権法上の保護を受けています。本書の一部あるいは全部について（ソフトウェア及びプログラムを含む）、株式会社インプレスから文書による許諾を得ずに、いかなる方法においても無断で複写、複製することは禁じられています。

Copyright © 2015 Yoshinori Kotate and Impress Corporation. All rights reserved.

印刷所　株式会社廣済堂
ISBN978-4-8443-3919-9 C3055

Printed in Japan